面向新工科5G移动通信“十四五”规划教材

总主编◎张光义 中国工程院院士

数据通信技术

（第二版）

赵静梅 李素桂 兰 剑 袁 彬◎编著

中国铁道出版社有限公司
CHINA RAILWAY PUBLISHING HOUSE CO., LTD.

内 容 简 介

本书是“面向新工科5G移动通信‘十四五’规划教材”中的一种,针对高等院校通信类专业的教学需求编写,以数据通信技术为主线,对信源编码、数字传输系统和同步系统等进行了系统的阐述。全书分为理论篇、实战篇和工程篇,主要内容包括数据通信基础知识、网络接口与设备、IPv6技术及应用、网络协议原理、路由技术、交换机与路由器配置、企业网络搭建、数据通信网络维护及故障处理等。

本书内容翔实、概念清晰、理论与实践相结合,注重实践教学,适合作为高等院校通信类、信息类专业的教材和教学参考书,也是一本应用性很强的数据通信技术参考书。

图书在版编目(CIP)数据

数据通信技术 / 赵静梅等编著. -- 2版. -- 北京 : 中国铁道出版社有限公司, 2025. 7. --(面向新工科5G移动通信“十四五”规划教材). -- ISBN 978-7-113-32214-4

Ⅰ. TN919

中国国家版本馆CIP数据核字第202593P0R3号

书　　名:数据通信技术
作　　者:赵静梅　李素桂　兰　剑　袁　彬

策　　划:韩从付　贾　星　　　　**编辑部电话:**(010)63549501
责任编辑:贾　星　王占清
封面设计:赵　兆
责任校对:刘　畅
责任印制:赵星辰

出版发行:中国铁道出版社有限公司(100054,北京市西城区右安门西街8号)
网　　址:https://www.tdpress.com/51eds
印　　刷:河北宝昌佳彩印刷有限公司
版　　次:2020年8月第1版　2025年7月第2版　2025年7月第1次印刷
开　　本:787 mm×1 092 mm　1/16　**印张:**14.75　**字数:**367千
书　　号:ISBN 978-7-113-32214-4
定　　价:49.80元

编委会

序 1

全球经济一体化促使信息产业高速发展，给当今世界人类生活带来了巨大的变化，通信技术在这场变革中起着至关重要的作用。通信技术的应用和普及大大缩短了信息传递的时间，优化了信息传播的效率，特别是移动通信技术的不断突破，极大地提高了信息交换的简洁化和便利化程度，扩大了信息传播的范围。目前，5G通信技术在全球范围内引起各国的高度重视，是国家竞争力的重要组成部分。中国政府早在“十三五”规划中已明确推出“网络强国”战略和“互联网+”行动计划，旨在不断加强国内通信网络建设，为物联网、云计算、大数据和人工智能等行业提供强有力的通信网络支撑，为工业产业升级提供强大动力，提高中国智能制造业的创造力和竞争力。

党的二十大报告指出：“教育、科技、人才是全面建设社会主义现代化国家的基础性、战略性支撑。必须坚持科技是第一生产力、人才是第一资源、创新是第一动力，深入实施科教兴国战略、人才强国战略、创新驱动发展战略，开辟发展新领域新赛道，不断塑造发展新动能新优势。”近年来，为适应国家建设教育强国的战略部署，满足区域和地方经济发展对高学历人才和技术应用型人才的需要，国家颁布了一系列发展普通教育和职业教育的决定。2017年10月，习近平总书记在党的十九大报告中指出，要提高保障和改善民生水平，加强和创新社会治理，优先发展教育事业。要完善职业教育和培训体系，深化产教融合、校企合作。2022年1月召开的2022年全国教育工作会议指出，要创新发展支撑国家战略需要的高等教育。推进人才培养服务新时代人才强国战略，推进学科专业结构适应新发展格局需要，以高质量的科研创新创造成果支撑高水平科技自立自强，推动“双一流”建设高校为加快建设世界重要人才中心和创新高地提供有力支撑。《国务院关于大力推进职业教育改革与发展的决定》指出，要加强实践教学，提高受教育者的职业能力，职业学校要培养学生的实践能力、专业技能、敬业精神和严谨求实作风。

现阶段，高校专业人才培养工作与通信行业的实际人才需求存在以下几个问题：

一、通信专业人才培养与行业需求不完全适应

面对通信行业的人才需求，应用型本科教育和高等职业教育的主要任务是培养更多更好的应用型、技能型人才，为此国家相关部门颁布了一系列文件，提出了明确的导向，但现阶段高等职业教育体系和专业建设还存在过于倾向学历化的问题。通信行业因其工程性、实践性、实时性等特点，要求高职院校在培养通信人才的过程中必须严格落实国家制定的“产教融合，校企合作，工学结合”的人才培养要求，引入产业资源充实课程内容，使人才培养与产业需求有机统一。

二、教学模式相对陈旧，专业实践教学滞后比较明显

当前通信专业应用型本科教育和高等职业教育仍较多采用课堂讲授为主的教学模式，

学生很难以“准职业人”的身份参与教学活动。这种普通教育模式比较缺乏对通信人才的专业技能培训。应用型本科和高职院校的实践教学应引入“职业化”教学的理念,使实践教学从课程实验、简单专业实训、金工实训等传统内容中走出来,积极引入企业实战项目,广泛采取项目式教学手段,根据行业发展和企业人才需求培养学生的实践能力、技术应用能力和创新能力。

三、专业课程设置和课程内容与通信行业的能力要求多有脱节,应用性不强

作为高等教育体系中的应用型本科教育和高等职业教育,不仅要实现其“高等性”,也要实现其“应用性”和“职业性”。教育要与行业对接,实现深度的产教融合。专业课程设置和课程内容中对实践能力的培养较弱,缺乏针对性,不利于学生职业素质的培养,难以适应通信行业的要求。同时,课程结构缺乏层次性和衔接性,并非纵向深化为主的学习方式,教学内容与行业脱节,难以吸引学生的注意力,易出现“学而不用,用而不学”的尴尬现象。

新工科是教育部基于国家战略发展新需求、适应国际竞争新形势、满足立德树人新要求而提出的我国工程教育改革方向。探索集前沿技术培养与专业解决方案于一身的教程,面向新工科,有助于解决人才培养中遇到的上述问题,提升高校教学水平,培养满足行业需求的新技术人才,因而具有十分重要的意义。

本套书第一期计划出版16册,分别是《光通信原理及应用实践》《综合布线工程设计》《光传输技术》《无线网络规划与优化》《数据通信技术》《数据网络设计与规划》《光宽带接入技术》《5G移动通信技术》《现代移动通信技术》《通信工程设计与概预算》《分组传送技术》《通信全网实践》《通信项目管理与监理》《移动通信室内覆盖工程》《WLAN无线通信技术》《5G基站建设与维护》。套书整合了高校理论教学与企业实践的优势,兼顾理论系统性与实践操作的指导性,旨在打造为移动通信教学领域的精品图书。

本套书围绕我国培育和发展通信产业的总体规划和目标,立足当前院校教学实际场景,构建起完善的移动通信理论知识框架,通过融入黄冈教育谷培养应用型技术技能专业人才的核心目标,建立起从理论到工程实践的知识桥梁,致力于培养既具备扎实理论基础又能从事实践的优秀应用型人才。

本套书的编者来自中国电子科技集团有限公司、广东省新一代通信与网络创新研究院、南京理工大学、黄冈教育谷投资控股有限公司等单位,包括广东省新一代通信与网络创新研究院院长朱伏生、中国电子科技集团有限公司赵玉洁、黄冈教育谷投资控股有限公司许高山、江志军、何亮、兰剑、蒋志钊、胡良稳、袁彬等。

本套书如有不足之处,请各位专家、老师和广大读者不吝指正。希望通过本套书的不断完善和出版,为我国通信教育事业的发展和应用型人才培养做出更大贡献。

张光义

2022年12月

序 2

现今,ICT(信息、通信和技术)领域是当仁不让的焦点。国家发布了一系列政策,从顶层设计引导和推动新型技术发展,各类智能技术深度融入垂直领域为传统行业的发展添薪加火;面向实际生活的应用日益丰富,智能化的生活实现了从“能用”向“好用”的转变;“大智物云”更上一层楼,从服务本行业扩展到推动企业数字化转型。中央经济工作会议在部署2019年工作时提出,加快5G商用步伐,加强人工智能、工业互联网、物联网等新型基础设施建设。5G牌照发放后已经带动移动、联通和电信在5G网络建设的投资,并且国家一直积极推动国家宽带战略,这也牵引了运营商加大在宽带固网基础设施与设备的投入。

5G时代的技术革命使通信及通信关联企业对通信专业的人才提出了新的要求。在这种新形势下,企业对学生的新技术和新科技认知度、岗位适应性和扩展性、综合能力素质有了更高的要求。从相关调研与数据分析看,通信专业人才储备明显不足,仅10%的受访企业认可当前人才储备能够满足企业发展需求。相关的调研显示,为应对该挑战,超过50%的受访企业已经开展5G相关通信人才的培养行动,但由于缺乏相应的培养经验、资源与方法,人才培养投入产出效益不及预期。为此,黄冈教育谷投资控股有限公司再次出发,面向教育领域人才培养做出规划,为通信行业人才输出做出有力支撑。

本套书是黄冈教育谷投资控股有限公司面向新工科移动通信专业学生及对通信感兴趣的初学人士所开发的系列教材之一。以培养学生的应用能力为主要目标,理论与实践并重,并强调理论与实践相结合。通过校企双方优势资源的共同投入和促进,建立以产业需求为导向、以实践能力培养为重点、以产学结合为途径的专业培养模式,使学生既获得实际工作体验,又夯实基础知识,掌握实际技能,提升综合素养。因此,本套书注重实际应用,立足于高等教育应用型人才培养目标,结合黄冈教育谷投资控股有限公司培养应用型技术技能专业人才的核心目标,在内容编排上,将教材知识点项目化、模块化,用任务驱动的方式安排项目,力求循序渐进、举一反三、通俗易懂,突出实践性和工程性,使抽象的理论具体化、形象化,使之真正贴合实际、面向工程应用。

本套书编写过程中,主要形成了以下特点:

(1)系统性。以项目为基础、以任务实战的方式安排内容,架构清晰、组织结构新颖。先让学生掌握课程整体知识内容的骨架,然后在不同项目中穿插实战任务,学习目标明确,实战经验丰富,对学生培养效果好。

(2)实用性。本套书由一批具有丰富教学经验和多年工程实践经验的企业培训师编写,既解决了高校教师教学经验丰富但工程经验少、编写教材时不免理论内容过多的问题,又解决了工程人员实战经验多却无法全面清晰阐述内容的问题,教材贴合实际又易于学习,实用性好。

(3)前瞻性。任务案例来自工程一线,案例新、实践性强。本套书结合工程一线真实案例编写了大量实训任务和工程案例演练环节,让学生掌握实际工作中所需要用到的各种技能,边做边学,在学校完成实践学习,提前具备职业人才技能素养。

本套书如有不足之处,请各位专家、老师和广大读者不吝指正。以新工科的要求进行技能人才培养需要更加广泛深入的探索,希望通过本套书的不断完善,与各界同仁一道携手并进,为教育事业共尽绵薄之力。

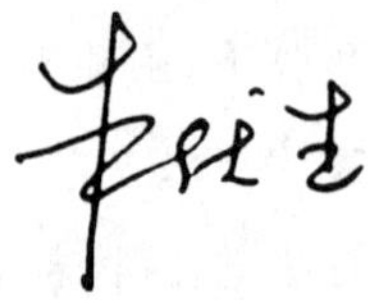

2022 年 12 月

前言

本书是黄冈教育谷投资控股有限公司组织编写的“面向新工科5G移动通信‘十四五’规划教材”中的一种。本书为校企合作人才培养工作服务，结合校企合作育人的特点和要求，以培养学生技术应用能力和实践能力为主要目标设计内容，在理论的基础上，突出实践教学。结合黄冈教育谷投资控股有限公司培养应用型技术技能专业人才的核心目标，将知识点项目化、模块化，采用任务驱动的方式进行讲解，循序渐进，突出实践性和工程性，使抽象的理论具体化、形象化，契合应用型人才培养要求。

数据通信是以“数据”为业务的通信系统，数据是预先约定好的具有某种含义的数字、字母或符号以及它们的组合。数据通信是20世纪50年代随着计算机技术和通信技术的迅速发展，以及两者之间的相互渗透与结合而兴起的一种新的通信方式，它是计算机技术和通信技术相结合的产物。

随着计算机技术的广泛普及与计算机远程信息处理应用的发展，数据通信应运而生，它实现了计算机与计算机之间、计算机与终端之间信息的传递。不同业务需求的变化及通信技术的发展使得数据通信经过了不同的发展历程。

当前社会中的数据通信无处不在，信息社会以数据通信为基础，数据通信技术已经成为从事信息科技领域相关研究和应用人员必须掌握的重要技能。因此，高校的通信类专业普遍都开设了相关课程。

本书针对高等院校通信类专业的教学需求编写，以数据通信技术为主线，对信源编码、数字传输系统和同步系统等内容进行了系统的阐述，分为理论篇、实战篇和工程篇，主要内容包括数据通信基础知识、网络接口与设备、IPv6技术及应用、网络协议原理、路由技术、交换机与路由器配置、企业网络搭建、数据通信网络维护及故障处理等。

本书采用项目任务式的编写体例，理论与实践相结合，既注重培养学生分析、思考问题的能力，更注重培养学生解决问题的实践能力，使学生真正做到学以致用。

本书提供PPT课件、微视频、题库、课程标准、教学大纲等丰富的配套资源，读者可以在中国铁道出版社有限公司教育资源数字化平台(https://www.tdpress.com/51eds)下载。

本书由赵静梅、李素桂、兰剑、袁彬编著。在本书的撰写过程中，我们吸收了相关教材及论著的研究成果，同时，得到了黄冈教育谷投资控股有限公司领导的关心和支持，更得到了广大同事的无私帮助及家人的支持,在此向他们表示诚挚的谢意与感激。

由于编著者水平有限,书中难免存在疏漏或不妥之处,敬请广大读者批评指正。

编著者

2025 年 1 月

目　录

理　论　篇

实　战　篇

工 程 篇

理论篇

引言

数据通信是通信技术和计算机技术相结合而产生的一种新的通信方式。要在两地间传输信息必须有传输信道，根据传输媒体的不同，有有线数据通信与无线数据通信之分。但它们都是通过传输信道将数据终端与计算机连接起来，而使不同地点的数据终端实现软、硬件和信息资源的共享。

人类的通信方式经历了五个发展阶段：

第一阶段：以语言为主，通过人力、马力、烽火等原始手段传递信息。

第二阶段：文字、邮政。（增加了信息传播的手段）

第三阶段：印刷。（扩大了信息传播的范围）

第四阶段：电报、电话、广播。（进入了电器时代）

第五阶段：信息时代，除语言信息外，还有数据、图像等。

通信（communication）是从 19 世纪 30 年代开始的。1831 年法拉第发现电磁感应，1837 年莫尔斯发明电报机，1873 年麦克斯韦发表电磁场理论，1876 年贝尔发明电话，1895 年马可尼发明无线电，开辟了电信的新纪元。

1906 年发明了电子管，从而模拟通信得到发展；1928 年提出奈奎斯特准则和采样定理；1948 年提出香农定理；20 世纪 40 年代提出静止卫星概念，但无法实现；20 世纪 50 年代发明半导体，数字通信得到发展；20 世纪 60 年代发明集成电路；20 世纪 50 年代航天技术得到发展；1963 年第一次实现同步卫星通信；20 世纪 60 年代发明激光，企图用于通信，未成功；20 世纪 70 年代发明光导纤维，光纤通信得到发展。

学习目标

- 掌握数据通信基础理论知识。
- 掌握网络接口、设备和命令等。
- 熟悉 IPv6 技术及应用。

知识体系

- 理论篇
  - 初识数据通信
    - 认识数据通信
    - 分析数据编码技术
  - 讨论网络接口、设备和命令
    - 比较网络接口和设备
    - 企业常用网络命令的使用
  - 熟悉IPv6技术及应用
    - 熟悉网络扩展技术

项目一

初识数据通信

任务一　认识数据通信

微视频

认识数据通信

任务描述

本任务介绍了数据通信系统的基础知识以及计算机网络相关的一些基本概念，可为后续任务的学习打下良好的基础。

任务目标

- 识记：数据、信息、信号、模拟和数字的概念。
- 领会：传输信号的几种编码形式及特点。
- 应用：交换三种方式的实现过程、特点。

任务实施

一、了解数据、信息和信号

1. 数据

数据是指预先约定的具有某种含义的数字、字母和符号的组合，是实现客观事物的具体描述。用数据表示的内容十分广泛，例如语音、图形、电子邮件、各种计算机文件等。从形式上，数据分为模拟数据和数字数据两种。

模拟数据的取值是连续的，如温度、压力、声音、视频等数据的变化是一个连续的值；数字数据的取值是离散的，如计算机中的二进制数据只能取 0 或 1 两种数值。目前来看，数字数据易于存储、处理、传输，从而得到了广泛的应用。模拟数据经过处理也能转换成数字数据。

2. 信息

人们对数据进行加工处理（解释），就可以得到某种意义，这就是信息。不同领域中对信息有各种不同的定义，一般认为信息是人们对现实世界事物存在方式或运动状态的某种认识。表示信息的形式可以是数值、文字、图形、声音、图像、动画等，这些表示媒体归根到底都是数据的一种形式。因此可以认为数据是信息的载体，是信息的表达形式，而信息是数据的具体含义。

3. 信号

信号是数据的具体表示形式。通信系统中使用的信号通常是电信号，即随时间变化的电压或电流，可分为两种形式：模拟信号和数字信号。

模拟信号是一种连续变化的函数曲线，它用电信号模拟原有信号，图 1-1-1（a）就是声音频率随时间而连续变化的函数曲线。模拟信号传输一定距离后，由于幅度和相位的衰减会造成失真。所以在长距离传输时，需要在中间适当的位置对信号进行修复。

数字信号是用离散的不连续的电信号表示数据，一般用“高”和“低”两种电平的脉冲序列组成的编码来反映信息。图 1-1-1（b）所示为一组数字信号。数字信号对应的电脉冲包含丰富的高频分量，这种高频分量不适于电路中长距离传输。因此，数字信号通常都有传输距离和速度的限制，超过此限制，需要用专用的设备对数字信号进行“再生”处理。

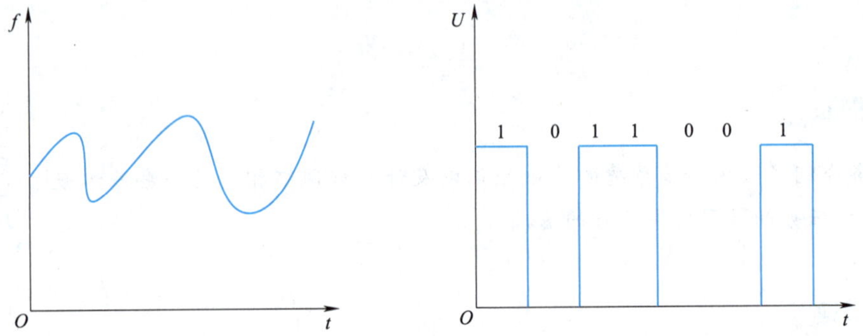

图 1-1-1　模拟信号和数字信号

不论是模拟数据还是数字数据，都可以用模拟信号或数字信号来表示，并以这些形式进行传输。数据和信号之间的转换示意过程如图 1-1-2 所示。

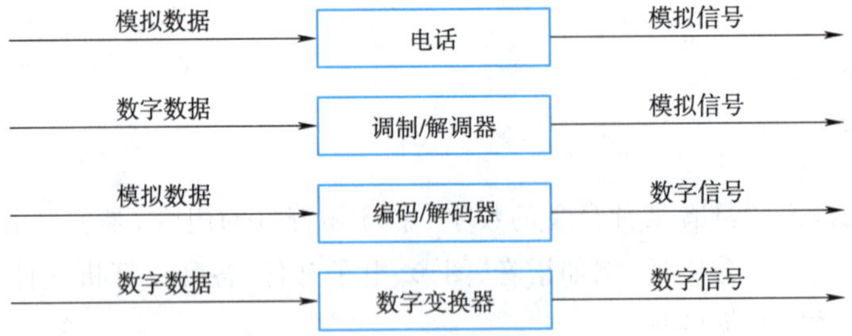

图 1-1-2　数据和信号之间的转换示意过程

模拟信号可以代表模拟数据（如声音），也可以代表数字数据，此时要利用调制器将二进制数字数据调制为模拟信号，到达数据的接收端，再利用解调器将模拟信号转换成对应的数字数据。调制解调器用于数字数据和模拟信号之间的相互转换过程，又称 Modem。

二、掌握数据通信系统

数据通信是指依照通信协议,利用数据传输技术在两个功能单元之间传递数据信息。它可以实现计算机与计算机、计算机与终端之间的数据信息传递。数据通信包含两方面的内容:数据传输和数据传输前后的处理。数据传输是数据通信的基础,而数据传输前后的处理使数据的远距离交换得以实现。这一点将在数据链路、数据交换以及各种规程中讨论。

数据通信系统模型如图 1-1-3 所示。

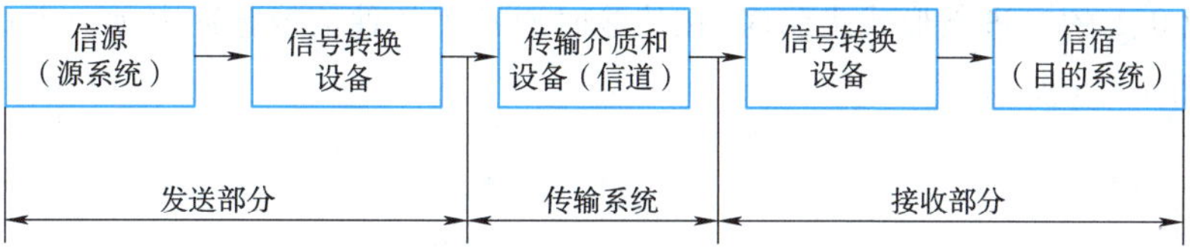

图 1-1-3　数据通信系统模型

1. 信源和信宿

信源就是信息的发送端,是发出传送数据的设备;信宿就是信息的接收端,是接收所传送数据的设备。在实际应用中,大部分信源和信宿设备都是计算机或其他数据终端设备(date terminal equipment,DTE)。

2. 信道

信号的传输通道称为信道,包括通信设备和传输介质。这些介质可以是有形介质(如双绞线、同轴电缆、光纤等)和无形介质(如电磁波等)。信道的分类如下:

①按照传输介质分类:分为有线信道和无线信道。

②按照传输信号类型分类:传输模拟信号的信道称为模拟信道;传输数字信号的信道称为数字信道。

③按照使用权限分类:分为专用信道和公用信道。

3. 信号转换设备

信号转换设备的功能:

①发送部分中的信号转换设备将信源发出的数据转换成适于在信道上传输的信号。例如,数字数据要在模拟信道中传输,就要经过信号转换设备(调制器)转换成适合在模拟信道中传输的模拟信号。

②接收部分中的信号转换设备将信道传输过来的数据还原成原始的数据。如上例,经过模拟信道传输的模拟信号到达接收端,会有信号转换设备(解调器)转换成对应的数字信号。

图 1-1-4 所示为利用公共交换电话网络(public switched telephone network,PSTN)上网的示意图。PSTN 是一个模拟信道,两端的计算机是信源和信宿,两边的 Modem 是信号转换设备,中间的部分是信道。

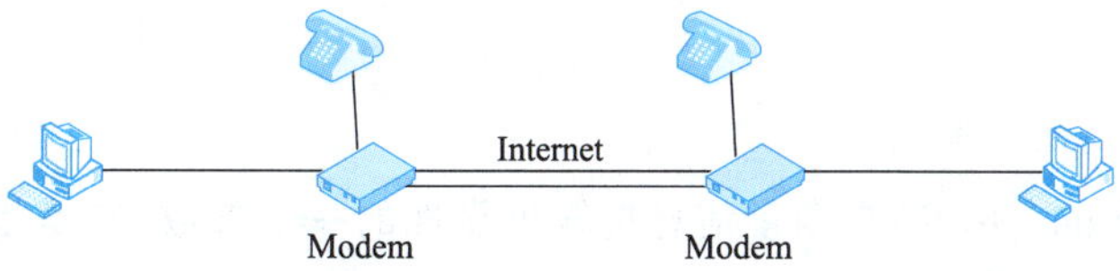

图 1-1-4　利用公共交换电话网络上网示意图

三、熟悉基本概念和术语

1. 信号传输速率和数据传输速率

信号传输速率和数据传输速率是衡量数据通信速度的两个指标。信号传输速率又称传码率或调制速率，即每秒发送的码元数，单位为波特（Baud），信号传输速率又称波特率。

在数字通信中，通常用时间间隔的信号来表示一位二进制数字，这样的信号称为二进制码元，而这个间隔称为码元长度。

当数据以 0、1 的二进制形式表示时，在传输时通常用某种信号脉冲表示一个 0、1 或几个 0、1 的组合，如图 1-1-5 所示。

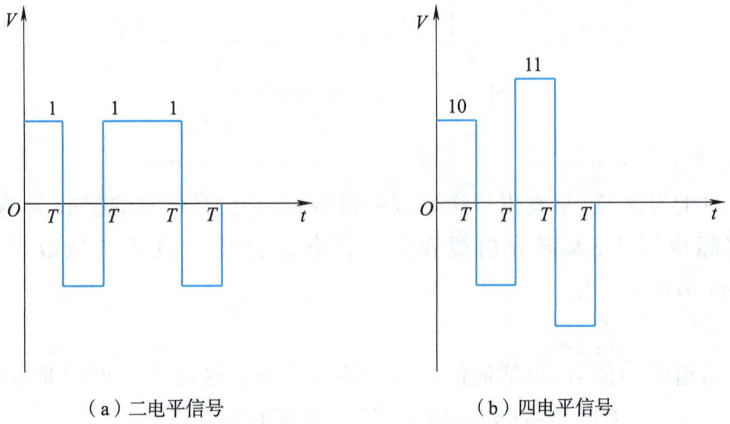

图 1-1-5　信号脉冲示意图

如果脉冲的周期为 T（全宽码时即为脉冲宽度），则波特率 B 为

$$B = 1/T \quad \text{(Baud)} \tag{1-1-1}$$

数据传输速率又称信息传输速率，是指单位时间内传输的二进制的位数，单位为 bit/s，也可以用 kbit/s 或 Mbit/s。注意“b”是小写的，代表一个二进制位。在计算机网络中的速率，通常指的就是数据传输速率。

数据传输速率和波特率之间的关系为

$$C = B\log_2 n \tag{1-1-2}$$

式中，C 为数据传输速率，bit/s；B 为波特率，Baud；n 为调制电平数（为 2 的整数倍），即一个脉冲所表示的有效的状态。

根据式（1-1-2）可知，当一个系统的码元状态为 2，如图 1-1-5（a）所示，则数据传输速率等于波特率，也就是说每秒传输的二进制位数等于每秒传输的码元数。同样，如果一个系统的码元状态为 4，即一种码元状态可以表示两个二进制数字，如图 1-1-5（b）所示，此时数据传输速率为波特率的 2 倍。

2. 误码率

误码率（bit error rate，BER）是衡量信息传输可靠性的一个参数，它是指二进制码元在传输系统中被传错的概率，误码率用 P_e 表示。当所传输的数字序列足够长时，它近似地等于被传错

的二进制位数与所传输总位数的比值。若传输总位数为 N，则传错位数为

$$N_e = P_e \times N \tag{1-1-3}$$

在计算机网络中，误码率要求低于 $10^{-6} \sim 10^{-11}$，即平均每传输 1 Mbit 才允许错 1 bit 或更低。应该指出，不能盲目要求低误码率，因为这将使设备变得复杂且昂贵。不同的通信系统由于任务不同，对可靠性的要求也有所差别。所以，设计一个通信系统，在满足可靠性的基础上也要考虑误码率所带来的成本问题。

3. 信道带宽

在模拟系统中，“带宽”是指信号所占用的频带宽度。根据傅里叶级数，一个特定的信号往往是由不同的频率成分构成的，因此，一个信号的带宽是指该信号的各种不同频率成分所占据的频率范围，单位为赫[兹]（Hz）。

模拟信道的带宽是指通信线路允许通过的信号频带范围。对于数字信道，虽然仍然延续了“带宽”这个词，但却是指数字信道的数据传输速率，单位为 bit/s。

4. 信道容量

对任何一个通信系统而言，人们总希望它既有高的通信速度，又有高的可靠性，可是这两项指标确实相互矛盾。也就是说，在一定的物理条件下，提高其通信速度，就会降低它的通信可靠度。

根据信息论中的证明，在给定的信道容量环境下且在一定的误码率要求下，信息的传输速率存在一个极限值，这个极限值就是信道容量。信道容量的定义为：信道在单位时间内所能传送的最大信息量，即信道的最大传输速率，单位为 bit/s。

信道的最大传输速率要受信道带宽的制约。对于无噪声理想信道，下述奈奎斯特准则给出了这种关系为

$$C = 2H\log_2 n \tag{1-1-4}$$

式中，H 为低通信道带宽，Hz，即信道能通过信号的最高频率和最低频率之差；n 的意义同式（1-1-2）；C 为该通道的最大数据传输速率。

例如，某理想无噪声信道带宽为 4 kHz，$n = 4$，则信道的最大数据传输速率为

$$C = 2 \times 4\ 000 \times \log_2 4\ \text{bit/s} = 16\ 000\ \text{bit/s}$$

而实际的信道必然是有噪声和有限带宽的。1984 年，香农利用信息论的相关理论推导出了带宽受限且有高斯白噪声干扰的信道极限速率。当用此速率进行数据传输时，可以做到不产生差错。香农公式为

$$C = B\log_2(1 + S/N) \tag{1-1-5}$$

式中，C 为信道容量，即信道最大传输速率；B 为信道带宽，即信道能通过信号的最高和最低频率差；S 为信号功率；N 为噪声功率；S/N 为信噪比（信号功率与噪声功率的比值），通常用 dB（分贝）表示。分贝和信噪比的换算关系为

$$\text{分贝(dB)} = 10\lg(S/N) \tag{1-1-6}$$

如果 $S/N = 100$，则用分贝表示的信噪比即为 20 dB。

现在通过一个例子来说明如何估算有噪声的声道容量。假定信道带宽为 3 000 Hz，$S/N = 1\ 000$，即信噪比为 30 dB，则极限传输速率约为 3 000 bit/s。需要指出，实际应用中的传输速率离信道容量差距还相当大。

从式（1-1-5）中可以看出，信道容量与信道带宽、信号功率及噪声功率密切相关。

信道容量 C 与信道带宽 H 成正比。当采用高带宽的传输介质时(如光纤)时,会大幅度提高信道的极限传输速率,这也是目前发展信息高速公路的主要思想来源。

信道容量 C 与信噪比 S/N 成正比。在信道带宽一定的情况下,提高信号的功率并降低噪声的功率,同样可以提高信道的极限传输速率。当然,这在很多情况下是不容易实现和不经济的。

当信道容量 C 存在一个定值时,信道带宽和信噪比成反比的关系。也就是说,当信道的极限传输速率确定后,加大信道带宽,可以降低信噪比,反之亦然。

5. 并行传输与串行传输

(1)并行传输

采用并行传输的方式时,多个数据位同时在信道上传输,并且每个数据位都有自己专用的传输通道,如图 1-1-6 所示。

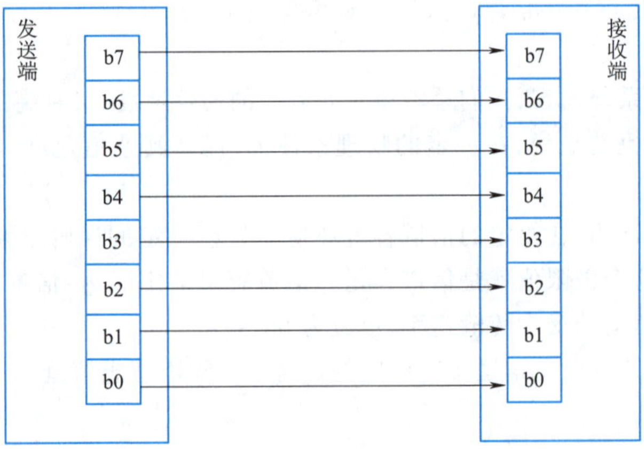

图 1-1-6　并行传输

这种传输方式的数据传输速率相对较快,适于在近距离数据传输(如设备内部)中使用。如果在远距离传输中使用并行传输,则需要付出较高的技术成本和经济成本。

(2)串行传输

串行传输时,数据将按照顺序一位一位地在通信设备之间的信道中传输,如图 1-1-7 所示。

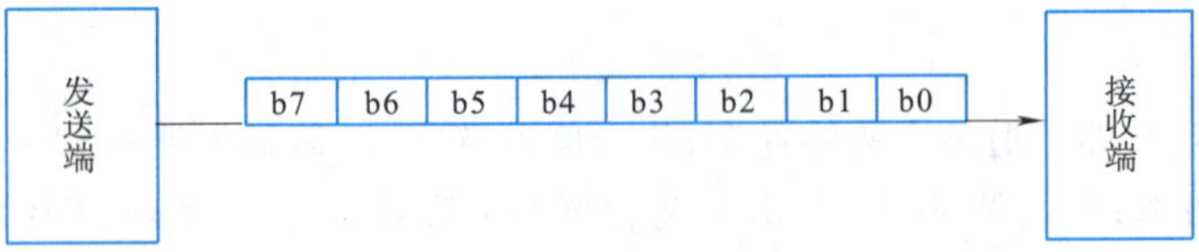

图 1-1-7　串行传输

由于发送端和接收端设备内部的数据往往采用并行传输方式,因此在数据传至线路之前需要有至少一个并/串转换过程。而当数据到达接收端时,需要一个串/并转换过程。

由于串行传输只有一个传输信道,因而具有简单、经济、易于实现的特点,适于远距离的数据传输;其缺点是较并行传输方式的数据传输速率低。

6. 单工、半双工和全双工传输

根据数据传输方向，数据通信操作有单工、半双工和全双工传输三种方式。

(1)单工传输

单工传输是两数据站之间只能沿一个指定的方向进行数据传输，如图1-1-8所示。

数据由A站传到B站，而B站至A站只传送联络信号。前者称为正向信道，后者称为反向信道。无线电广播和电视信号传播都是单工传输的例子。

(2)半双工传输

半双工传输是指信息流可在两个方向上传输，但某一时刻只限于一个方向传输，如图1-1-9所示。

图1-1-8　单工传输

图1-1-9　半双工通信

半双工传输中只有一条通道，采用分时使用的方法，在A发送消息时，B只能接收；而当B发送消息时，A只能接收。通信双方都具有发送器和接收器。由于要频繁调换信道方向，所以效率低，但可以节省传输资源，如对讲机就是以这种方式通信的。

(3)全双工传输

如果在数据站之间有两条通路，则发送信息和接收信息就可以同时进行，如图1-1-10所示。

图1-1-10　全双工通信

如当A发送消息，B接收，B同时也能利用另一条通路发送信息而由A接收，这种工作方式称为全双工传输。它相当于把两个相反方向的单工传输方式组合在一起。这种传输方式适用于计算机与计算机之间通信。

7. 同步传输和异步传输

(1)位同步

数据收发双方的时钟频率，即使标称值相同，也一定会存在微小的误差。这些误差会导致收发双方的时钟周期略有不同。在大量的数据传输过程中，这些误差会积累直至造成传输错误。因此，在数据通信过程中首先要解决收发双方的时钟频率一致性问题。其基本思路是：要求接收方根据发送方所发送数据的起止时间和时钟频率来校正自身的时间基准和时钟频率，这个过程就是位同步。

实现方法有：

①外同步法。发送方有两路信号发往接收方：一路用于传输数据，另一路用于传输同步时钟信号，以供接收方校正，实现收发双方的位同步。由于需要专用的线路，这种方法通信代价较高，很少采用。

②内同步法。要求发送方发送的数据带有丰富的定时信息，以便接收实现位同步，如曼彻斯特编码等。

(2)字符同步

在每个二进制位的同步问题得到解决后,由若干个二进制位组成的字符(字节)或数据块(帧)的同步问题也需要加以考虑。有两种解决方法:同步通信方式和异步通信方式。

①同步通信方式。同步通信将字符组织成组,以组为单位连续传送。在有效数据传送前,先发送一个或多个用于同步控制的特殊字符,称为同步字符 SYN。接收端收到 SYN 后,根据 SYN 来确定数据的起始与终止,以实现同步通信的功能。同步通信的传送格式如图 1-1-11 所示。

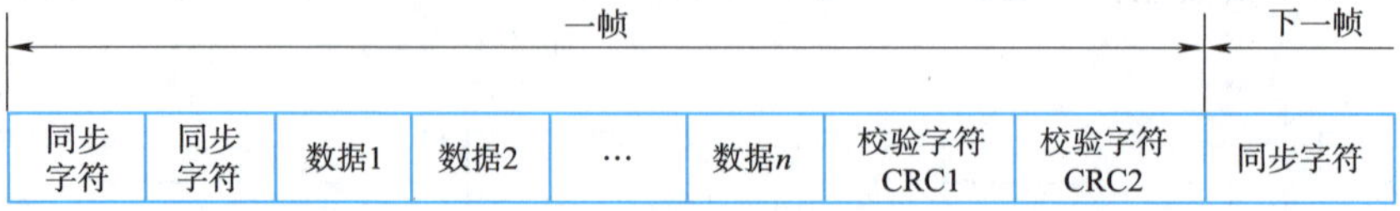

图 1-1-11　同步通信的传送格式

同步通信要求在传输线路上始终保持连续的字符位流。若计算机没有数据传输,则线路上要用专用的“空闲”字符或同步字符填充。

在同步传送过程中,发送端和接收端的每一位数据均保持同步。传送的数据组又称数据帧。数据帧的位数几乎不受限制,通常可以是几字节到几千字节,甚至更多。其通信效率高,但实现较为复杂,适用于高速数据通信的场合。

②异步通信方式。异步通信是指通信中两个字符之间间隔是不固定的,而在一个字符内各位的时间间隔是固定的。异步通信规定字符由起始位(start bit)、数据位(data bit)、奇偶校验位(parity bit)和停止位(stop bit)构成。起始位表示一个字符的开始,接收方可以用起始位使自己的接收时钟与数据同步。停止位则表示一个字符的结束。这种用起始位开始,停止位结束所构成的一串信息称为一帧。异步通信的传送格式如图 1-1-12 所示。

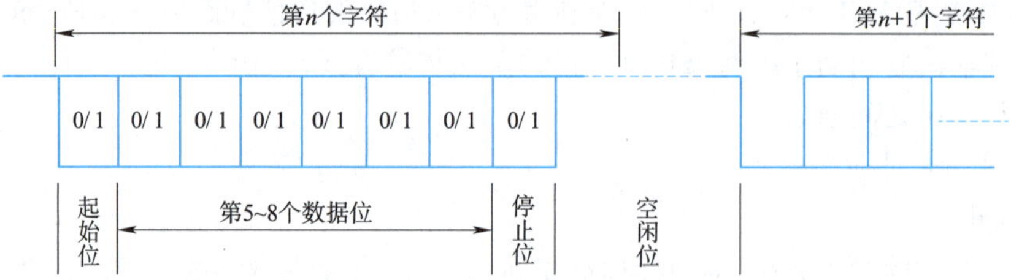

图 1-1-12　异步通信的传送格式

异步通信在传送一个字符时,由一位逻辑“0”(低电平)的起始位开始,接着传送数据位,数据位的位数为 5 ~ 8 位。在传送数据时,按低位在前,高位在后的顺序传送。奇偶校验位用于校验数据传送的正确性,可由程序来指定,也可以没有。最后传送的是逻辑“1”(高电平)的停止位,停止位可以是 1 位、1. 5 位或 2 位,两个字符之间的空闲位要由高电平“1”来填充。

异步通信时,所传送的字符可以连续发送,也可以单独发送;当不发送字符时,线路上发送的始终是停止电平(逻辑“1”)。因此,每个字符的起始时刻可以是任意的,从这个意义上讲,收发双方的通信具有异步性。

异步通信方式的优点是实现字符同步简单,收发双方的时钟信号不需要严格同步;缺点是不适用于高速数据通信，且对每个字符都需要加入额外的起始位和停止位，通信效率较低。

8. 基带传输与频带传输

数据传输系统中，根据数据信号是否发生过频谱搬移，可把传输方式分为基带传输和频带传输两种。

(1)基带传输

数字数据被转换成电信号时，利用原有电信号的固有频率和波形在线路上传输，称为基带传输。在计算机等数字设备中，二进制数字序列最方便的电信号表示方式是方波，即“1”或“0”，分别用“高”或“低”电平来表示。所以，把方波固有的频带称为基带，方波电信号称为基带信号，而在信道上直接传输基带信号称为基带传输。

基带信号含有从直流(频率为零)到高频的频率特性，因此，这种传输要求信道有极宽的带宽，其传输距离较近。近年来，随着光纤传输技术的发展，越来越显示出数字传输的优势。光纤具有带宽高、抗干扰能力强等特点，极大地提高了传输距离。在计算机网络的主干传输网上，主要采用光纤数字传输。

(2)频带传输

频带传输又称宽带传输。其传输的方法是将二进制脉冲所表示的数据信号变换成便于在较长的通信线路上传输的交流信号后再进行传输。一般地，在发送端通过调制解调器将数据编码波形调制成一定频率的载波信号，使载波的某些特性按数据波形的某些特性而改变。将载波传送到目的地后，再将载波进行解调(去掉载波)，恢复原始数据波形。

任务小结

本任务讨论了数据、信息、信号的概念，通过数据通信系统，认识了信源、常用设备和数据通信的基本概念和术语。

※思考与练习

一、填空题

1. 数据通信是指依照________协议，利用________技术在两个功能单元之间传输数据信息。

2. 计算机网络通信常用的数据交换方式有________、________、________。

二、选择题

1. 某种传输方式将每个字符作为一个独立的整体进行发送，字符间的时间间隔任意，这种传输方式为(　　)。

A. 串行传输　　B. 并行传输　　C. 异步传输　　D. 同步传输

2. 当查出数据有差错时，设法通知发送方重发，直到收到正确的数据为止，这种差错控制方式为(　　)。

A. 冗余纠错方式　　B. 检错反馈重发

C. 前向纠错方式　　D. 混合纠错方式

3. 二进制码元在数据传输系统中被传错的概率是(　　)。

A. 误码率　　B. 纠错率

C. 最大传输率　　D. 最小传输率

4. 在数据传输中，需要建立连接的是(　　)。

A. 电路交换　　B. 信元交换

C. 报文交换　　D. 数据报交换

5. 异步传输模式传送的数据每次为(　　)。

A. 一个字符　　B. 一字节　　C. 一比特　　D. 一帧

三、简答题

1. 什么是半双工通信？

2. 数据交换的三种方式是什么？

任务二　分析数据编码技术

微视频

分析数据编码技术

任务描述

本任务介绍了数据编码技术中用模拟信号和数字信号表示数字数据和模拟数据的方法，探讨了多路复用技术；在讨论数据交换方式的基础上，介绍了差错检验、控制和纠错的方法。

任务目标

- 识记：模拟信号和数字信号表示数字数据和模拟数据的方法。
- 领会：多路复用技术。
- 应用：数据交换方式。
- 掌握：差错检验、控制和纠错的方法。

任务实施

一、了解数据编码技术

1. 数字数据用数字信号表示

(1)单极性码

所谓单极性码，是指在每一个码元时间间隔内，有电压(或电流)则表示二进制的“1”，无电压(或电流)则表示二进制的“0”。每一个码元时间的中心是采样时间，判决门限为半幅度电压(或电流)，设为0.5。若接收信号的值在0.5与1.0之间，就判为“1”；若在0与0.5之间，就判为“0”。

如果整个码元时间内维持有效电平，这种码属于全宽码，称为单极性不归零(non-return-to-zero，NRZ)码，如图1-2-1(a)所示。如果逻辑“1”只在该码元时间维持一段时间(如码元时间的一半)就变成了电平“0”，称为单极性归零码(return-to-zero，RZ)码，如图1-2-1(b)所示。

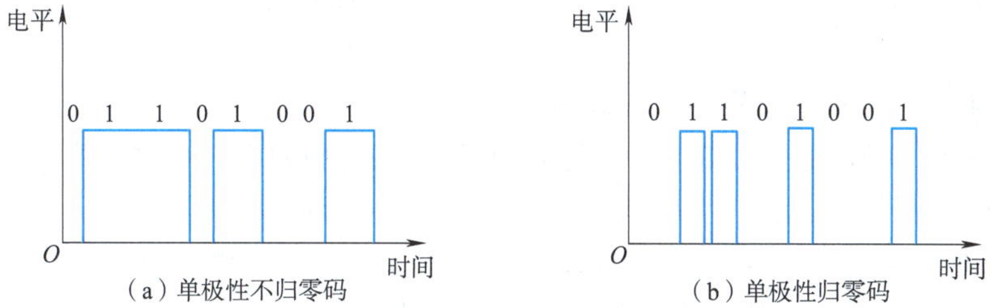

（a）单极性不归零码　　（b）单极性归零码

图 1-2-1　单极性码

单极性码的原理简单，容易实现。其主要缺点有：

①含有较大的直流分量。对于非正弦的周期函数，根据傅里叶级数，其直流分量为周期内函数的面积除以周期。如果“0”和“1”出现的概率相同，单极性 NRZ 编码的直流分量为逻辑“1”对应值的一半，而单极性 RZ 编码的直流分量会小于单极性 NRZ，但还是会存在直流分量，会产生较大的线路衰减且不利于使用变压器和交流耦合的线路，其传输距离会受到限制。

②单极性 NRZ 编码在出现连“0”或连“1”的情况时，线路长时间维持一个固定的电平，接收方无法提取出同步信息。

③单极性 RZ 编码在出现连“1”的情况时，线路电平有跳变，接收方可以提取同步信息；但连“0”时，接收方依然无法提取出同步信息。

（2）双极性码

所谓双极性码，是指在每一个码元时间间隔内，发出正电压（或电流）表示二进制的“1”，发出负电压（或电流）表示二进制的“0”。正的幅值和负的幅值相等，所以称为双极性码。与单极性码相同，如果整个码元时间内维持有效电平，这种码属于全宽码，称为双极性不归零码，如图 1-2-2（a）所示。如果逻辑“1”和逻辑“0”的正、负电流只在该码元时间维持一段时间（如码元时间的一半）就变成了“0”电平，称为双极性归零码，如图 1-2-2（b）所示。

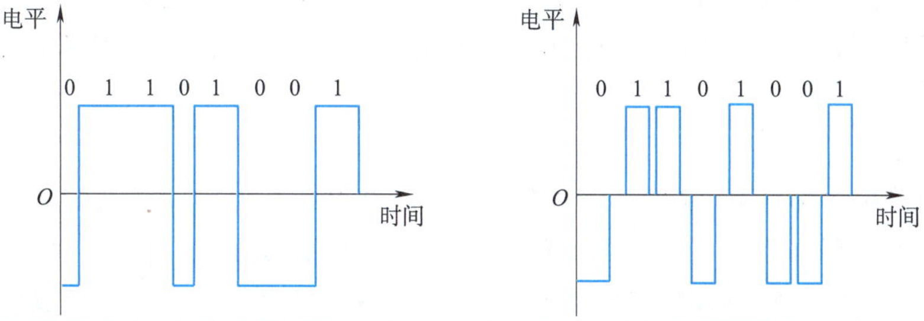

（a）双极性不归零码　　（b）双极性归零码

图 1-2-2　双极性码

双极性码的判决门为零电平，如果接收信号的值在零电平以上，判为“1”；如果在零电平以下，判为“0”。

如果“0”和“1”出现的概率相同，双极性码的直流分量为 0。但在出现连“0”或连“1”的情况时，依然会含有较大的直流分量。

双极性 NRZ 编码在出现连“0”或连“1”的情况时，线路长时间维持一个固定的电平，接收方无法提取出同步信息。

双极性 RZ 编码在出现连“0”或连“1”的情况时,线路电平有跳变,接收方可以提取同步信息。

(3)曼彻斯特编码和差分曼彻斯特编码

所谓曼彻斯特编码,是指在每一码元时间间隔内,每位中间有一个电平跳变,假设从高到低的跳变表示“1”,从低到高的跳变表示“0”,如图 1-2-3(a)所示。

在差分曼彻斯特编码中,对曼彻斯特编码进行了改进。每位中间也有一个跳变,但它不是用这个跳变来表示数据的,而是利用每个码元开始时有无跳变来表示“0”或“1”。例如,规定有跳变表示“0”,没有跳变表示“1”,如图 1-2-3(b)所示。

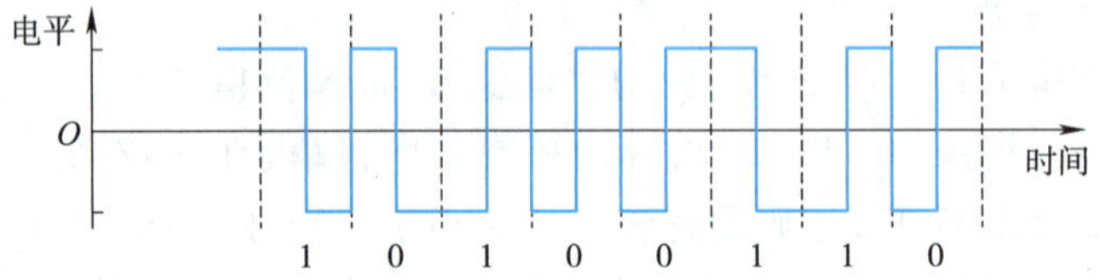

(a)曼彻斯特编码

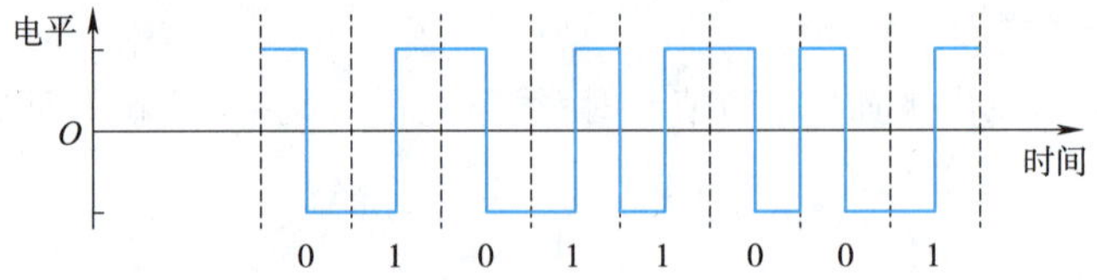

(b)差分曼彻斯特编码

图 1-2-3 曼彻斯特编码和差分曼彻斯特编码

与单极性码和双极性码相比,曼彻斯特编码和差分曼彻斯特编码在每个码元中间均有跳变,不包含直流分量;在出现连“0”或连“1”的情况时,接收方可以从每位中间的电平跳变提取出时钟信号进行同步,因此在计算机局域网中广泛地采用了这种编码方式。其缺点在于:经过曼彻斯特编码后,信号的频率翻倍,对应地要求信道的带宽高,此外对编解码的设备要求也较高。

2. 数字数据用模拟信号表示

计算机中使用的都是数字数据,在电路中是用两种电平的电脉冲来表示的,一种电平表示“1”,另一种电平表示“0”,这种原始的电脉冲信号就是基带信号,它的带宽很宽。当希望在模拟信道中(如传统的模拟电话网)来传输数字数据时,就需要将数字数据转换成模拟信号传输,到接收端再还原为数字数据。

通常会选择某一合适频率的正弦波作为载波,利用数据信号的变化分别对载波的某些特性(振幅、频率、相位)进行控制,从而达到编码的目的,使数字数据“寄生”到载波上。携带数字的载波可在模拟信道中传输,这个过程称为调制。从载波上取出它所携带的数字数据的过程称为解调。基本的调制方法有三种:调幅制、调频制、调相制,如图 1-2-4 所示。

(1)调幅制

调幅制又称振幅键控法(amplitude shift keying,ASK),是按照数字数据的取值来改变载波信号的振幅。可以用载波的两个振幅值表示两个二进制值;也可以用“有载波”和“无载波”表示二进制的两个值。这种方式技术简单,但抗干扰能力较差,它容易受增益变化的影响,是一种效率较低的调制技术。调幅制示意图如图 1-2-4(b)所示。

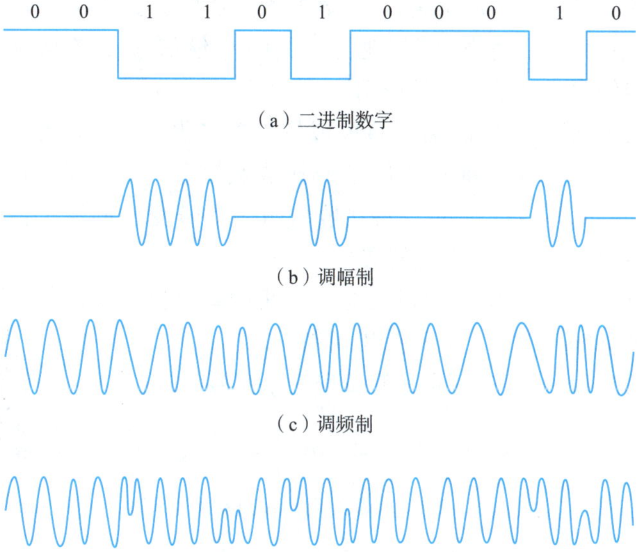

(a) 二进制数字

(b) 调幅制

(c) 调频制

(d) 绝对调相制

图 1-2-4　调制方式示意图

(2)调频制

调频制又称频移键控法(frequency shift keying,FSK),是用数字数据的取值来改变载波的频率,即两种频率分别表示“1”和“0”。这是常用的一种调制方法,比调幅技术有较高的抗干扰性,但所占频带较宽。调频制示意图如图 1-2-4(c)所示。

(3)调相制

调相制又称相移键控法(phase shift keying,PSK),是用载波信号的不同相位来表示二进制数。根据确定相位参考点的不同,调相方式又分为绝对调相和相对调相(或差分调相)。

绝对调相是利用正弦载波的不同相位直接表示数字。例如,当传输的数据为“1”时,绝对相移调制信号和载波信号的相位差为 0;当传输的数据为“0”时,绝对相移调制信号和载波信号的相位差为 π,调制方法如图 1-2-4(d)所示。

上述例子中只有两种相位的调相方式称为两相调制。为了提高信息的传输速率,还经常采用多相调制方式。所谓多相调制是指一个码元可以携带多个二进制信息。假设采取 M 相调制,则携带二进制信息位数为 $\log_2 M$,经常采用的是四相制和八相制调制方式。这两种调制方式的数字信息的相位分配情况见表 1-2-1。

表 1-2-1　四相制和八相制调制方式的相位分配

(a)四相调制方式的相位分配

数字信息	00	01	10	11
相位	0°或 45°	90°或 135°	180°或 225°	270°或 315°

(b)八相制调制方式的相位分配

数字信息	000	001	010	011	100	101	110	111
相位	0°	45°	90°	135°	180°	225°	270°	315°

3. 模拟数据用数字信号表示

数字数据传输的优点是传输质量高,由于数据本身就是数字信号,适合在数字信道中传输;此外,在传输的过程中,可以在适当的位置通过“再生”中继信号,没有噪声的积累。因此,数字数据传输在计算机网络中得到了广泛的应用。

模拟数据要在数字信道上传输,需要将模拟信号数字化。一般在发送端设置一个模-数转换器(analog-to-digital converter),将模拟信号变换成数字信号再发送;而在接收端设置一个数-模转换器(digital-to-analog converter),将接收的数字信号变换成模拟信号。通常把模-数转换器称为编码器,而把数-模转换器称为解码器。

对模拟信号进行数字化编码,需要对幅度和时间做离散化处理,最常见的方法是脉冲编码调制(pulse code modulation,PCM),简称脉码调制。

脉冲编码调制的过程包括采样、量化和编码三个步骤,如图 1-2-5 所示。

图 1-2-5　脉冲编码调制过程示意图

采样是将模拟信号转换成时间离散但幅度仍是连续的信号,量化是将采样后信号的幅度作离散化处理,最后将幅度和时间都呈现离散状态的信号进行编码,得到对应的数字信号。PCM 编码过程的时域示意图如图 1-2-6 所示。

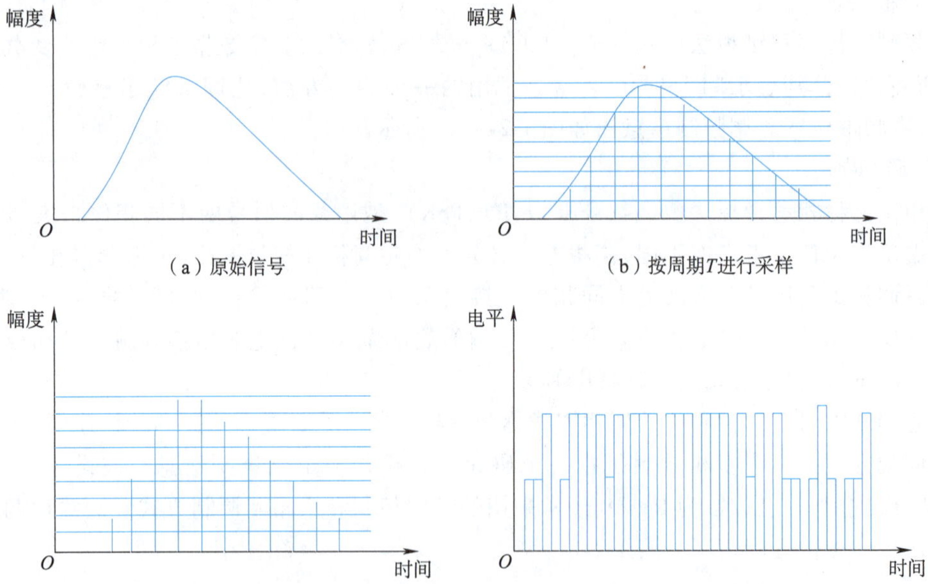

(a) 原始信号　(b) 按周期T进行采样

(c) 对采样值进行量化　(d) 对量化后的样值进行编码

图 1-2-6　PCM 编码过程的时域示意图

在具体的数字化过程中,不可避免地会造成误差。因此,在采样、量化和编码的过程中,需要采取措施,将误差控制在允许的范围内。

(1)采样

采样是每隔一定的时间间隔,把模拟信号的值取出来,获得幅度采样值,用它作为样本代表原信号,如图 1-2-6(b)所示。

根据奈奎斯特采样定理：在进行模拟数字信号的转换过程中，当采样频率大于信号中最高频率的2倍时，采样之后的数字信号完整地保留了原始信号中的信息频率，即

$$f_s = 1/T_s \geqslant 2f_m \quad (1\text{-}2\text{-}1)$$

式中，f_s 为采样频率；T_s 为采样周期；f_m 为原模拟信号的最高频率。

实际应用中，通常采样频率为信号最高频率的5～10倍。例如，计算机中对语音信号的处理如下：人的语音信号的带宽在300～3 400 Hz之间，为了保证声音不失真，采样频率应该在6.8 kHz以上。常用的音频采样频率有8 kHz、22.05 kHz（FM广播的声音品质）、44.1 kHz（CD音质）等。

（2）量化

量化决定采样值属于哪个量级，并将其幅度按量化级取整，使每个采样值都近似地量化为对应等级位，如图1-2-6（c）所示。量化的过程必然会产生误差，对于原信号分成多少个量化级要根据精度的要求而定，可以有8级、16级等。当前声音数字化系统中通常分为128个量级。

（3）编码

编码是将每个采样位用相应的二进制编码来表示，如图1-2-6（d）所示。若量化级为 N 个，二进制编码位数为 $\log_2 N$。如果PCM用于声音数字化时，常为128个量化级，要有7位编码。

脉码调制方案是等分量化级，此时不管信号的幅度大小，每个采样的绝对误差是相等的。因此，低幅值的地方相对容易变形。为了减少整个信号的变形，人们常用非线性编码技术来改进脉码调制方案，即在低幅值处使用较多的量化级，而在较高幅值处使用较少的量化级。

二、探讨多路复用技术

在通信系统中，为了扩大传输容量和提高传输效率，常采用多路复用技术。多路是指多个不同的信号源；复用是指在同一通信介质上同时传输多个不同的信号。采用多路复用技术，可以将多路信号组合在一条物理信道上进行传输，到接收端再用专门的设备将各路信号分离开来，极大地提高了通信线路的利用率，如图1-2-7所示。

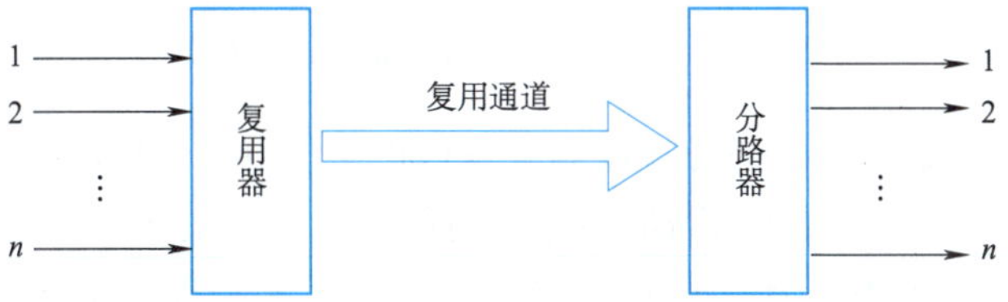

图1-2-7　复用与分路

实现多路复用的前提是信道实际传输能力超过单个信号所要求的能力，即对信道的带宽和信号的传输速度有较高的要求。根据信号分割技术的不同，多路复用可以分为频分多路复用、时分多路复用、波分多路复用等。

1. 频分多路复用技术

频分多路复用（frequency division multiplexing，FDM）是按照频率参量的差别来分割信号的，用于在一个具有较宽的信道上传输多路频带较窄的信号。图1-2-8所示为频分多路复用原理图。

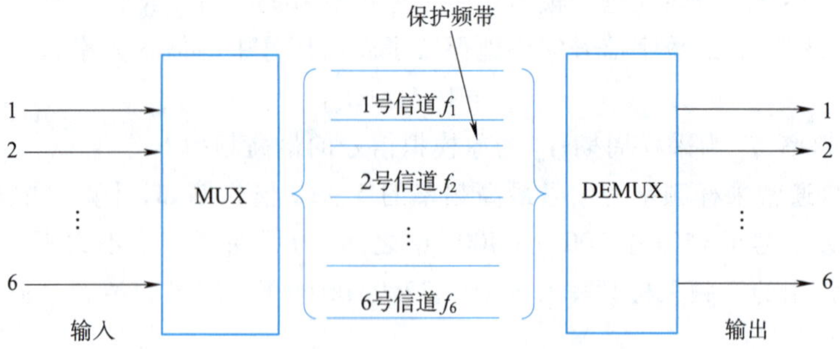

图 1-2-8　频分多路复用原理图

频分多路复用技术将信道的传输频带分成若干个较窄的频带,每个窄频带构成一个子通道,独立地传输信息。为了防止各路信号之间的相互干扰,相邻两个子频率之间需要有一定的保护频带。接收端用滤波器将接收到的时域信号按照频率分隔开,以恢复原始的信号。

FDM 最典型的例子是语音信号频分多路载波通信系统。图 1-2-9 说明了如何使用 FDM 将三个语音通道复用在一起。

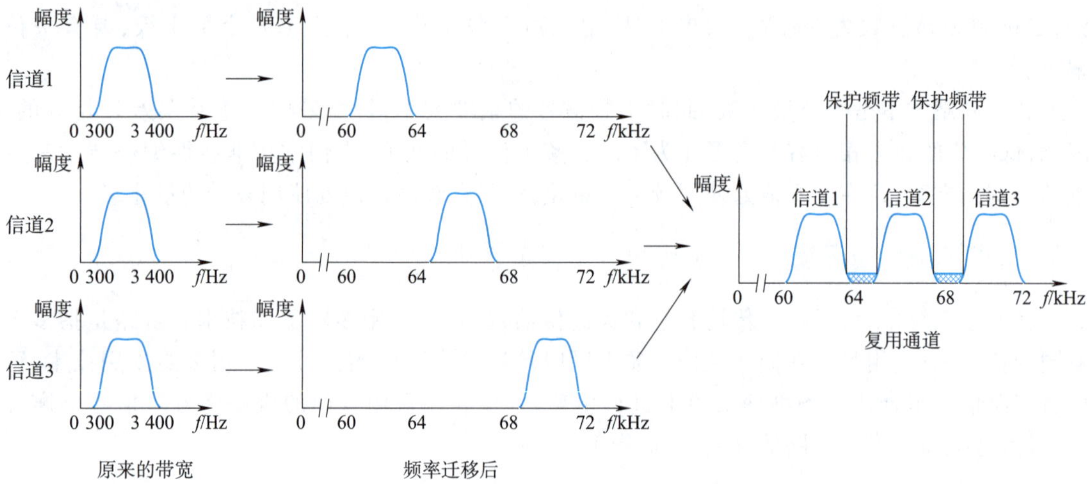

图 1-2-9　语音通道频分多路复用示意图

图 1-2-9 中,将每个语音通道的带宽限制在 3 000 Hz 左右。当多个通道被复用在一起时,每个通道分配 4 000 Hz,以使彼此间隔足够远。利用不同频率的载波对各语音信号进行调制,从时域上看,各信号是混杂在一起的;但在频域上看,实际上是进行了频谱的“搬移”。由于各通道占用的频带不同,频域上不会发生混淆。到达接收端后,可以利用滤波器将不同信号滤出,以还原时域信号。

FDM 的主要优点是:实现相对简单,技术成熟,能较充分地利用信道频带,因而系统效率较高。其缺点主要有:保护频带的存在,大大降低了 FDM 技术的效率,信道的非线性失真,改变了它的实际频带特性,易造成串音和互调噪声干扰;所需设备量随接入路数增加而增多,且不易小型化;频分多路复用本身不提供差错控制技术,不便于性能监测。因此,在数据通信中,FDM 正在被时分多路复用所替代。

2. 时分多路复用技术

时分多路复用(time division multiplexing,TDM)是按照时间参量的差别来分割信号的。通过为多个信道分配互不重叠的时间片的方法实现多路复用。时分多路复用分为同步时分多路复用和异步时分多路复用两种。

(1)同步时分多路复用

当信道的最大数据传输速率大于或等于各路信号的数据传输速率的总和时,可以将使用信道的时间分成一个个的时间片,按照一定的规则将这些时间片分配给各路信号,每一路信号只能在自己的时间片内独占信道进行传输,这就是时分多路复用,又称同步时分多路复用,如图 1-2-10 所示。

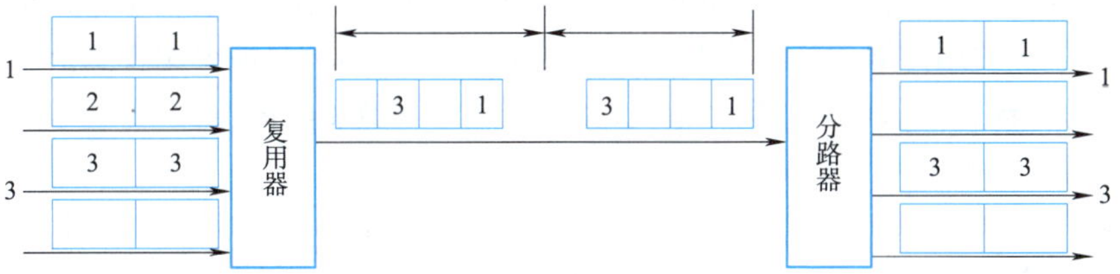

图 1-2-10　同步时分多路复用

同步时分多路复用将时间片预先分配给各个低速线路,并且时间片固定不变。复用器按照规定的次序轮流从每个信道中取数据,就像一个轮盘一样,在每个瞬间只有一路信号占用信道,这与频分复用中在同一时刻有多路信号同时传输是不同的。由于每个时间片的顺序是固定的,因此分路器可以按照预先设定的顺序从复用信道中获取数据,并正确传输至目的线路。

同步时分多路复用中,将各个时间片固定分配给各低速线路,不管该低速线路是否有数据发送,属于它的时间片都不能被占用。而在计算机网络中,数据的传输具有很强的突发性,可能很长时间某个低速线路没有数据。因此,在计算机网络中的同步时分多路复用不能充分利用信道容量,会造成通信资源的浪费。如果设想各个低速线路只在需要信道时才分配给它们时间片,则可大大改进信道利用率,这就是异步时分多路复用。

(2)异步时分多路复用

异步时分多路复用又称统计时分多路复用(statistical time division multiplexing,STDM),允许动态地分配时间片。如果某个低速线路不发送信息,则其他的终端可以占用该时间片,如图 1-2-11 所示。

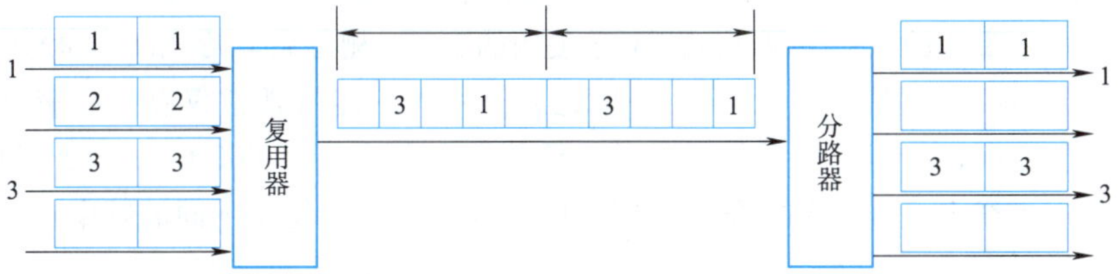

图 1-2-11　异步时分多路复用

由图 1-2-11 可知,各低速线路的数据首先被送到缓冲器中,复用器从缓冲器中取出数据,送至复用信道中。这样做的好处在于,当低速线路没有数据时,不会占用复用信道,从而提高了线路利用效率。由于计算机网络数据传输具有突发性的特点,很可能某个时刻只有几条线路(不是全部)会有数据传输,因此在异步时分多路复用中,复用信道的速率可以小于各个低速线路速率之和,从而节省线路资源。

异步时分多路复用不会占用缓冲器,也就是说,异步时分多路复用的实现较为复杂,主要体现在:

①缓冲器的设计。缓冲器读写速度和容量的大小,要综合考虑各低速线路的输入情况和复用器取数据的情况:如果过小,很可能后续数据无法存入,造成缓冲的溢出和数据的丢失;如果过大,很可能会造成资源的浪费。

②与同步时分多路复用的固定顺序不同。为了使接收端能够分辨出所接收数据的来源和目的地,需要对低速线路的数据进行编址处理,这会在一定程度上造成通信效率的低下和实现过程的复杂。

从统计角度来看,所有的低速线路同时要求分配信道的可能性是很小的,因此异步时分多路复用可以为更多的用户服务。异步时分多路复用的缺点主要有:需要比较复杂的寻址和控制能力、需要有保存输入排队信息的缓冲器、设备实现复杂且费用较高。

3. 波分多路复用技术

波分多路复用(wavelength division multiplexing,WDM)是在光纤信道上使用的频分多路复用的一个变例。图1-2-12就是一种在光纤上获得WDM的简单方法。在这种方法中,两根光纤连到一个棱柱(或者更可能是衍射光栅),每根光纤的能量处于不同的波段。两束光通过棱柱或光栅合成到一根共享的光纤上,传送到远方目的地,在接收端利用相同的设备将各路光波分开。

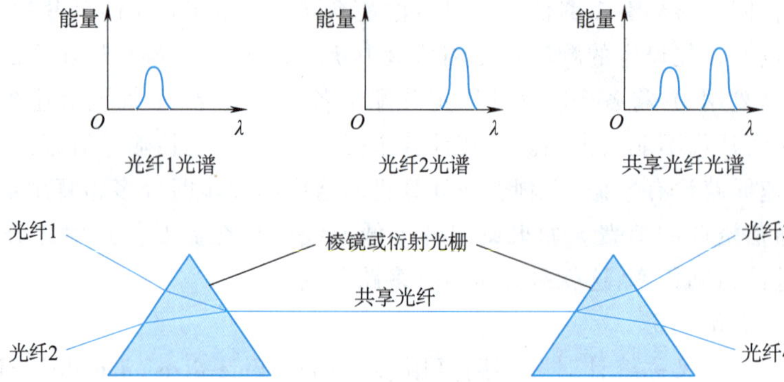

图1-2-12 波分多路复用

由于每个信道有自己的频率范围,而且所有的范围都是分隔的,所以它们可以被多路复用到长距离的光纤上。与FDM的唯一区别是:光纤系统使用的衍射光栅是完全无源的,因此极其可靠。

应该注意到,WDM很流行的原因是,一根光束信号上的能量常常仅有几兆赫宽,而现在不可能在光电介质之间进行更快的转换。一根光纤的带宽大约是25 000 GHz,因此可以将很多信道复用到长距离光纤上。当然前提条件是所有的输入信道都应使用不同的频率。

三、掌握数据交换方式

两个设备进行通信,最简单的方式是用一条线路直接连接这两个设备,但这往往是不现实的,尤其在广域网中。两个相距很远的设备之间不可能有直接的连线,它们是通过通信子网由传输线路和中间结点组成的,当信源和信宿间没有线路直接相连时,信源发出的数据先到达与之相连的中间结点，再从该中间结点传到下一个中间结点，直至到达信宿，这个转接过程就称为交换。

计算机网络通信常用的数据交换方式有三种：电路交换、报文交换、分组交换。

1. 电路交换

电路交换（circuit switching）要求在通信的双方之间建立起一条实际的物理通路，并且在整个传输过程中，这条通路被独占。电话系统是最典型的电路交换的例子。电路交换的通信过程可分为建立电路连接、数据传输和拆除电路连接三个阶段。

（1）建立电路连接

在传输任何数据之前，都必须建立端到端（站到站）的直通电路，如图 1-2-13 所示。

假设 A 站欲与 E 站进行数据通信，则 A 站先发送一个请求到结点 4，请求与 E 站建立一个连接。结点 4 要根据路径选择信息在通向结点 6 的路径中找到下一个分支。例如，结点 4 选择了到结点 5 的线路，在此线路上分配一个未用的通道（使用 TDM 或 FDM），并且发送一个报文请求通过结点 6 连接到 E 站。至此，已经建立了一个由 A 站开始，经过结点 4、结点 5、结点 6 到 E 站的专用通路。在完成这个连接的过程中，要进行测试来确定 E 站是否忙或者是否准备接收本次连接。

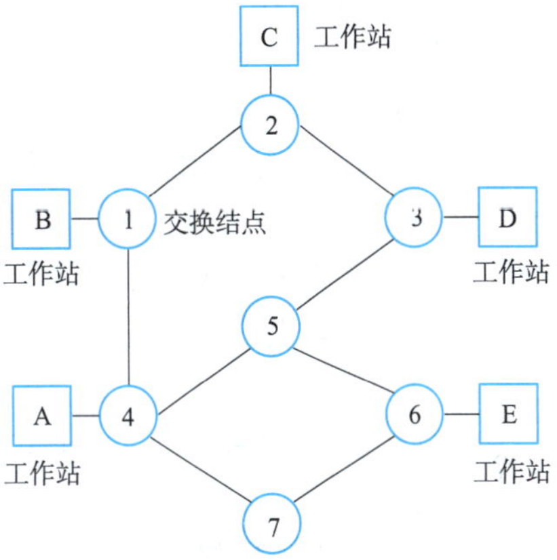

图 1-2-13　电路交换示意图

一般来说，这种连接是全双工的，因此还有一个 E 站到 A 站的电路建立过程。

（2）数据传输

在电路建立后，信源和信宿双方就可以沿着已经建立好的传输线路进行单工、半双工或全双工的数据传输。

（3）拆除电路连接

在数据传输结束后，通常由任一站主动发出“拆除连接”请求，以便释放电路中所占用的资源。

电路交换的优点是数据传输可靠、迅速，而且保证顺序；缺点是电路建立和拆除的时间较长，而且在这期间，电路不能被共享，资源被浪费，另外，当数据量较小时，为建立和拆除电路所花的时间得不偿失。因此，电路交换适用于系统间要求高质量的、大量数据的传输。

2. 报文交换

由于电路交换在数据交换期间会独占信道，有时会降低线路的利用率，因而产生了另一种数据交换方式，即报文交换（message switching）。

所谓报文，对用户来说是一个完整的信息单元。报文在不同的环境中有不同的限制，其长度变化很大，小的几千字节，大的数万字节。

报文交换方式是一种“存储—转发”方式。源站在发送报文时，把目的地址添加在报文中，然后发给相邻的结点。收到报文的结点根据目的地址和自身的转发算法决定下一个接收报文的结点，如此往复，直到该报文到达目的地。通信的双方以报文为单位交换数据，它们之间没有专用的通信线路。

如上例中，A 站向 E 站发送报文，则先将 E 站地址添加在报文中，结点 4 暂存收到的报文并确定路由（设指向结点 5），然后结点 4 把需要在 4 ~ 5 链路上传送的所有报文排队，当链路可用时,便将报文发至结点 5,依此类推,报文经由结点 6 送到 E 站。

报文交换方式的“存储—转发”方式能够平滑通信量和充分利用信道。只要存储时间足够长,就可以把信道忙碌和空闲的状态均匀化,大大压缩了必需的信道容量和转接设备的容量。

报文交换方式与电路交换方式相比有如下特点:

①线路效率较高。因为许多报文可分时共享一条结点到结点的通道。

②接收者和发送者无须同时工作。在接收者忙时,网络结点可先将报文暂时存起来。

③当流量增大时,在电路交换中可能导致一些呼叫不能被接收;而在报文交换中,报文仍可接收,只是延时会增加。

④报文交换可把一个报文送到多个目的地,而电路交换很难做到这一点。

⑤可建立报文优先级,可以在网络上实现差错控制和纠错处理。

⑥报文交换能进行速度和代码转换。两个数据传输速率不同的站可以互相连接,也易于实行代码格式的变换(如将 ASCII 码变换为 FBCDIC 码),这在电路交换中是不可能的。

报文交换的主要缺点是网络延时较长、波动范围较大,不宜用于实时通信或交互通信,如语音、传真、终端与主机之间的会话业务等。

3. 分组交换

分组交换(packet switching)又称包交换,是综合了电路交换和报文交换两者优点的一种交换方式。

分组交换仍采用报文交换的“存储—转发”技术,但不像报文交换那样,以整个报文为交换单位,而是设法将一份较长的报文分解成若干固定长度的“段”,每一段报文加上交换时所需的呼叫控制信息和差错控制信息形成一个规定格式的交换单位,通常称为“报文分组”(简称“分组”或“包”)。

由于分组长度固定且较短,又具有统一的格式,因此便于中间结点存储、分析和处理。分组进入中间结点进行排队和处理只需停留较短的时间,一旦确定了新的路径,就立刻被转发到下一个中间结点或用户终端。从统计结果上看,分组交换传输速度高于报文交换,低于电路交换,可以理解为是一种“快速的报文交换”。

分组交换比报文交换有明显的优点,主要如下:

①减少了时间延迟。当第一个分组发送给第一个结点后,接着可发送第二个分组,随后发送其他分组,这样一个报文分割成多个分组,多个分组可同时在网络中传播,总的延时大大减少。

②每个结点上所需的缓冲容量减少了(因为分组长度小于报文长度),有利于提高结点存储资源的利用率。

③易于实现线路的统计时分多路复用,提高了线路的利用率。

④可靠性高。分组作为独立的传输实体,便于实现差错控制,从而大大降低了数据信息在分组交换网中传输的误码率,一般可达 10^{-10} 以下。另外,由于“分组”在分组交换网中传输的路由是可变的,也提高了网络通信的可靠性。

⑤易于重新开始新的传输。可让紧急分组迅速发送出去,不会因传输优先级较低的报文而堵塞。

⑥容易建立灵活的通信环境,便于在传输速率、信息格式、编码类型、同步方式、通信规程等方面都不相同的数据终端之间实现互通。

分组交换的主要缺点如下:

①在分组交换网中,附加的传输信息较多,影响了分组交换的传输效率。

②实现技术复杂，中间结点要对各种类型的分组进行分析处理，为分组提供传输路由；为数据终端设备提供速率、格式、码型和规程等的变换；为网络的维护管理提供必需的报告信息等，这就要求中间结点具有较强的处理功能。

分组交换可提供两种服务方式：数据报(datagram)和虚电路(virtual circuit)。

(1)数据报方式

在数据报方式中，每个分组称为一个数据报，若干个数据报构成一次要传送的报文或数据块。数据报方式中对每个分组单独进行处理。

当信源站要发送一个报文时，将报文拆分成若干个带有序号和地址信息的数据报，依次发送给网络结点。每个数据报自身携带足够的信息，它的传送是被单独处理的。一个结点接收到一个数据报后，根据数据报中的地址信息和当时网络的流量、故障等情况选择路由，找出一个合适的出路，将数据报发送到下一个结点。由于不同时间的网络流量、故障等情况不同，各个数据报所走的路径就可能不相同，因此，各数据报不能保证按发送的顺序到达目的结点(乱序)，有些数据报甚至还可能在途中丢失。

以图 1-2-14 中的网络拓扑结构为例，设 A 站有一报文需要传输，将该报文拆分成三个分组，按 1、2、3 的顺序依次送入结点 4。分组 1 到达结点 4 时，通过路由选择确定结点 5 的分组队列比结点 7 的要短，所以将该分组送入结点 5 的队列中，但分组 2 到达结点 4 时，发现结点 7 的队列最短，便将分组 2 置于结点 7 的队列中，对分组 3 也做同样的处理。

数据报方式中即使有相同目的地址的每个分组也不一定沿同一条路径传送，而且分组到达 E 站的顺序也可以不同于发送顺序。E 站应该具有重新排序分组和将其重装成报文的功能。

(2)虚电路方式

虚电路方式中，在分组发送前，通过呼叫的过程(虚呼叫)使交换网建立一条通往目的站的逻辑通路，然后，一个报文的所有分组都沿着这条通路进行“存储—转发”，不允许中间结点对任一个分组进行单独的处理和另选路径。

以图 1-2-15 中的网络拓扑结构为例，A 站有分组要发到 E 站，它首先向结点 4 发“呼叫请求”分组，请求与 E 站建立连接，结点 4 通过路由选择将该呼叫请求传到结点 5，结点 5 确定将呼叫请求传至结点 6，再传至 E 站。如果 E 站接收该连接请求，便向结点 6 发“呼叫接收”分组，沿相反路径返回到 A 站。此时，A 站和 E 站的逻辑连接(即虚电路 A—4—5—6—E)建立成功，同时分配一个“逻辑通道”标识符(即虚电路标识符)，即可开始交换数据。

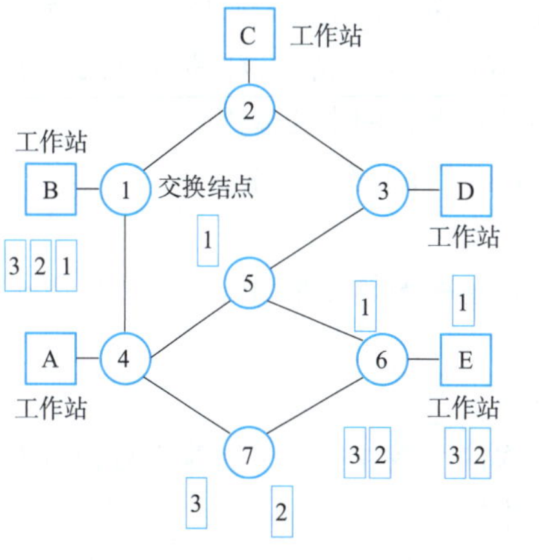

图 1-2-14　数据报示意图

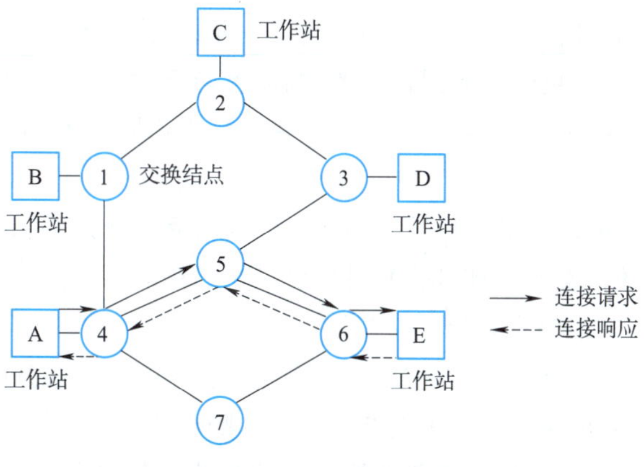

图 1-2-15　数据报示意图

此后,每个分组就会沿着前面建立好的路径进行数据传输。数据传输完毕,任何一方均可发出“拆除连接”分组,终止本次连接。

根据多路复用的原理,每个中间结点可与其他某个中间结点建立多条虚电路,也可以同时与多个中间结点建立虚电路。

数据报方式和虚电路方式各有优缺点,主要如下:

①使用数据报方式时,每个分组必须携带完整的地址信息;使用虚电路方式时,仅需要虚电路号码标志,这样可使分组控制信息的比特数减少,从而减少额外开销。

②使用数据报方式时,用户端的主机要承担端到端的差错控制和流量控制;使用虚电路方式时,网络结点有端到端的流量控制和差错控制功能,即由网络保证分组按顺序交付,而且不丢失、不重复。

③数据报方式由于每个分组可独立选择路由,当某个结点发生故障时,后续分组就可另选路由,从而提高了可靠性;而使用虚电路方式时,如一个结点失效,则通过该结点的所有虚电路均丢失了,可靠性降低。

虚电路技术与电路交换方式一样,都要经历“建立电路连接、数据传输、拆除电路连接”这三个阶段,都是面向连接的交换技术。数据传输都会沿着已经建立好的连接路径进行传输,不需要再进行路径选择,且数据会按序到达目的地。

虚电路技术与电路交换方式的不同之处在于:虚电路使用“存储—转发”方式传输数据,分组在每个结点仍然需要存储,并在线路上进行输出排队,只是断续地占用一段又一段的链路。虚电路的标识符只是对逻辑信道的一种编号,并不指某一条物理线路本身。一条物理线路可能被标识为许多逻辑信道编号,这正体现了信道资源的共享性。

四、讨论差错检验和控制

1. 差错类型

数据通信要求信息传输具有高度的可靠性,即要求误码率足够低。然而,数据信号在传输过程中不可避免地会发生差错,即出现误码。造成误码的原因很多,但主要可归结为两个方面:一是信道不理想造成的符号间干扰;二是噪声对信号的干扰。由于前者常可以通过均衡办法予以改善,因此常把信道噪声作为造成传输差错的主要原因。

危害数据传输的噪声大体上有两类:白噪声和脉冲噪声。白噪声是在较长时间内一直存在的,并且在所有频率上的强度都一样,又称热噪声,是一种随机的噪声信号;脉冲噪声是由某种特定的、短暂的原因造成的,幅度可能很大,是数据传输中造成差错的主要原因。

噪声类型不同,引发的差错类型也不同,一般可分为以下两种类型的差错:

(1)随机差错

随机差错是指某一码元出错与前后码元无关,它是由信道中的热噪声引起的。如果传输信号的信噪比较高,这种差错可以得到有效的降低。

(2)突发差错

突发差错是与前后码元发生的错误有相关性,一个错误的出现往往也引起前后码元出现错误,使错误成串密集地产生。脉冲噪声产生的差错就是突发差错。

实际的传输线路中所出现的差错是随机差错和突发差错的混合,如果采用有效的屏蔽措施，改善设备，选择合理的方式、方法，可使噪声大大降低，但不能完全消除噪声的影响，所以传输线路中要有差错控制。

2. 差错控制的方式

差错控制是指在传输数据时用某种方法来发现错误，并进行纠正以提高传输质量。主要从两个方面采取措施：一是将信源的数据进行某种编码，使得信宿在接收到数据后能够自动地对错误进行检查和纠正；二是如果信宿仅能发现错误，无法具体定位和纠错时，系统采取某种措施以纠正差错。差错控制的方式主要有以下四种：

(1)检错重发(automatic repeat request，ARQ)方式

检错重发又称自动反馈重发，如图1-2-16所示。

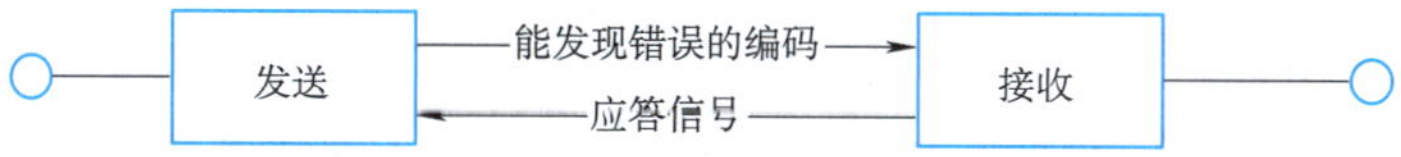

图1-2-16　检错重发示意图

发送端送出的信息序列，一方面经检错码编码器编码送入信道，另一方面也把它存入存储设备，以备重传。接收端经检错码译码器对接收到的信息序列进行译码，检查有无错误。若无错误，就发出无错误的应答信号，经反馈信道送至发送端，同时将译码后的信息序列传送至信宿；若有错误，通过反馈信道传送给发送端一个重发指令，信宿不再接收此信息序列。

发送端如果收到重发请求后立即重传原信息帧，直到接收端返回正确接收信息为止；发送端如果收到无错误的应答信号，就会开始下一个发送周期。

检错重发的方式中要求有反馈信道，且接收端无须纠错，实现简单，是目前应用广泛的差错控制方式。但如果干扰频繁，多次重发会使连贯性较差，这是其主要缺点。

在ARQ方式中，较常用的有三种形式：发送—等待自动检错重发、连续发送自动检错重发、自动检错选择重发。

(2)前向纠错(forward error correction，FEC)方式

发送端按照一定的编码规则对即将发送的信号码元附加冗余码元，构成纠错码。接收端根据附加冗余码元按一定的译码规则进行变换，用来检测所收到的信号中有无错误。如有错误，能自动地确定错码位置并加以纠正。

FEC方式的优点是实现简单、无须反馈信道、延时小、实时性好，适用于只能提供单向信道的场合；其缺点是采用的纠错码与信道的差错统计特性有关，因此对信道的差错统计特性必须有充分的了解，另外，冗余码元要占总发送码元的20%～50%，从而降低了传输效率。

(3)混合纠错(hybrid error correction，HEC)方式

HEC方式是前向纠错和检错重发方式的结合。在发送端发送具有检错和纠错能力的码组，接收端对所接收的码组中的差错个数在纠错能力以内的能自动进行纠错，否则接收端通过反馈重发的方法来纠正错误。这种方式综合了ARQ和FEC的优点，但并没能克服各自的缺点，因而限制了它的实际应用。

(4)信息反馈(information repeat request，IRQ)方式

信息反馈方式又称回程校验方式(或反馈方式)。接收端把接收到的数据序列全部由反向信道送回发送端，发送端比较发送的数据序列与送回的数据序列，从而检测是否有错误，并把有

错误的数据序列的原数据再次传送,直到发送端没有发现错误为止。

3. 常用的检错纠错码

帮助发现错误并能自动纠正错误的有效手段是对数据进行抗干扰编码,可分为检错码和纠错码。所谓检错码是指接收端能自动发现差错的码;而纠错码是指接收端不仅能发现差错而且能自动纠正差错的编码。这两类码并没有明显的界限,纠错码也可用来检错,有的检错码也可用来纠错。奇偶校验码是一种最简单的检错码。

奇偶校验码的编码规则是:首先将要传送的信息分组,各组信息后面附加一位校验位,校验位的取值使得整个码字(包含校验位)中"1"的个数为奇数个或偶数个,若为奇数个"1",则称为奇校验;若为偶数个"1",则称为偶校验。

例如,要传输的信息位为 7 位:1010110,现要在信息位末尾增加一个奇校验位,则编码后的二进制串序列为 10101101。

奇偶校验的基本思想是:数据在传输过程中发生错误,只能是"1"变成"0"或者"0"变成"1",若有奇数个码元发生错误,就使得整个码组中"1"的个数的奇偶数发生变化。如果在每组信息位后各插入一个冗余位使整个码组中"1"的个数固定为偶数或奇数,这样,在传输中发生一位或奇数位错误,在接收端检测中将因"1"的个数不符合偶数或奇数规律而发现有错。所以,奇偶校验码只能发现奇数个错误,不能发现偶数个错误。

奇偶校验又可分为垂直和水平奇偶校验。

(1)垂直奇偶校验

首先,把数据先以适当的长度划分成数据块(一个数据块包括若干个码组),并把每个码组按顺序一列一列地排列起来,然后对垂直方向的码元进行奇偶校验,得到一行校验位,附加在其他各行之后,然后按列的顺序进行传输,如图 1-2-17 所示。

位	码组									
	1	2	3	4	5	6	7	8	9	10
1	1	0	0	1	1	1	0	0	0	1
2	0	1	1	0	1	0	1	0	1	0
3	1	1	0	1	1	0	0	0	0	1
4	0	0	1	1	1	0	0	0	1	0
5	1	1	1	0	1	1	1	1	0	1
校验位	1	1	1	1	1	0	0	1	0	1

图 1-2-17　垂直奇偶校验

这种校验方法能检测出传输中的任意奇数个错误,但不能检测出偶数个错误。

(2)水平奇偶校验

在水平奇偶校验中,把数据先以适当的长度划分成数据块(一个数据块包括若干个码组),并把每个码组按顺序一列一列地排列起来,然后对每个码组相同位的码元进行奇偶校验,得到一列校验位,附加在其他各列之后,然后按行的顺序进行传输,如图 1-2-18 所示。

数据块共有 10 个码组,每个码组共有 5 个信息位。传输时即按列的顺序先传送第 1 个码组,然后传送第 2 个码组……最后传送第 11 列,即校验位码组。

水平奇偶校验不但可以检测数据块内各个字符同一位上的奇数个错误，而且可以检测出突发长度内（每列长度）的突发性错误（突发长度是指出现突发差错的一串连续的二进制位数）。因此，它的检错能力比垂直奇偶校验强，但实现电路比较复杂。

位	码组										校验位
	1	2	3	4	5	6	7	8	9	10	
1	1	0	0	1	1	1	0	0	0	1	1
2	0	1	0	1	1	0	0	0	0	1	1
3	1	1	0	1	1	0	0	0	0	1	1
4	0	0	1	1	1	0	0	0	1	0	0
5	1	1	1	0	1	1	1	1	0	1	0

图 1-2-18　水平奇偶校验

（3）水平垂直奇偶校验

水平垂直奇偶校验是水平奇偶校验和垂直奇偶校验的联合应用，是将要传输的码组一列一列排列起来，然后对数据块进行水平和垂直两个方向的校验，又称二维奇偶校验或方阵码，如图 1-2-19 所示，传输时依然按列的顺序进行传输。

位	码组										校验位
	1	2	3	4	5	6	7	8	9	10	
1	1	0	0	1	1	1	0	0	0	1	1
2	0	1	1	0	1	0	1	0	1	0	1
3	1	1	0	1	1	0	0	0	0	1	1
4	0	0	1	1	1	0	0	0	1	0	0
5	1	1	1	0	1	1	1	1	0	1	0
校验位	1	1	1	1	1	0	0	1	0	1	1

图 1-2-19　水平垂直奇偶校验

水平垂直奇偶校验除了能够检测出所有行和列中的奇数个错误外，还有更强的检错能力。虽然每行的校验位不能用于检测本行的偶数个错误，但按照列的方向有可能检测出来；同样，对于在每列中出现的偶数个错误也可能会被检测出来，也就是说，方阵码有可能检测出大多数的偶数个错误。此外，方阵码对检测突发误码也有一定的适应性。因为突发误码常常成串出现，随后有较长一段无错区间，所以在某个码组中出现多个奇数个或偶数个错误的机会较多，行校验和列校验的共同作用正适合这种场合。

任务小结

通过本任务学习了数据编码技术中模拟-数字信号转换方法，掌握了多路复用技术原理；通过对比电路、报文和分组交换的差异，掌握了数据交换方式；同时涵盖了奇偶校验、循环冗余检验等差错检测方法及自动重传、前向纠错等控制机制。

※思考与练习

一、填空题

1. 信号的传输通道称为信道,包括________和________。

2. 根据数据传输方向,数据通信操作有________、________、________数据传输三种方式。

3. 位于应用层的信息分组称为________。

4. 数字信号流在________之间传输时,其速率必须保持一致,才能保证信息传送的准确无误,这就称为“同步”。

二、选择题

1. 在数据编码技术中,(　　)编码方式不属于数字数据用模拟信号的编码方式。

A. 调幅制　　B. 调频制

C. 调相制　　D. 调峰制

2. 下列(　　)不是数字编码技术。

A. 曼彻斯特编码　　B. 差分曼彻斯特编码

C. 单极性码　　D. 三极性码

3. 调制技术用于(　　)的转换。

A. 数字-模拟　　B. 模拟-模拟

C. 数字-数字　　D. 模拟-数字

三、简答题

1. 在数据通信中,按照同步的功能来区分,有哪些同步技术?

2. 什么是基带传输?基带传输中,基带的意义是什么?

3. 简述单工、半双工、全双工的含义以及它们的应用。

4. 什么是同步传输?什么是异步传输?

项目二
讨论网络接口、设备和命令

任务一 比较网络接口和设备

微视频

比较网络接口和设备

任务描述

网络接口及通信设备主要用于计算机网络的连接,也是计算机网络的重要组成部分。本项目主要介绍了网络接口类型及中继器、集线器、网桥、交换机、路由器、网关等网络设备的功能和工作原理,并对常用设备进行了比较。

任务目标

- 识记:网络接口的知识,交换机的工作方式、原理及类型。
- 领会:交换机、路由器的工作原理和处理方式。
- 应用:路由过程示例和协议。

任务实施

一、讨论网络接口

1. 局域网接口类型

局域网接口(LAN interface)主要是用于路由器与局域网的连接。局域网的类型多种多样,也就决定了局域网接口类型可能是多样的。不同的网络有不同的接口类型,常见的以太网接口主要有 AUI(连接单元接口)、BNC(基本网络卡接口)和 RJ-45 接口,还有各种光纤接口等,下面详细介绍几种局域网接口。

(1)同轴电缆接口

同轴电缆从用途上分可分为基带同轴电缆和宽带同轴电缆(即网络同轴电缆和视频同轴电缆),而基带同轴电缆又分细同轴电缆和粗同轴电缆。细同轴电缆和粗同轴电缆各自采用不同的接口。用来与细同轴电缆相连的接口是 BNC 接口,也称基本网络卡接口,其外观如图 2-1-1 所示。采用这种接口卡,信号带宽要比普通 15 针的 D 形接口大,且信号相互间干扰降低,可达到更佳的信号响应效果。目前这种接口类型的网卡较少见,现在多用于安防行业监视器传输视频信号。

BNC 头是常见的电视设备接头。在 SDH 传输系统中,常用于网络适配器、解码器、编码器和路由交换机等设备上。BNC 头主要分两种:一种是传输编解码安装时附配的推压式接头;另一种是市面常见的焊接式接头。

用来与粗同轴电缆连接的接口是 AUI 接口。它是一种 D 形 15 针接口,是在令牌环网或总线网络中比较常见的接口之一。路由器可通过粗同轴电缆收发器实现与 10 Base-5 网络的连接,但更多的是借助于外接的收发转发器(AUI-to-RJ-45),实现与 10 Base-T 以太网络的连接。AUI 接口示意图如图 2-1-2 所示。

图 2-1-1　BNC 接口

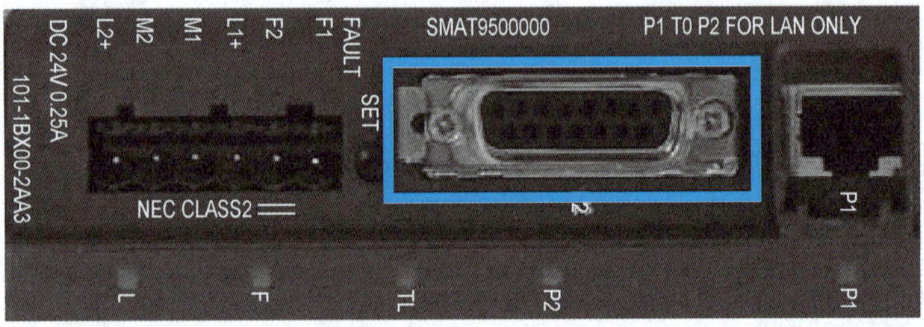

图 2-1-2　AUI 接口

(2)双绞线接口

双绞线接口常用的是 RJ-45 接口,如图 2-1-3 所示。双绞线通常用于数据传输,RJ-45 接口广泛应用于局域网和 ADSL 宽带上网用户的网络设备间网线的连接。在具体应用时,RJ-45 接口的网线的接线标准有 T568A 和 T568B 两种。

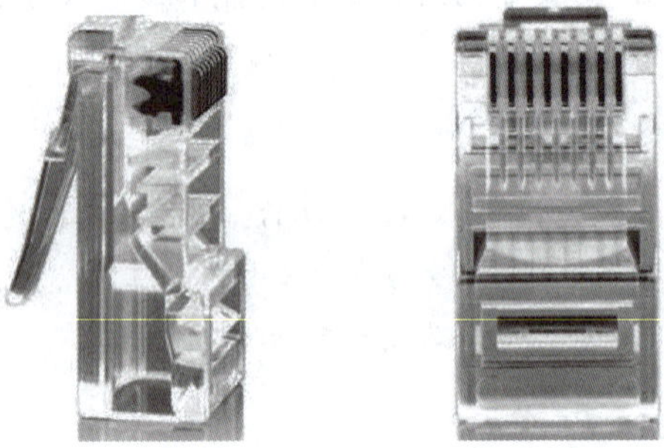

图 2-1-3　RJ-45 接口

双绞线 RJ-45 头的制作步骤如下:

①将双绞线从头部开始将外部套层去掉 20 mm 左右,并将八根导线理直。

②确定是直通线还是交叉线式,然后按对应关系将双绞线中的线色按顺序排列,不要有差错。

③将非屏蔽 5 类双绞线的 RJ-45 接头点处切齐,并且使裸露部分保持在 12 mm 左右。

④将双绞线整齐地插入 RJ-45 接头中(塑料扣的一面朝下,开口朝右)。

⑤用 RJ-45 压线钳压实即可。

注意:在双绞线压接处不能拧、撕,防止有断线的伤痕;使用 RJ-45 压线钳连接时,要压实,不能有松动。

将做好的双绞线两端的 RJ-45 头分别插入测试仪两端,打开测试仪电源开关检测制作是否正确,如果测试仪的八个指示灯按从上到下的顺序循环呈现绿灯,则说明连线制作正确;如果测试仪的八个指示灯中有的呈现绿灯,有的呈现红灯,则说明双绞线线序出现问题;如果测试化的八个指示灯中有的呈现绿灯,有的不亮,则说明双绞线存在接触不良的问题。

制作过程中容易出现一些问题。例如,剥线时将铜线剪断;电缆没有整理齐就插入接头,结果可能使某些铜线并未插入正确的插槽。电缆插入过短，导致铜线并未与铜片紧密接触。

(3)光纤接口

光纤接口是用来连接光纤线缆的物理接口，其原理是利用光密介质进入光疏介质从而发生全反射现象，通常有 ST、SC、LC、MT-RJ 等几种类型。

① ST 连接器广泛应用于数据网络，是最常见的光纤连接器。该连接器使用了尖刀型接口。光纤连接器在物理构造上的特点可以保证两条连接的光纤更准确地对齐，而且可以防止光纤在配合时旋转。该连接接口为收发两个圆形头，其外观如图 2-1-4 所示。

② SC 接口是标准方形接头，如图 2-1-5 所示。当连接空间很小，光纤数目又很多时，SC 连接器的设计允许快速、方便地连接光纤。

图 2-1-4　ST 接口

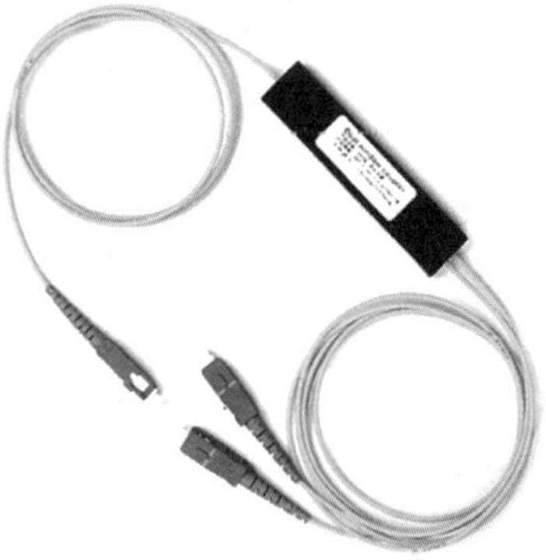

图 2-1-5　SC 接口

SC 接口最早是由日本 NTT 公司开发的光纤连接器，其外壳层呈矩形，插针的断面多采用 PC 型或 APC 型。紧固方式采用插拔式，无须旋转。此类连接器价格低廉，插拔操作方便，介入损耗波动小，抗压强度较高，安装密度高。

③LC 型连接器是一种插入式光纤连接器。LC 型连接器与 SC 型连接器一样，都是全双工连接器。该接口为收发两个方形头，尺寸小于 SC，其外观如图 2-1-6 所示。

LC 型连接器是由著名的 Bell 研究所开发出来的，采用操作方便的模块化插孔门锁机理制成。它所采用的插针和套筒的尺寸是普通 SC 所用尺寸的一半，故可提高光纤配线架中光纤连接器的密度。

④MT-RJ 是一种更新型号的光纤连接器，其外壳和锁定机制类似 RJ 风格，其外观如图 2-1-7 所示。该连接器采用双工设计，体积只有传统 SC 或 ST 连接器的一半，因而可以安装到普通的信息面板，使光纤到桌面轻易成为现实。

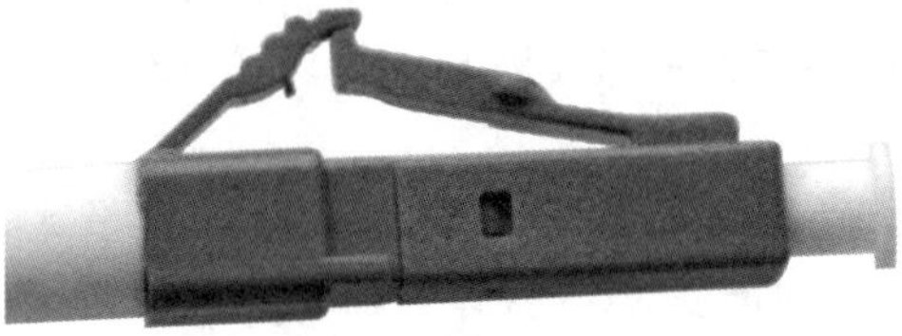

图 2-1-6　LC 接口

图 2-1-7　MT-RJ 接口

2. 广域网接口类型

(1)窄带广域网接口

窄带广域网接口主要有 E1 接口和 CCITT 规定的 V 系列接口等。

① E1:64 kbits ~ 2 Mbit/s,采用 RJ-45 和 BNC 两种接口。欧洲 30 路脉码调制(PCM)简称 E1,它的一个时分复用帧共划分为 32 个相等的时隙,时隙的编号为 CH0 ~ CH31。其中,时隙 CH0 用作帧同步,时隙 CH16 用来传送信令,剩下 CH1 ~ CH15 和 CH17 ~ CH31 共 30 个时隙用作 30 个话路。每个时隙传送 8 bit,因此共用 256 bit。每秒传送 8 000 帧,因此 PCM 一次群 E1 的数据速率就是 2.048 Mbit/s。

② V.24:常用的路由器端为 DB50 接头,外接网络端为 25 针接头,是广域网物理层规定的接口标准,包括了接口电路的功能特性和过程特性。

对于功能特性,V.24 建议定义了接口电路的名称和功能,包括 100 系列接口线和 200 系列接口线。前者适用于数据终端设备(DTE)与调制解调器(DCE)之间、DTE 与串行自动呼叫/自动应答器(DCE)之间的接口电路;后者适用于 DTE 与并行自动呼叫器(DCE)之间的接口电路。对于过程特性,定义了接口电路的名称、功能,而且定义了各接口电路之间的相互关系和操作要求。

电缆可以工作在同步和异步两种方式下。异步方式下,封装链路层协议(PPP),最高传输速率是 115 200 bit/s;同步方式下,可以封装 X.25、帧中继、PPP、HDLC、SLIP 和 LAPB 等链路层协议,最高传输速率是 64 000 bit/s。

传输速率范围:2 400 bit/s、4 800 bit/s、9 600 bit/s、19 200 bit/s、38 400 bit/s、115 200 bit/s,且必须具有数据广播功能。

③ V.35:常见的路由器为 DB50 接头,外接网络端为 34 针接头。V.35 可以在接口封装 X.25、帧中继、PPP、SLIP、LAPB 等链路层协议,支持网络层协议 IP 和 IPX,传输速率为 2 400 bit/s ~ 2 048 000 bit/s。

(2)宽带广域网接口

宽带广域网接口主要有 ATM 接口和 POS 接口等。

① ATM(asynchronous transfer mode,异步传输模式)接口:使用 LC 或 SC 等光纤接口,常见带宽有 155 Mbit/s、622 Mbit/s 等。ATM 技术是一种主干网络技术,被设计用来传输语音、视频及数据信息,由于它的灵活性以及对多媒体业务的支持,被认为是实现宽带通信的核心技术。中高端路由器目前提供的 ATM 接口为基于 SONET/SDH 承载的 ATMOC-3c/STM-1 接口,支持 IPoA、IPoEoA、PPPoA、PPPoEoA 这几种应用方式。

② POS(packet over SONET/SDH,基于 SONET/SDH 的包交换)接口:使用 LC 或 SC 等光纤接口,常见带宽有 155 Mbit/s、622 Mbit/s、2.5 Gbit/s 等。POS 是一种利用 SONET/SDH 提供的高速传输通道直接传送 IP 数据包的技术。POS 技术支持光纤介质,它是一种高速、先进的广域网连接技术。在路由器上插入一块 POS 模块,路由器就可以提供 POS 接口,使用的链路层协议主要有 PPP 和 HDLC。

POS 接口的配置参数有接口带宽、接口地址、接口的链路层协议、接口的帧格式、接口的 CRC 校验码 flag(帧中净负荷类型的标志位)等。在配置 POS 接口时需要注意的是,有些参数必须与对端接口的参数保持一致,如接口的链路层协议、帧格式、CRC 校验码 flag。

3. 逻辑接口

逻辑接口又称虚拟接口,应用最广泛的是 Loopback 接口。Loopback 地址又称回送地址,几乎每台路由器上都会使用,该接口的存在具有以下几种用途。

(1)作为路由器的管理地址

网络规划后,系统管理员为方便对网络进行管理,在每台路由器上创建一个 Loopback 接口,并为该接口指定一个 IP 地址。这样,管理员可通过该地址对路由器进行远程登录,起到了类似设备名称的功能。

(2)作为动态路由协议 OSPF、BGP 的 router id

在运行动态路由协议 OSPF(open shortest path first,开放式最短路径优先)、BGP(border gateway protocol,边界网关协议)的过程中,需要为该协议指定一个 router id,作为此路由器的唯一标识,并要求在整个自治系统内唯一。由于 router id 与 IP 地址十分相像,所以通常将设备上的某个接口的地址指定为路由器的 Loopback 接口的 IP 地址,被视为路由器的标识,也就成了 router id 的最佳选择。

(3)作为 BGP 建立 TCP 连接的源地址

在 BGP 中,两个运行 BGP 的路由器之间建立邻居关系是通过 TCP 建立连接完成的,在配置邻居时通常指定 Loopback 接口为建立 TCP 连接的源地址。

4. 网络接口卡

网络接口卡(network interface card,NIC),即网卡,又称网络适配器,是计算机与局域网相互连接的设备。无论是普通计算机还是高端服务器,只要连接到局域网,就需要安装一块网卡。若有必要,一台计算机也可同时安装两块或多块网卡。网卡插在计算机或服务器扩展槽中,通过网络线缆与网络交换数据、共享资源。另外,安装网卡之后往往还要进行协议的配置,即需要驱动。

计算机之间在进行相互通信时,数据不是以数据流方式,而是以帧的方式进行传输的。若把帧看作一种数据包,则在该数据包中不仅包含数据信息,还包含数据的发送地、接收地信息和数据的校验信息。一块网卡包括 OSI 模型的物理层和数据链路层功能,如图 2-1-8 所示。物理层定义了数据传送与接收所需要的电与光信号、线路状态、时钟基准、数据编码和电路等,并向数据链路层设备提供标准接口。数据链路层则提供寻址机构、数据帧的构建,数据差错检查、传送控制、向网络层提供标准的数据接口等功能。

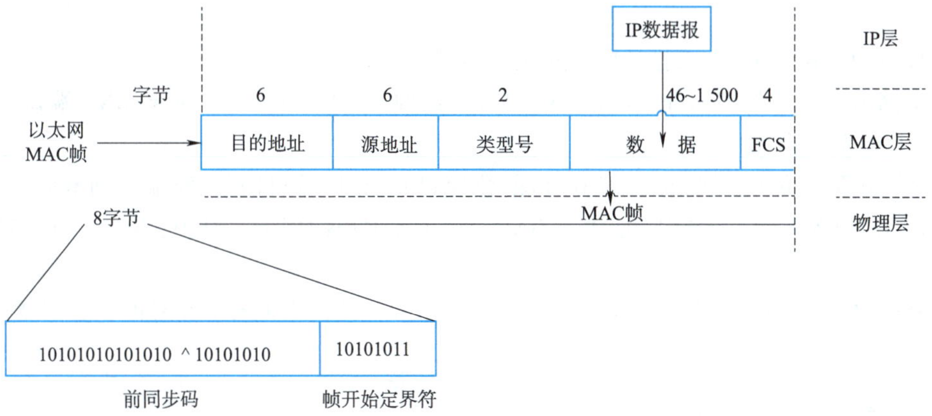

图 2-1-8　网卡功能

对于网卡而言,每块网卡都有一个唯一的网络结点地址,它是网卡生产厂家在生产时烧入

ROM 中的，称为 MAC（multiple access channel，多址接入信道）地址（物理地址），用来标明并识别网络中的计算机的身份。

发送数据时，网卡首先侦听介质上是否有载波，若有，则认为其他站点正在传送信息，继续侦听介质。一旦通信介质在一定时间段内是安静的，即没有被其他站点占用，则开始进行帧数据发送，同时继续侦听通信介质，以检测冲突。在发送数据期间，若检测到冲突，则立即停止该次发送，并向介质发送一个“阻塞”信号，告知其他站点已经发生冲突，从而丢弃那些可能一直在接收的受到损坏的帧数据，并等待一段随机时间，在等待一段随机时间后，再进行新的发送；若重传多次后（大于 16 次）仍发生冲突，就放弃发送。接收时，网卡浏览介质上传输的每个帧，若其长度小于 64 字节，则认为是冲突碎片。若接收到的数据帧不是冲突碎片，且目的地址是本地地址，则对数据帧进行完整性校验。若数据帧长度大于 1 518 字节或未能通过 CRC 校验，则认为该数据帧发生了畸变。只有通过校验的数据帧才被认为是有效的，网卡将它接收下来的数据帧进行本地处理。

日常使用的网卡类型很多，如以太网网卡、ATM 网卡、无线网卡等。另外，若型号和厂家不同，则网卡也不同，应针对不同的网络类型和实验场所正确选择网卡。网卡通常按以下方式进行分类。

①按所支持的带宽划分，有 10 Mbit/s 网卡、10/100 Mbit/s 自适应网卡和 1 000 Mbit/s 网卡。

②按总线类型划分，有 ISA 网卡、PCI 网卡、USB 网卡及专门用于笔记本计算机的 PCMCIA 网卡。其外观如图 2-1-9 所示。

（a）ISA网卡　（b）PCI网卡　（c）USB网卡　（d）PCMCIA网卡

图 2-1-9　按总线类型划分的网卡

③按应用领域划分，有工作站网卡和服务器网卡。

④按网卡的端口类型划分，有 RJ-45 端口（双绞线）网卡、AUI 端口网卡、BNC 端口（细同轴电缆）网卡和光纤端口网卡。

⑤按与不同的传输介质相连接的端口的数量划分，有单端口网卡、双端口网卡和三端口网卡，如 RJ-45 + BNC、BNC + AUI、RJ-45 + BNC + AUI 等类型的网卡。其中，图 2-1-10（a）所示是带有 RJ-45、AUI、BNC 接口组合的网卡。

⑥根据需不需要网线划分，网卡可分为有线网卡和无线网卡两种。无线网卡如图 2-1-10（b）所示。

二、了解常用网络通信设备

1. 中继器

中继器是位于 OSI（开放系统互联）参考模型的物理层的网络设备，常用于两个网络结点之间物理信号的双向转发工作。对于中继器，当数据离开源在网络上传送时，它转换为能够沿着网络介质传输的电脉冲或者光脉冲，即信号。当信号离开发送工作站时，信号是规则的。但当信号沿着网络介质传送时，随着经过的线缆越来越长，信号就会变得越来越弱，越来越差，此时，中继器则在比特级别对网络信号进行再生和重定时，从而使得它们能够在网络上传输更长的距离。

（a）带有RJ-45、AUI、BNC接口组合网卡

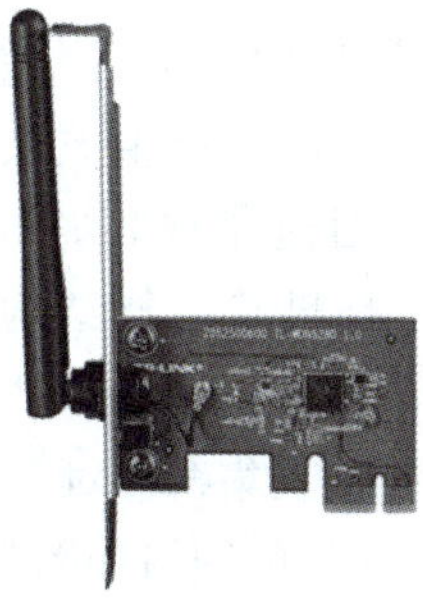

（b）无线网卡

图 2-1-10　组合网卡与无线网卡

中继器主要负责在两个结点的物理层上按位传递信息，完成信号的复制、调整和放大功能，以此来延长网络的长度，避免由于线路存在损耗，使传输的信号功率逐渐衰减，直至造成信号失真，导致接收错误。通过使用中继器即可完成物理线路的连接，再对衰减的信号进行放大，从而保持与原数据相同。

采用中继器所连接的网络在逻辑功能方面实际上是同一个网络。图 2-1-11 所示的同轴电缆以太网中，两段电缆其实相当于一段。中继器仅仅起了扩展距离的作用，但它不能提供隔离功能。中继器设备安装简单，使用方便，几乎不需要维护，其特点如下：

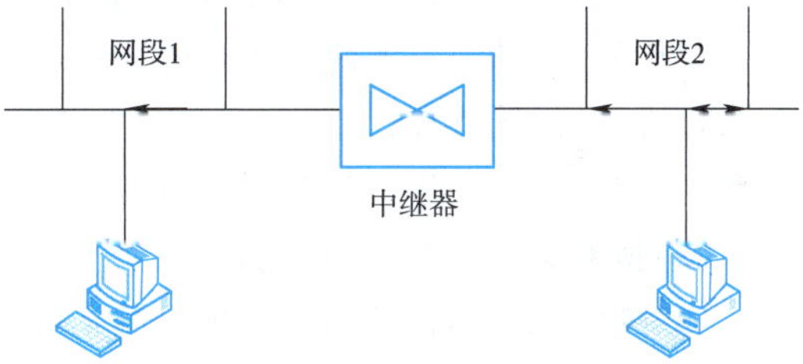

图 2-1-11　中继器连接的网络

①过滤通信量。中继器接收一个子网的报文，只有当报文是发送给中继器所连的另一个子网时，中继器才转发，否则不转发。

②扩大了通信距离，但代价是增加了一些存储转发延时。

③增加了结点的最大数目。

④各个网段可使用不同的通信速率。

⑤提高了可靠性。当网络出现故障时，一般只影响个别网段。

⑥性能得到改善。

另外，采用中继器也具有一定局限性。例如，由于中继器对接收的数据帧要先存储后转发，增加了延时；CAN 总线的 MAC 子层并没有流量控制功能；中继器若出现故障，对相邻两个子网的工作都将产生影响。

中继器的两端连接的是相同的媒体，但有的中继器也可以完成不同媒体的转接工作。从理论上讲，中继器的使用是无限的，网络也因此可以无限延长。事实上这是不可能的，因为网络标准中都对信号的延迟范围做了具体的规定，中继器只能在此规定范围内进行有效的工作，否则会引起网络故障。

2. 集线器

集线器(hub)可将多台计算机连接在一个网络中,工作在OSI模型的物理层,是一种特殊的中继器。其区别在于,集线器能够提供更多的端口服务,故又称多端口中继器。集线器的主要功能是对接收到的信号进行再生放大、扩大网络的规模和传输距离。通过集线器连接的工作站构成的网络在物理上是星状拓扑结构,但在逻辑上是总线拓扑结构,故所有工作站通过集线器相连都共享同一个传输介质,且集线器对工作站进行集中管理。通过集线器连接的网络如图2-1-12所示。

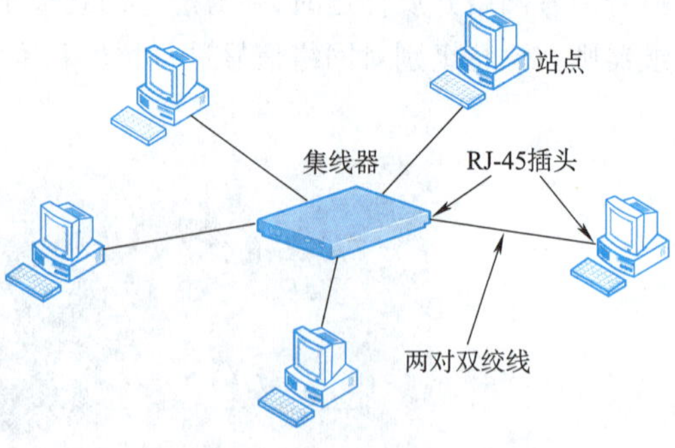

图 2-1-12　通过集线器连接的网络

从工作方式来看,集线器是一种广播模式,所有端口都共享一条带宽。集线器从任一端口接收信号,整形放大后广播到其他端口,即其他所有端口都能够收听到信息,在同一时刻只能有两个端口传送数据,其他端口处于等待状态。集线器主要应用于星状以太网中,即使网络系统中某条线路或某结点出现故障,也不会影响网络上其他结点的正常运行。

集线器的类型有多种,按照不同分类标准,可分为不同的种类。

(1)按对输入信号的处理方式分类

按对输入信号的处理方式,集线器可以分为无源集线器、有源集线器和智能集线器三种。

①无源集线器:不对信号作任何处理,对介质的传输距离没有扩展,并且对信号有一定的影响。

②有源集线器:与无源集线器的区别就在于它能对信号放大或再生,这样它就延长了两台主机间的有效传输距离。

③智能集线器:除具备有源集线器所有的功能外,还有网络管理及路由功能。

(2)按对数据信号的管理方式分类

按对数据信号的管理方式,集线器又可分为切换式、共享式和可堆叠共享式三种。

①切换式集线器可以使10 Mbit/s和100 Mbit/s的站点用于同一网段中。一个切换式集线器重新生成每一个信号并在发送前过滤每一个包,而且只将其发送到目的地址,也就是通常所说的智能集线器。

②共享式集线器提供了所有连接点的站点间共享一个最大频宽。共享式集线器不过滤或重新生成信号,所有与之相连的站点必须以同一速度工作(10 Mbit/s或100 Mbit/s)。

③可堆叠共享式集线器是一种新型的集线器,可将多个集线器堆放在一起,通过特定端口互连在一起,所以也可以看作是局域网中的一个大集线器。如当六个8端口的集线器级联在一起时,可以看作是一个48端口的集线器。

另外,还可按配置方式分为独立型集线器、模块化集线器和堆叠式集线器;按提供的带宽划分,有10 Mbit/s集线器、100 Mbit/s集线器、10/100 Mbit/s自适应集线器等。

3. 网桥

网桥又称桥接器,是网段与网段之间建立连接的桥梁,是OSI七层模型中数据链路层的设备。它根据MAC地址来转发帧,可看作一个“低层的路由器”。网桥类似于中继器,连接两个局域网络段,用于扩展网络范围和通信手段,在各种传输介质中转发数据信号,扩展网络的距离，同时又有选择地将有地址的信号从一个传输介质发送到另一个传输介质。但它是在数据链路层连接两个网。网间通信通过网桥传送，而网络内部的通信被网桥隔离。网桥检查帧的源地址和目的地址，若目的地址和源地址不在同一个网络段上，就把帧转发到另一个网络段上；若两个地址在同一个网络段上，则不转发。所以，网桥能起到过滤帧的作用。

网桥实际上是一台专用的计算机，它具有 CPU、存储器和至少两个网络接口。通过这两个网络接口就可以连接两个网段，实现网段扩展。图 2-1-13 所示是采用两个网桥连接的三个网段。

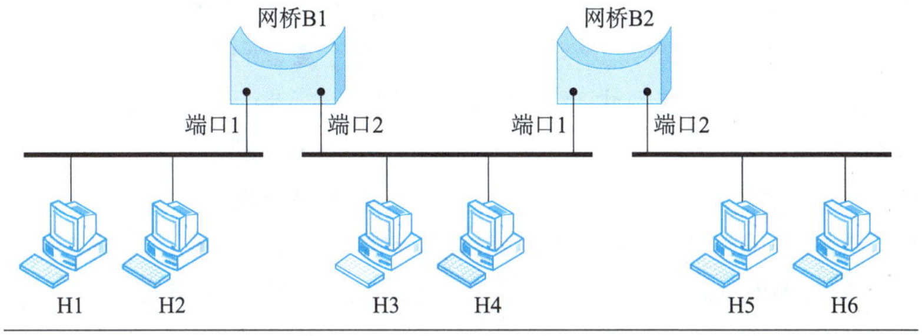

图 2-1-13　网桥连接的网段

网桥是数据链路层互联的设备，在网络互联中起到数据接收、地址过滤与数据转发的作用，用来实现多个网络系统之间的数据交换。首先，网桥会对收到的数据帧进行缓存并处理。接着判断收到帧的目标结点是否位于发送这个帧的网段中，若是，网桥就不把帧转发到网桥的其他端口；若帧的目标结点位于另一个网络，网桥就将帧发往正确的网段。每当帧经过网桥时，网桥首先在网桥表中查找帧的源 MAC 地址，如果该地址不在网桥表中．则将有该 MAC 地址及其所对应的网桥端口信息加入。如果在网桥表中找不到目标地址，则按扩散的办法将该数据发送给与该网桥连接的除发送该数据的网段外的所有网段。

网桥的接口主要有以太网接口、E1 接口、配置接口等。最基本的网桥只有两个接口，用来连接两个独立的局域网，而多口网桥可有多个连接局域网的接口。

任务小结

本任务介绍了计算机网络中的网络接口类型、特点，常用通信设备的作用、工作原理、优缺点及各设备间比较。

※思考与练习

一、填空题

1. 局域网接口主要是用于________与________的连接。

2. 网桥又称桥接器，它属于 OSI 七层模型中________的设备

3. 用户数据报协议________是一种________的协议，它不能提供可靠的数据传输，也不能进行差错检验。

4. 中继器是位于 OSI 参考模型的________的网络设备。常用于完成两个网络结点之间的物理信号的双向转发工作。

5. 从资源共享的角度来定义计算机网络,计算机网络指的是利用________将不同地理位置的多个独立的________连接起来以实现资源共享的系统。

6. TCP/IP 参考模型中最底层是________;随着 Internet 的迅速发展,使 TCP/IP 已成了事实上的网络互联标准。TCP/IP 隐藏了通信底层的细节,有利________效率。

二、选择题

1. OSI 参考模型中的物理层和数据链路层在 TCP/IP 中归并于(   )。

A. 应用层、物理层　　B. 表示层、传输层

C. 网络层、传输层　　D. 网络层、物理层

2. 数据链路层是 OSI 参考模型中的第二层,介于(   )和(   )之间。

A. 应用层　　B. 网络互联层

C. 传输层　　D. 网络接口层

3. TCP/IP 的层次和 OSI 参考模型相比,没有定义(   )。

A. 物理层和数据链路层　　B. 数据链路层和网络层

C. 网络层和传输层　　D. 会话层和表示层

4. IP 信息传输方式是(   )。

A. 点对点　　B. 数据报

C. 广播　　D. 虚电路

5. TCP 通过(   )来区分不同的连接。

A. IP 地址　　B. 端口号

C. IP 地址 + 端口号　　D. 以上都不是

6. 下面(   )不只是用于 IP 层的。

A. ARP　　B. RABP　　C. ICMP　　D. TCP/IP

三、简答题

1. 网络协议的基本含义是什么? 网络协议的三要素及其含义分别是什么?
2. TCP/IP 采用的层次化结构是什么样的?
3. 物理层接口有哪些特性? 有什么意义?
4. OSI 参考模型将整个网络的开始划分为哪七个层次?

任务二　企业常用网络命令的使用

任务描述

本任务介绍数据通信系统的基础知识以及计算机网络相关命令的使用,为后续任务的学习打下良好的基础。

任务目标

- 识记:常用网络命令的主要功能和使用环境。
- 领会:常用网络命令的主要参数及其使用方法。
- 应用:能够在实际工作和学习中灵活运用常用网络命令。

任务实施

一、熟悉 ipconfig 命令

案例：某公司局域网是通过 ADSL 接入 Internet 的，IP 地址是自动获得的。由于网络应用的需要，想查看分配给自己的 IP 配置，应该如何实现？

分析：可以利用 ipconfig 命令实现自动获取地址等信息的查询。利用 ipconfig 命令获得本机配置信息，包括 IP 地址、子网掩码和默认网关、DNS 服务器地址和 MAC 地址；能够在 DHCP 配置网络环境下，使用命令从 DHCP 获取或者释放 IP 地址及相关配置。

实施过程如下：

① ipconfig 命令属于 DOS 命令，首先用【Win + R】组合键打开“运行”对话框，在“打开”文本框输入命令 cmd，如图 2-2-1 所示，打开 DOS 命令窗口。

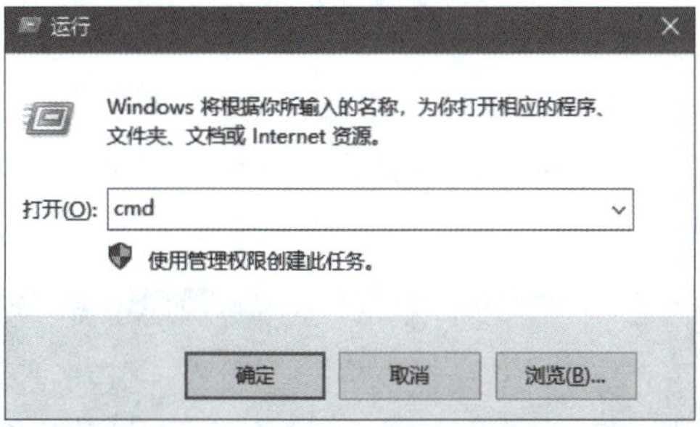

图 2-2-1 “运行”对话框

② ipconfig 查看帮助的命令语句为“ipconfig/?”，只需要输入这个命令，就会出现 ipconfig 的帮助文档，如图 2-2-2 所示。帮助文档详细介绍了 ipconfig 的使用方法，例如可以附带的参数、每个参数的具体含义及示例。

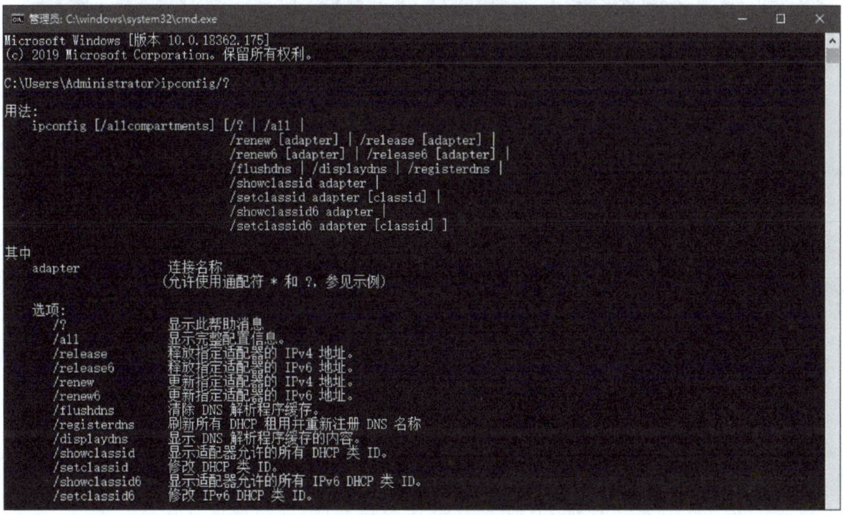

图 2-2-2 ipconfig 的帮助文档

③使用 ipconfig 命令时,如果不带任何参数选项,那么它为每个已经配置了的接口显示 IP 地址、子网掩码和默认网关值,如图 2-2-3 所示。

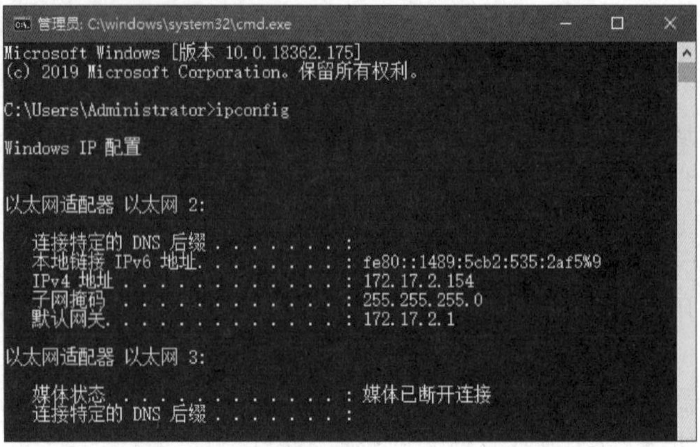

图 2-2-3　查看主机 IP 地址信息

④相比 ipconfig 命令,ipconfig/all 加上了 all 参数,显示的信息将会更为完善,例如,IP 地址、DNS 服务器地址、物理地址、DHCP 服务器信息等,如图 2-2-4 所示。当需要详细了解本机的 IP 信息时,就会用到 ipconfig/all 命令。

图 2-2-4　查看 IP 地址、DNS 服务器地址、物理地址等信息

⑤利用 ipconfig/release 命令释放自动获取的 IP 地址、网关等网络信息,如图 2-2-5 所示。

图 2-2-5　ipconfig/release 命令

⑥利用 ipconfig/renew 命令自动获取 IP 地址、DNS 服务器地址、网关地址等网络配置信息，如图 2-2-6 所示。

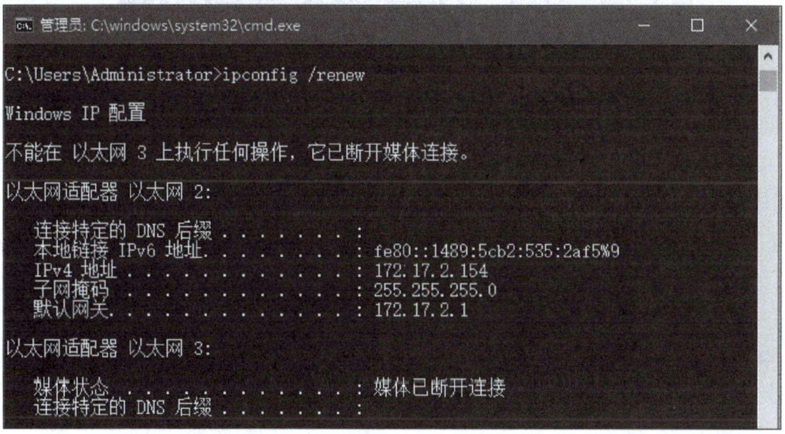

图 2-2-6　ipconfig/renew 命令

技能拓展

ipconfig 实用程序和它的等价图形用户界面可用于显示当前 TCP/IP 配置的设置值。这些信息一般用来检验人工配置的 TCP/IP 是否正确。但是，如果计算机和所在的局域网使用了动态主机配置协议（dynamic host configuration protocol，DHCP），即 Windows NT 下的一种把较少的 IP 地址分配给较多主机使用的协议，类似于拨号上网的动态 IP 分配，这个程序所显示的信息也许更加实用。这时，ipconfig 可以让用户了解其计算机是否成功地租用到一个 IP 地址，如果租用到，则可以了解它目前分配到的是什么地址；了解计算机当前的 IP 地址、子网掩码和默认网关，实际上是进行测试和故障分析的必要项目。

二、熟悉 ping 命令

案例：某天，用户小张反映他不能上网，而其他同事都能正常上网。你作为网络管理员，检查他的 IP 地址和网络物理连接后，发现都是正常的，那么应该如何处理这个问题呢？

分析：在遇到以上这种情况时，通常需要使用网络命令来解决。网络命令是快速判断网络故障情况,发现网络是否被攻击,甚至还能知道对方计算机的一些基本信息的常用方法,是管理和维护计算机网络的基础。利用 ping 命令可探测本机与其他计算机网络是否连通。

实施过程如下:

①单击“开始”菜单,选择“运行”命令,在弹出的对话框中输入 cmd 命令,进入本机 MS-DOS 界面。

②输入 ping IP,测试本机的网络连通性。假定对方计算机 IP 为 172. 17. 2. 154,网络连通的结果如图 2-2-7 所示。

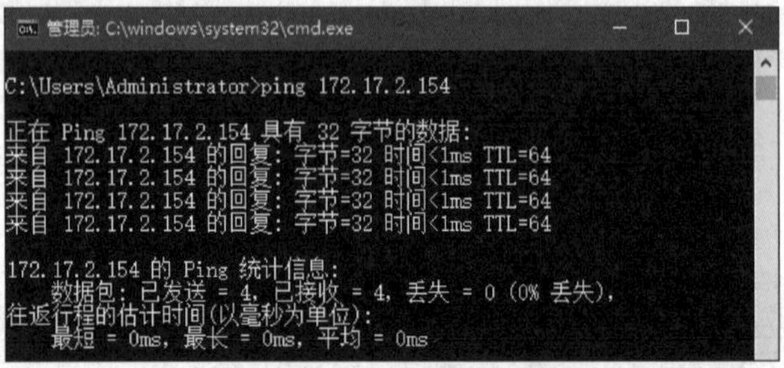

图 2-2-7 测试网络连通性

说明 1:其中 TTL = 64,表示连接本机。通过默认 TTL 返回值可以检测对方的操作系统的类型见表 2-2-1。

表 2-2-1 通过 TTL 返回值检测操作系统的类型

TTL 返回值	操作系统
255	UNIX 类
128	Windows NT/2000/2003
64	Linux/UNIX

说明 2:四条 Reply from 语句表示网络测试连通。

③连续发送 10 个数据包给主机 112. 80. 248. 76,数据包长度为 500 字节,如图 2-2-8 所示。

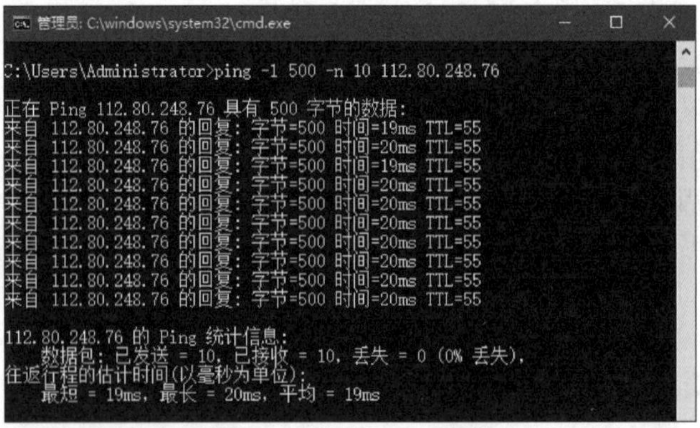

图 2-2-8 ping 带参数命令

技能拓展

ping是一个使用频率极高的实用程序,用于确定本地主机能否与另一台主机交换(发送与接收)数据报。根据返回的信息,就可以推断TCP/IP参数设置得是否正确,以及运行是否正常。需要注意的是,成功地与另一台主机进行一次或两次数据报交换并不表示TCP/IP配置就是正确的,必须执行大量的本地主机与远程主机的数据报交换,才能确定TCP/IP配置的正确性。

简单地说,ping就是一个测试程序,如果ping运行正确,基本就可以排除网络访问层、网卡、modem的输入/输出线路、电缆和路由器等存在的故障,从而缩小了问题的范围。但由于可以自定义所发数据报的大小及无休止地高速发送,ping也被某些别有用心的人作为DDOS命令(拒绝服务攻击)的工具,某知名网站曾经就被黑客利用数百台可以高速接入互联网的计算机连续发送大量ping数据报而瘫痪。按照默认设置,Windows上运行的ping命令发送四个ICMP(互联网控制报文协议)回送请求,每个32字节数据,如果一切正常,应能得到四个回送应答。ping命令能够以毫秒为单位显示发送回送请求到返回回送应答之间的时间量。如果应答时间短,表示数据报不必通过太多的路由器,或网络连接速度比较快。ping命令还能显示TTL命令(time to live,存在时间)值,可以通过TTL值推算数据包已经通过了多少个路由器:源地点TTL起始值(就是比返回TTL略大的一个2的乘方数)返回时TTL值。例如,返回TTL值为119,那么可以推算数据报离开源地址的TTL起始值为128,而源地点到目标地点要通过九个路由器网段(128 ~ 119);如果返回TTL值为246,那么,TTL起始值就是256,源地点到目标地点要通过九个路由器网段。

正常情况下,当使用ping命令来查找问题所在或检验网络运行情况时,需要使用许多ping命令,如果所有都运行正确,就可以认为基本的连通性和配置参数没有问题;如果某些ping命令出现运行故障,它也可以指明到何处去查找问题。下面就给出一个典型的检测次序及对应的可能故障:

ping 127.0.0.1——这个命令被送到本地计算机的IP地址,该命令永不退出该计算机。如果没有做到这一点,就表示TCP/IP的安装或运行存在某些最基本的问题。

ping本机IP——这个命令被送到计算机所配置的IP地址,计算机始终都应该对该ping命令做出应答,如果没有,则表示本地配置或安装存在问题。出现此问题时,局域网用户应断开网络电缆,然后重新发送该命令。如果网线断开后本命令正确,则表示另一台计算机可能配置了相同的IP地址。

ping局域网内其他IP—这个命令应该离开计算机,经过网卡及网络电缆到达其他计算机,再返回。收到回送应答表明本地网络中的网卡和载体运行正确。但如果收到0个回送应答,那么表示子网掩码不正确,或网卡配置错误,或电缆系统有问题。

ping网关IP——这个命令如果应答正确,表示局域网中的网关路由器正在运行并能够做出应答。

ping远程IP——如果收到四个应答,表示成功使用了默认网关。对于拨号上网的用户,则表示能够成功访问Internet(但不排除ISP的DNS会有问题)。

ping localhost——localhost是系统的网络保留名,它是127.0.0.1的别名,每台计算机都应该能够将该名字转换成该地址。如果没有做到这一点,则表示主机文件(/windows/host)中存在问题。

ping http://www. yahoo. com/——如果这里出现故障,则表示 DNS 服务器的 IP 地址配置不正确或 DNS 服务器有故障(对于拨号上网的用户,某些已经不需要设置 DNS 服务器了)。也可以利用该命令实现域名对 IP 地址的转换功能。ping 命令的语法:

```
ping[ - t][ - a][ - n count][ - l length][ - f][ - i ttl][ - v tos][ - r count][ - s count][ - j host - list \][ - k host - list][ - w timeout \] destina tion - list
```

ping 命令可用的参数说明如下:

-t:引导 ping 命令继续测试远程主机,直到按【Ctrl + C】组合键中断该命令。

-a:使 ping 命令不要把 IP 地址分解成 host 主机名,这对解决 DNS 和 Hosts 文件问题是有用的。

-n count:默认情况下,ping 发送四个 ICMP 包到远程主机,可以使用 - n 参数指定被发送的包的数目。

-l length:使用 - l 参数指定 ping 传送到远程主机的 ICMP 包的长度。默认情况下,ping 发送长度为 64 字节的包,但是可指定最大字节数为 8 192 字节。

-f:使 ping 命令在每个包中都包含一个 Do not fragment(不分段)的标志,它禁止包(packet)经过的网关把 packet 分段。

-i ttl:设定 TTL,用 TTL 指定其值。

-v tos:设置 type of service(服务类型),其值由 TOS 指定。

-r count:记录发出的 packet 和返回的 packet 的路由,必须使用 count 的值指定 1 ~ 9 个主机。

-s count:由 count 指定的段的数目指定时间标记(time stamp)。

-j host-list:使用户能够使用路由表说明 packet 的路径,可以使用中间网关分隔连续的主机。IP 支持的最大主机的数目是 9。

-k host-list:使用户通过由 host-list 指定的路由列表说明 packet 的路由。可通过中间网关分隔连续的主机,IP 支持的最大主机的数目是 9。

-w timeout:为数据包指定超时时间,单位为 ms。

-destination-list:指定 ping 命令的主机。

三、熟悉 arp 命令

案例:在安装了 TCP/IP 的计算机中都有一个 ARP 缓存表,表中的 IP 地址和 MAC 地址一一对应,在命令提示符下,输入"arp-a"就可以查看 ARP 缓存表的内容,也可以用相关命令查看、修改、删除 ARP 缓存表中的记录。

分析:利用 arp 命令,查看本机 ARP 缓存中的 IP 地址和 MAC 地址的对应关系,添加一台计算机的 IP 地址和 MAC 地址到本机的 ARP 缓存中,并查看结果,同时清空 ARP 缓存表中的记录。

实施过程如下:

①要查看 ARP 缓存中的所有参数,在命令提示符下输入 arp,如图 2-2-9 所示,就会显示出 arp 命令的帮助信息。

②查看当前所有接口的 ARP 缓存 arp-a 表,使用 arp-a 命令,如图 2-2-10 所示。

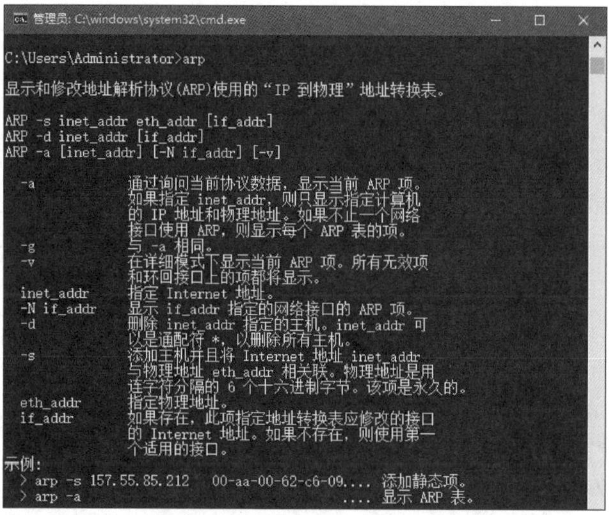

图 2-2-9 arp 命令的帮助信息

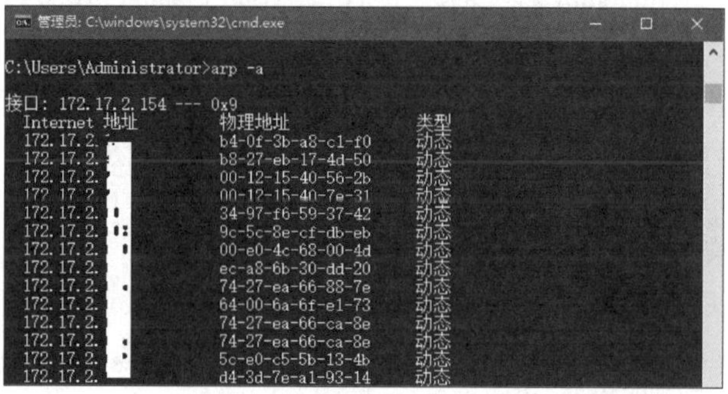

图 2-2-10 查看本机 ARP 的缓存信息

③添加某计算机的 IP 地址、MAC 地址到本机的 ARP 缓存中。如果需要添加 IP 地址 157.55.85.212、MAC 地址 00-aa-00-62-c6-09 到本机 ARP 缓存，则使用 arp-s 命令，如图 2-2-11 所示。

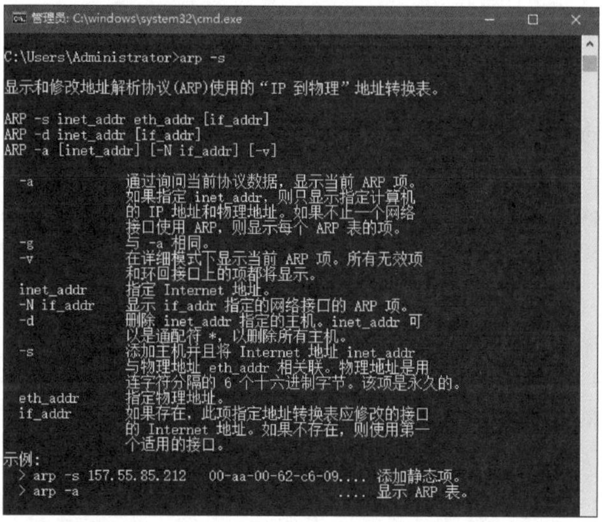

图 2-2-11 添加 IP 地址和 MAC 地址对应关系

技能拓展

(1)arp 命令具体功能

arp 命令用于显示和修改“地址解析协议(ARP)”缓存中的项目。ARP 缓存中包含一个或多个表,它们用于存储 IP 地址及其经过解析的以太网或令牌环物理地址。计算机上安装的每一个以太网或令牌环网络适配器都有自己单独的表。如果在没有参数的情况下使用,则 arp 命令将显示帮助信息。ARP 即地址解析协议,用于实现第三层地址到第二层地址的转换 IP→MAC,功能:显示和修改 IP 地址与 MAC 地址之间的映像。

(2)arp 命令语法

```
arp[ - a[ inetaddr] [ - n ifaceaddr] [ - g[ inetaddr] [ - n ifaceaddr]] [ - d inetaddr [ifaceaddr]][ - s inetaddr etheraddr [ifaceaddr]]
```

(3)arp 命令参数说明

-a[inetaddr][-n ifaceaddr]:显示所有接口的当前 ARP 缓存表。要显示指定 IP 地址的 ARP 缓存项,则使用带有 inetaddr 参数的“arp-a”,此处的 inetaddr 代表指定的 IP 地址。要显示指定接口的 ARP 缓存表,则使用“-n ifaceaddr”参数,此处的 ifaceaddr 代表分配给指定接口的 IP 地址。-n 参数区分大小写。

-g[inetaddr] [-n ifaceaddr]:与-a 相同。

-d inetaddr [ifaceaddr]:删除指定的 IP 地址项,此处的 inetaddr 代表 IP 地址。对于指定的接口,要删除表中的某项,则使用 ifaceaddr 参数,此处的 ifaceaddr 代表分配给该接口的 IP 地址。要删除所有项,使用星号(*)通配符代替 inetaddr。

-s inetaddr etheraddr[ifaceaddr]:向 ARP 缓存添加可将 IP 地址 inetaddr 解析成物理地址 ethemddr 的静态项。要向指定接口的表添加静态 ARP 缓存项,使用 ifaceaddr 参数,此处的 ifaceaddr 代表分配给该接口的 IP 地址。

注意:inetaddr 和 ifaceaddr 的 IP 地址用带圆点的十进制记数法表示。物理地址 etheraddr 由六字节组成,这些字节用十六进制记数法表示并且用连字符隔开(比如,00-AA-00-4F-2A-9C)。只有当 TCP/IP 在网络连接中安装为网络适配器属性的组件时,该命令才可用。

四、熟悉 tracert 命令

案例:tracert 命令是路由跟踪实用程序,用于确定 IP 数据包访问目标所采取的路径。如果用户想知道本机到某个网站之间数据包都经过哪些结点,可以用 tracert 命令实现。

分析:可以利用 tracert 命令探测本机到百度网站之间数据包经过的路径,掌握 tracert 命令主要功能、适用环境,掌握 tracert 命令的主要参数及其使用方法。

实施过程如下:

在命令提示符下输入“tracert www. baidu. com”,可以查看从本机到百度网站都经历了哪些路由,查看每个路由的 IP 地址,如图 2-2-12 所示。

首先显示的信息是目的地,[ ]内是该域名解析出来的 IP 地址,随后一行文字表示默认最多追踪 30 跳路由。

列表说明中,1~9 显示的是到达目标地址所经过的每一跳路由的详细信息。

①列表中的第 2~4 列显示的是路由器的响应时间(对每跳路由都进行三次测试),例如列

表的第 2 行：第一次响应时间是 13 ms，第二次响应时间小于 19 ms，第三次响应时间是 12 ms。

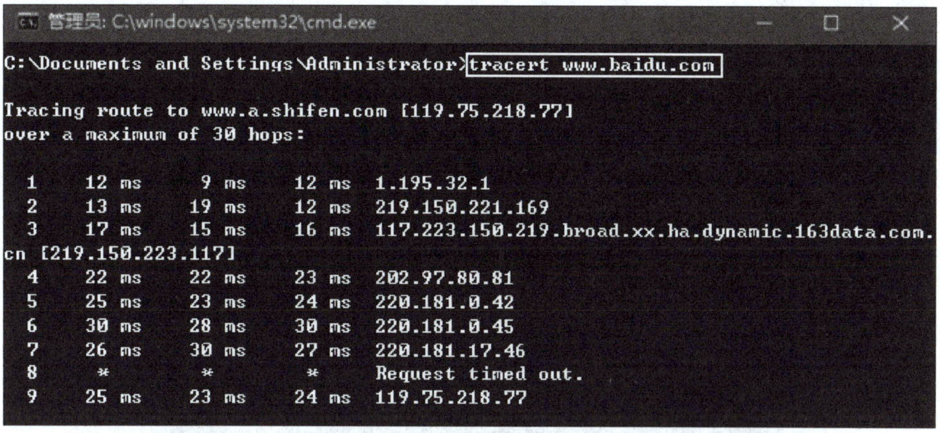

图 2-2-12　探测本机到百度网站之间数据包经过的路径

②“ * ”号代表未响应。比如在第 8 行，对某个路由的测试结果是 Request timed out（请求超时），表示该路由器没有作回应，而对其他路由的测试都是成功的。该路由极有可能进行了相关设置，不回应 ICMP 报文。

③如果某两跳的响应时间翻了 N 番，说明路由器之间路途遥远。

技能拓展

tracert 命令是路由器跟踪实用程序，用于确定 IP 数据包访问目标所采取的路径。在命令提示符（cmd）中使用 tracert 命令确定 IP 数据包访问目标时所选择的路径。下面主要探讨 tracert 命令的各个功能。

tracert[-d][-h maximum_hops] [-j host - list][-w timeout][-R][-S srcaddr][-4] [-6] target_name

tracert 命令的格式如下：

-d：不将地址分析成主机名。

-h maximum_hops：表示搜索目标的最大活跃点数。

-j host-list：表示与主列表一起的松散源路由（仅适用于 IPv4）。

-w timeout：表示等待每个回复的超时时间（以 ms 为单位）。

-R：表示跟踪往返行程路径（仅适用于 IPv6）。

-S srcaddr：表示要使用的源地址（仅适用于 IPv6）。

-4 和-6：表示强制使用 IPv4 或者 IPv6。

target_name：表示目标主机的名称或者 IP 地址。

五、熟悉 netstat 命令

案例：如果计算机接收到的数据包中数据出错或产生故障，TCP/IP 容许这些类型的错误，并能够自动重发数据包。但如果累计的出错情况数目占所接收的 IP 数据包相当大的比例，或者它的数目正迅速增加，那么就应该使用 netstat 命令查看出现这些情况的原因。

分析：通过 netstat 命令可以显示本地主机所有连接和监听的端口信息、以太网信息、网络连接采用的协议和本地路由表等信息,完成任务后可以掌握 netstat 命令主要功能、netstat 命令主要参数及其使用方法。

实施过程如下:

①使用 netstat -a(-an)命令显示本地主机所有连接和监听的端口,如图 2-2-13 所示。

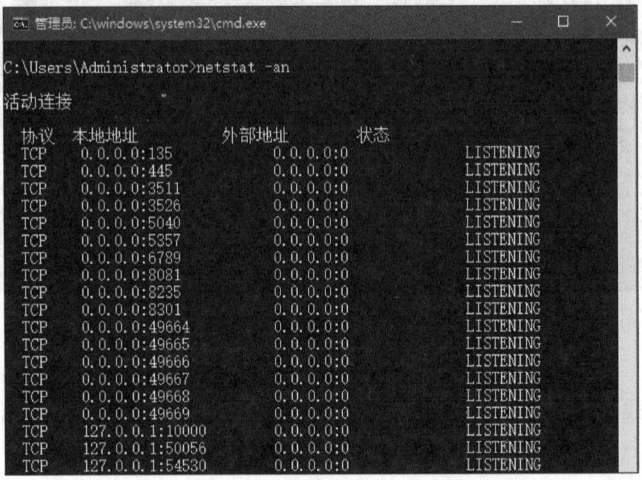

图 2-2-13 显示本地所有连接和监听的端口

②使用 netstat -e 命令显示本地以太网统计信息,如图 2-2-14 所示。

图 2-2-14 显示本地以太网统计信息

③使用 netstat -r 命令显示本地路由表,如图 2-2-15 所示。

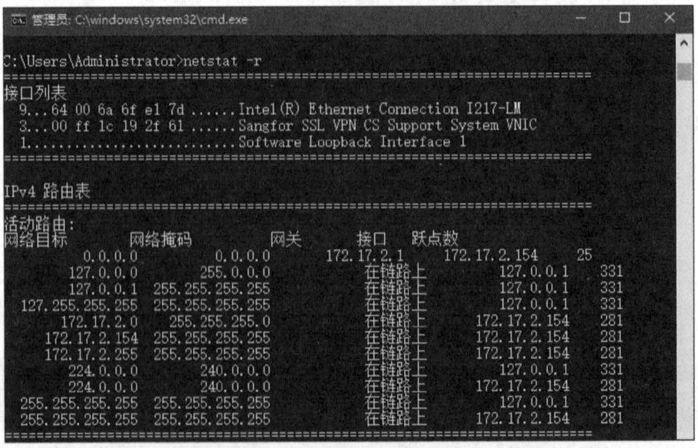

图 2-2-15 显示本地路由表

④使用 netstat -o 命令显示本地连接相关的进程 ID,如图 2-2-16 所示。

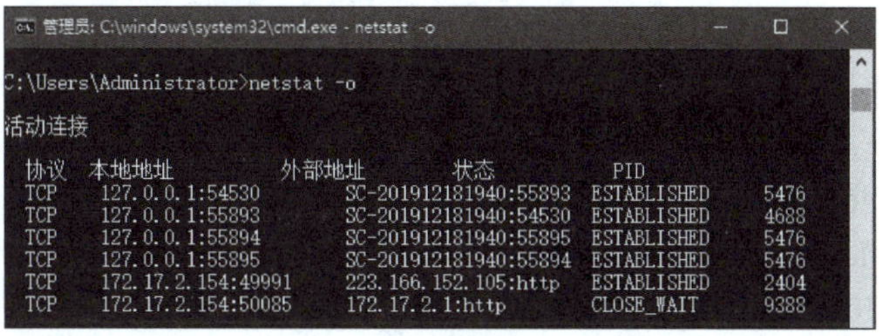

图 2-2-16　显示本地连接相关的进程 ID

⑤使用 netstat -s 命令显示本地开启的网络连接所采用的协议,如图 2-2-17 所示。

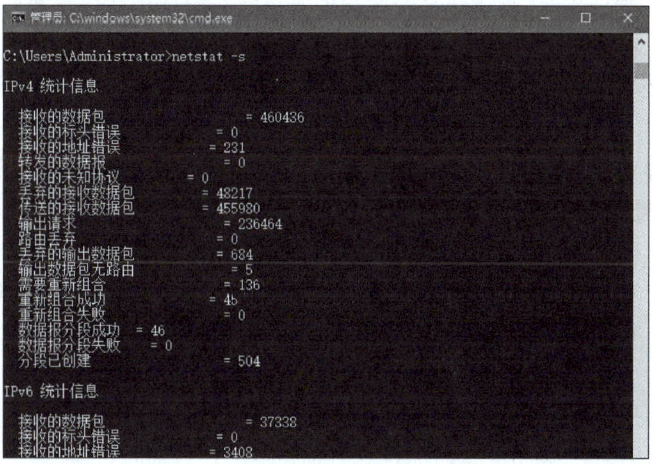

图 2-2-17　显示本地开启的网络连接所采用的协议

技能拓展

netstat 是在内核中访问网络及相关信息的程序,它能提供 TCP 连接、TCP 和 UDP 监听以及进程内存管理的相关报告。netstat 是控制台命令,是一个监控 TCP/IP 网络的非常有用的工具,它可以显示路由表、实际的网络连接及每一个网络接口设备的状态信息。netstat 用于显示与 IP、TCP、UDP 和 ICMP 相关的统计数据,一般用于检验本机各端口的网络连接情况。

一般用 netstat-an 来显示所有连接的端口并用数字表示。

netstat 命令的功能是显示网络连接、路由表和网络接口信息,可以让用户了解有哪些网络连接正在运作。使用时如果不带参数,netstat 显示活动的 TCP 连接。该命令的一般格式为

```
netstat[ -a][ -b][ -e][ -n][ -o][ -p protocol][ -r][ -s][ -v][interval]
```

命令中各选项的含义如下:

-a:显示所有连接和监听端口。

-b:显示包含于创建每个连接或监听端口的可执行组件。在某些情况下,已知可执行组件拥有多个独立组件,并且包含于创建连接或监听端口的组件序列被显示。这种情况下,可执行组件名在底部的[ ]中,顶部是其调用的组件等,直到 TCP/IP 部分。注意:此选项可能需

要很长时间,如果没有足够权限,可能会失败。

-e:显示以太网统计信息。此选项可以与 - s 选项组合使用。

-n:以数字形式显示地址和端口号。

-o:显示与每个连接相关的所属进程 ID。

-p protocol:显示 protocol 指定的协议的连接。protocol 可以是下列协议之一:TCP、UDP、TCPv6 或 UDPv6。如果与-s 选项一起使用以显示按协议统计信息,protocol 可以是下列协议之一:IP、IPv6、ICMP、ICMPv6、TCP、TCPv6、UDP 或 UDPv6。

-r:显示路由表。

-s:显示按协议统计信息。默认显示 IP、IPv6、ICMP、ICMPv6、TCP、TCPv6、UDP 和 UDPv6 的统计信息。

-v:与-b 选项一起使用时,将显示包含于为所有可执行组件创建连接或监听端口的组件。

-interval:重新显示选定统计信息,每次显示暂停时间间隔(以 s 为单位)。按【Ctrl + C】组合键停止重新显示统计信息。如果省略,netstat 显示当前配置信息(只显示一次)。

常用选项:

netstat -s:本选项能够按照各个协议分别显示其统计数据。如果应用程序(如 Web 浏览器)运行速度比较慢,或者不能显示 Web 页之类的数据,那么就可以用本选项来查看所显示的信息。需要仔细查看统计数据的各行,找到出错的关键字,进而确定问题所在。

netstat -e:本选项用于显示关于以太网的统计数据,它列出的项目包括传送数据包的总字节数、错误数、删除数,包括发送和接收量(如发送和接收的字节数、数据包数),或者广播的数量,可以用来统计一些基本的网络流量。

netstat -a:本选项显示一个所有的有效连接信息列表,包括已建立的连接(ESTABLISHED),也包括监听连接请求(LISTENING)的那些连接。

netstat -n:显示所有已建立的有效连接。

netstat -p:显示协议名,用于查看某协议使用情况。

常见状态:

Netstat LISTEN:侦听来自远方的 TCP 端口的连接请求。

Netstat SYN-SENT:在发送连接请求后等待匹配的连接请求。

Netstat SYN-RECEIVED:在收到和发送一个连接请求后等待对方对连接请求的确认。

Netstat ESTABLISHED:代表一个打开的连接。

Netstat FIN-WAIT-1:等待远程 TCP 连接中断请求,或先前的连接中断请求的确认。

Netstat FIN-WAIT-2:从远程 TCP 等待连接中断请求。

Netstat CLOSE-WAIT:等待从本地用户发来的连接中断请求。

Netstat CLOSING:等待远程 TCP 对连接中断的确认。

Netstat LAST-ACK:等待原来的发送远程 TCP 的连接中断请求的确认。

Netstat TIME-WAIT:等待足够的时间以确保远程 TCP 接收到连接中断请求的确认。

Netstat CLOSED:没有任何连接状态。

六、熟悉 net 命令

在操作 Windows 系统的过程中,或多或少会遇到这样或那样的问题,特别是网络管理员在维护单位的局域网或广域网时，如果能掌握一些 Windows 操作系统的网络命令使用技巧，往往会给工作带来极大的方便，有时能起到事半功倍的效果。net 命令是一个命令行命令，其有很多函数用于使用和核查计算机之间的 NetBIOS 连接，可以查看管理网络环境、服务、用户、登录等信息内容。

通过完成下面一系列的操作，掌握 net 命令的主要参数和功能。

①利用 net view 命令查看本机共享资源列表。

②利用 net user 命令查看本机用户账户列表，添加新用户 test，密码为 123456。

③限制用户 test 登录权限，该用户登录时间只能是星期三到星期六的早上八点到晚上九点。

④利用 net use 命令将共享文件夹 test 映像为磁盘 Z。

⑤删除本机映像的磁盘 Z 的命令。

⑥利用 msg 命令给某 IP 发送信息。

实施过程如下：

①利用 net view 命令查看本机共享资源列表，如图 2-2-18 所示。

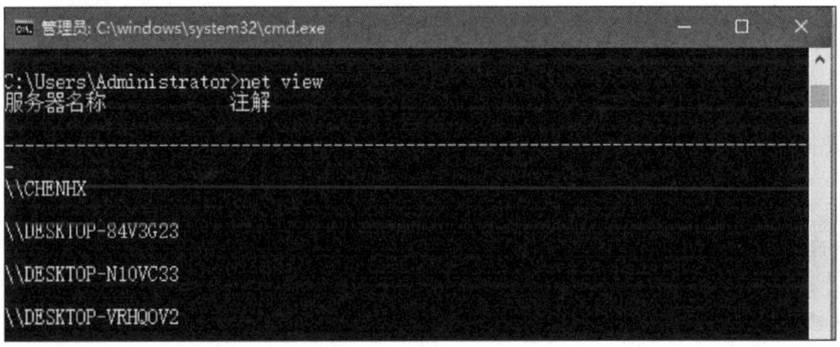

图 2-2-18　查看本机共享资源列表

②利用 net user 命令查看本机用户账户列表，添加新用户 test，密码为 123456，如图 2-2-19 所示。

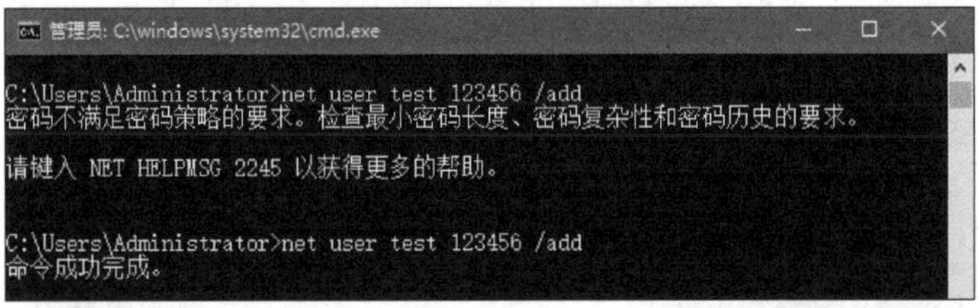

图 2-2-19　查看本机用户账户列表

③限制用户 test 登录权限，该用户登录时间只能是从星期三到星期六的早上八点到晚上九点，如图 2-2-20 所示。

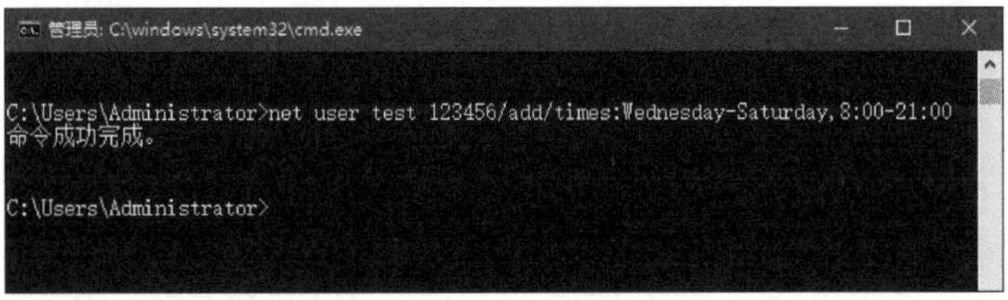

图 2-2-20　限制用户登录时间

④利用 net use 命令将共享文件夹 test 设置为磁盘 Z,如图 2-2-21 和图 2-2-22 所示。

图 2-2-21　设置共享文件夹 test 为磁盘 Z 命令

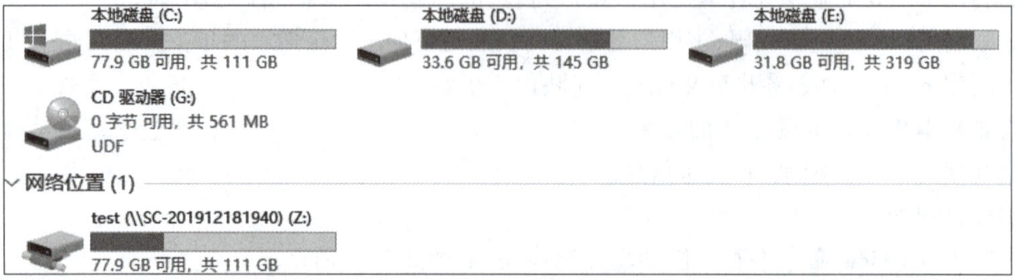

图 2-2-22　将共享文件夹 test 设置为磁盘 Z

⑤删除本机映像的磁盘 Z 的命令,如图 2-2-23 所示。

图 2-2-23　删除本机映像的磁盘 Z 的命令

⑥利用 msg 命令给某 IP 发送信息,如图 2-2-24 所示。

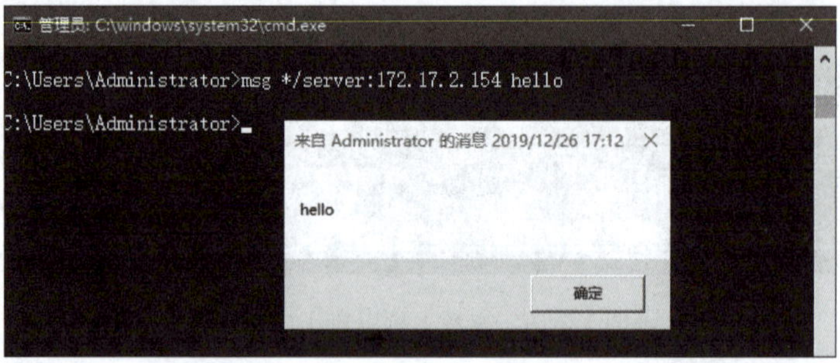

图 2-2-24　利用 msg 命令给某 IP 发送信息

任务小结

本任务介绍了数据通信系统的基础知识和计算机常用网络命令的作用和使用环境,分析了常用网络命令的主要参数及实际工作中的使用方法。

※思考与练习

简答题

1. 某公司IP地址是自动获得的,如何查看分配的IP配置?
2. 网络管理员如何探测本机与其他计算机网络是否连通? 、
3. 用户想知道本机到某个网站之间数据包都经过哪些结点,如何实现?
4. 如何使用net命令查看管理网络环境、服务、用户、登录等信息内容?

项目三

熟悉 IPv6 技术及应用

任务　熟悉网络扩展技术

微视频

熟悉网络扩展技术

任务描述

学习下一代网络 IPv6 产生的原因，IPv6 网络的特点，相比 IPv4 网络的优势；学习 IPv6 地址表示方法及地址类型，与 IPv4 对比报文格式；ICMPv6 协议与邻居发现协议；IPv6 的基本配置及路由表，IPv6 IGP 路由协议（RIGng、OSPFv3）。

任务目标

- 识记：下一代网络 IPv6 的概述。
- 领会：IPv6 地址及报文格式。
- 应用：ICMPv6 协议与邻居发现协议和 IPv6 的配置，以及 IPv6 IGP 路由协议。

任务实施

一、掌握 IPv6 基本配置

1. 了解 IPv6 的概念

IPv4 地址有 32 位的固定长度，理论上将允许大约 40 亿个地址。在 IPv4 规范制定时，这 40 亿个地址看起来是足够的。但很快在 20 世纪 90 年代早期，Internet 团体不得不在地址体系结构和地址分配机制中引入许多修改，以满足增长的地址需求。IPv4 地址的极大浪费由两个原因产生：

①分类地址的不明智分配。常常是一些实体拥有的主机数仅超过 255 台一点就申请了 B 类地址，B 类地址能够容纳 65 000 台主机。

②用户不用回答他们地址请求的适当性。当人们开始预测地址枯竭时实际上仅有 3% 的已分配地址在使用。

(1)IPv6 的特点

从 IPv4 到 IPv6 的主要变化概括如下:

① IPv6 的地址大小增加到 128 位,这解决了 IPv4 地址空间有限的问题,并提出一个更深层次的编址层次以及更简单的配置。协议内置的自动配置机制可以方便用户配置 IPv6 地址。

② IPv6 的报头固定为 40 字节,这刚好容下 8 字节的报头和两个 16 字节的 IP 地址(源地址和目的地址)。IPv6 的报头中去掉了 IPv4 报头中的一些字段,或者是将其变为可选项。这样,数据包可以更快地被处理。

③对于 IPv4,选项集成于基本的 IPv4 报头中,而对于 IPv6,这些选项被作为扩展报头来处理。扩展报头是可选项,如果有必要,可以插入 IPv6 报头和实际数据之间。这样,IPv6 数据包的生成就变得很灵活且高效,IPv6 的转发效率要高很多。将来要定义的新选项能够很容易地进行集成。

④ IPv6 指定了固有的对身份验证的支持,以及对数据完整性和数据机密性的支持。

⑤属于同一传输流,且需要特别处理或需要服务质量的数据包,可以由发送者进行标记。

(2)IPv6 标准化现状

目前 IPv6 相关的标准化文档如下:

RFC 2373: IP Version 6 Addressing Architecture;

RFC 2374: An IPv6 Aggregatable Global Unicast ddress Format;

RFC 2460: Internet Protocol, Version 6 (IPv6) Specification;

RFC 2461: Neighbor Discovery for IP Version 6 (IPv6);

RFC 2462: IPv6 Stateless Address Autoconfiguration;

RFC 2463: Internet Control Message Protocol (ICMPv6) for the Internet Protocol Version 6 (IPv6) Specification;

RFC 1886: DNS Extensions to Support IP Version 6;

RFC 1887: An Architecture for IPv6 Unicast Address Allocation;

RFC 1981: Path MTU Discovery for IP Version 6;

RFC 2080: RIPng for IPv6;

RFC 2473: Generic Packet Tunneling in IPv6 Specification;

RFC 2526: Reserved IPv6 Subnet Anycast Addresses;

RFC 2529: Transmission of IPv6 over IPv4 Domains Without Explicit Tunnels;

RFC 2545: Use of BGP-4 Multiprotocol Extensions for IPv6 Inter-Domain Routing;

RFC 2710: Multicast Listener Discovery (MLD) for IPv6;

RFC 2740: OSPF for IPv6。

2. 熟悉 IPv6 的地址

(1)IPv6 地址表示方法

IPv6 地址是 128 位的,由八组 16 位字段组成,中间由冒号隔开,每个字段由四个十六进制数字组成。下面是两个 IPv6 地址示例:

FEDC:CDB0:7674:3110:FEDC:BC78:7654:1234

2101:0000:0000:0000:0006:0600:200C:416B

IPv6 地址空间非常大,不容易书写和记忆,有一些方法可以压缩地址以便使用。IPv6 地址中往往会有很多零,在 16 位字段中,可以删除前面的零,但每个字段至少要有一个数字,除了一种情况是例外的,后面会提到。上面示例中的第一个地址在任何字段中前面都没有零,因此不能被压缩。第二个地址可以被压缩为

2101:0:0:0:6:600:200C:416B

在此基础上可以继续压缩多个字段的零,使用双冒号(::)代替多个字段的零,如下所示:

2101::6:600:200C:416B

注意:双冒号(::)在每个 IPv6 地址中只能使用一次,多个双冒号会引起歧义。

将 IPv6 地址 2101:0000:0000:3246:0000:0000:200C:416B 压缩为 2101::3246::200C:416B,就不能分清每个双冒号代表多少个零。

IPv6 地址前缀的表示方法和 IPv4 相同。IPv6 地址/地址前缀长度示例,56 位地址前缀 300A00000000CD 的正确表示方法是:

300A::CD00:0:0:0:0/56

300A:0:0:CD00::/56

注意:双冒号在 IPv6 地址中只能出现一次。

(2)IPv6 地址类型

IPv6 地址类型有三种:

①单播地址:标识单个结点,目的地为单播地址的流量被转发到单个结点。

②组播地址:标识一组结点,目的地为组播地址的流量被转发到组里的所有结点。

③任意播地址:标识一组结点,目的地为任意播地址的流量被转发到组里的最近结点。

在 IPv6 中没有广播地址,它的功能被组播地址取代。IPv6 地址的开头几位决定了 IPv6 地址类型,这开头几位是可变长的,称为格式前缀,见表 3-1-1。

表 3-1-1 IPv6 地址空间

分　配	前　缀	地址空间占有率
保留	0000 0000	1/256
未分配	0000 0001	1/256
为 NSAP 分配保留	0000 001	1/128
为 IPX 分配保留	0000 010	1/128
未分配	0000 011	1/128
未分配	0000 1	1/32
未分配	0001	1/16
可聚合全球单播地址	001	1/8
未分配	010	1/8
未分配	011	1/8
未分配	100	1/8
未分配	101	1/8
未分配	110	1/8
未分配	1110	1/16

续表

分　配	前　缀	地址空间占有率
未分配	1111 0	1/32
未分配	1111 10	1/64
未分配	1111 110	1/128
未分配	1111 1110 0	1/512
本地链路单播地址	1111 1110 10	1/1 024
本地站点单播地址	1111 1110 11	1/1 024
组播地址	1111 1111	1/256

(3)单播地址

在 IPv6 中,单播地址格式反映了三种预定义范围,具体如下:

①本地链路范围:在单个第二层域内,标识所有主机。在这个范围内的单播地址称为本地链路地址。

②本地站点范围:在一个管理站点或域内,标识所有可达设备,在这个范围内的单播地址称为本地站点地址。

③全球范围:在 Internet 中标识所有可达设备,在这个范围内的单播地址称为可聚合全球单播地址。

(4)本地链路地址

当支持 IPv6 的结点上线时,每个接口默认地配置一个本地链路地址,该地址专门用来和相同链路上的其他主机通信。本地链路定义了这些地址的范围,因此分组的源地址或目的地址是本地链路地址的,就不应该被发送到其他链路上。本地链路地址通常被用在邻居发现协议和无状态自动配置中。

本地链路地址由前缀 FE80::/10(1111 1110 10)、后续 54 个 0 和接口标识组成,见表 3-1-2。

表 3-1-2　本地链路地址字段

10 bits	54 bits	64 bits
1111111010	0	接口标识

接口标识可以用修改的 EUI-64 格式构造而成,有下面两种情况:

①对于所有 IEEE 802 接口类型(如以太网和 FDDI 接口),接口标识的前三字节(24 位)取自 48 位链路层地址(MAC 地址)的机构唯一标识(OUI),第四和第五字节是固定的十六进制数 FFFE,最后三字节(24 位)取自 MAC 地址的最后三字节。在完成接口标识前,需要设置通用/本地位(第一字节的第七位)为 0 或 1。当设置为 0 时,定义了一个本地范围;当设置为 1 时,就定义了一个全球范围。

②对于其他接口类型(如串口、ATM、帧中继等),接口标识的形成方法和 IEEE 802 接口类型相同,不过使用的是设备 MAC 地址池中的第一个 MAC 地址,因为这些接口类型没有 MAC 地址。

(5)本地站点地址

本地站点地址由前缀 FEC0::/10(1111 1110 11)、后续 38 个 0、子网标识和接口标识组成,它可以被分配给一个站点使用,而不占用全球单播地址。本地站点地址与 IPv4 的私有地址类似,只能在本地站点内使用,其格式见表 3-1-3。

表 3-1-3 本地站点地址字段

10 bits	38 bits	16 bits	64 bits
1111111011	0	子网标识	接口标识

(6)可聚合全球单播地址

可聚合全球单播地址定义用于 IPv6 Internet,它们是全球唯一的和可路由的。保留用作全球范围通信的 IPv6 地址由它们的高 3 位设置为 001(2000::/3)来识别。

可聚合全球单播地址使用严格的路由前缀聚合,缩小了路由表中的条目,其格式见表 3-1-4。

表 3-1-4 可聚合全球单播地址字段

3 bits	45 bits	16 bits	64 bits
格式前缀	全球路由前缀	站点级聚合标识	接口标识

表中字段说明如下:

①格式前缀:可聚合全球地址的格式前缀,3 位长,目前该字段为“001”。

②全球路由前缀:45 位长。

③站点级聚合标识:16 位的站点级聚合标识被单个机构用于在自己的地址空间中划分子网,其功能与 IPv4 中的子网类似,可以支持多达 65 535 个子网。

④接口标识:地址的低 64 位用来标识结点在一条链路上的接口。

(7)特殊用途的地址

还有一些特殊用途的地址也是需要讨论的,具体如下:

①未指定的地址。未指定的地址值为 0:0:0:0:0:0:0:0,相当于 IPv4 中的 0.0.0.0。它表示暂未指定一个合法地址,例如,它可以被一台主机用来在其发出地址配置信息请求的启动过程中作为源地址。未指定地址也可以缩写为::。不能将此地址静态地或动态地分配给一个接口,也不能使之作为目的 IP 地址出现。

②回环地址。回环地址被每个结点用来指其自身,它类似于 IPv4 中的 127.0.0.1 地址。在 IPv6 中,回环地址将其前 127 位全部设置为 0,最后位设置为 1。它能够表示为 0:0:0:0:0:0:0:1,或压缩形式的::1。

③射到 IPv4 的 IPv6 地址。这类地址用来将一个 IPv4 结点的地址表示成 IPv6 格式。一个 IPv6 结点可以使用这种地址向一个只存在 IPv4 的结点发送数据包。该地址的低 32 位也带有 IPv4 地址,见表 3-1-5。

表 3-1-5 可聚合全球单播地址字段

80 bits	16 bits	32 bits
0000…0000	FFFF	IPv4 地址

(8)任意播地址

当相同的单播地址分配给多个接口时,典型情况是属于不同结点的接口,该地址就成为一个任意播地址。因为任意播地址从结构上不能和单播地址区别开来,必须配置一个结点使之理解为其接口指定的一个地址是任意播地址。目的地址为任意播地址的数据包被送到拥有该地址的最近接口。

目前在任意播地址中定义了如下的规则：

①一个任意播地址不能用作 IPv6 数据包的源地址。

②任意播地址不能被分配给一个 IPv6 主机,只能被分配给 IPv6 路由器。

可以为一个公司网络内提供因特网访问的所有路由器都配置一个专门的任意播地址。每当一个数据包被发送到该任意播地址时,它就会被发送到距离最近的提供因特网访问的路由器上。

一个必需的任意播地址是子网路由器任意播地址,见表 3-1-6。该地址就像一个平常的单播地址,只是其前缀指定了子网和一个全 0 的标识符。发送到这个地址的数据包会被发送到该子网中的一个路由器上。所有的路由器对和它们有接口连接的子网都必须支持这种子网路由器任意播地址。

表 3-1-6　子网路由器任意播地址字段

128 bits	
子网前缀	0000…0000

(9)子网路由器任意播地址字段

RFC 2526 提供了更多关于任意播地址格式的信息并且规定了其他保留的子网任意播地址和 ID。一个保留的子网任意播地址可以具有如图 3-1-1 所示的两种格式之一。

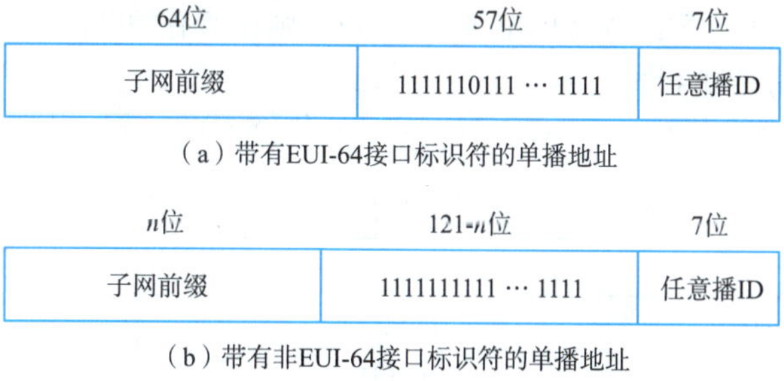

(a)带有EUI-64接口标识符的单播地址

(b)带有非EUI-64接口标识符的单播地址

图 3-1-1　IPv6 保留的任意播地址格式

目前已经保留的任意播 ID,见表 3-1-7。

表 3-1-7　目前已经保留的任意播 ID

十　进　制	十 六 进 制	说　　明
127	7F	保留
126	7E	移动 IPv6 家庭代理
0 ~ 125	00 ~ 7D	保留

(10)组播地址

组播地址是一组结点的标识符,由高位字节 FF 或二进制表示的 1111 1111 来标识。一个结点可以属于多个组播组。IPv6 组播地址的格式,见表 3-1-8。

表 3-1-8 IPv6 组播地址的格式

8 bits	4 bits	4 bits	112 bits
11111111	标志	范围	组标识

表中字段说明如下：

①地址格式中的第一字节为全“1”，标识其为组播地址。

②标志字段的前三位必须是 0，它们是为将来的使用而保留的。标志字段的最后一位表示该地址是否被永久分配，也就是说，它是 IANA(The Internet Assigned Numbers Authority，互联网数字分配机构)分配的共知的组播地址，还是一个临时的组播地址。如果最后一位为 0，则表示这是一个众所周知的地址；为 1，则表示这是一个临时地址。

③范围字段用于限制组播组的范围，数值对应的范围，见表 3-1-9。

表 3-1-9 IPv6 组播范围

数　　值	范　　围
1	本地接口
2	本地链路
5	本地站点
8	本地机构
E	全球

地址的最后 112 位携带着组播组标识。RFC 2375 定义了那些被永久分配的 IPv6 组播地址的初始分配方案。有些地址分配给固定的范围，有些地址则在所有的范围内都有效。表 3-1-10 给出了目前为固定范围而分配组播的地址。

注意：紧随组播标识符 FF(第一字节)之后的那个字节中的范围值。

表 3-1-10 固定范围的 IPv6 组播地址示例

组 播 地 址	范　　围	范围内的组
FF01:0:0:0:0:0:0:1	本地结点	所有结点地址
FF01:0:0:0:0:0:0:2	本地结点	所有路由器地址
FF02:0:0:0:0:0:0:1	本地链路	所有结点地址
FF02:0:0:0:0:0:0:2	本地链路	所有路由器地址
FF02:0:0:0:0:0:0:5	本地链路	OSPF
FF02:0:0:0:0:0:0:6	本地链路	OSPF 指定路由器
FF02:0:0:0:0:0:0:D	本地链路	所有 PIM 路由器
FF02:0:0:0:0:0:0:16	本地链路	所有支持 MLDv2 的路由器
FF02:0:0:0:0:0:1:2	本地链路	所有 DHCP 代理
FF02:0:0:0:0:1:FFXX:XXXX	本地链路	被请求结点地址
FF05:0:0:0:0:0:0:2	本地站点	所有路由器地址
FF05:0:0:0:0:0:1:3	本地站点	所有 DHCP 服务器

每个结点必须为分配给它的每个单播和任意播地址加入一个请求结点组播组。请求结点组播地址是针对分配给一个接口的每个单播和任意播前缀产生的，地址格式是 FF02::1:FF00:

0000/104,其低 24 位与产生它的单播地址或任意播地址相同。

例如,一台主机的 IPv6 地址是 4037::01:800:200E:8C6C,相应的请求结点组播地址就是 FF02::1:FF0E:8C6C。如果该主机具有其他的 IPv6 单播或任意播地址,那么每个地址都将有一个相应的请求结点组播地址。该地址常用于重复地址检测(DAD)中。

(11)一个接口需要的 IPv6 地址

为了确保 IPv6 协议的正确运行,每台支持 IPv6 的主机必须支持下列类型的地址:

①回环地址;

②本地链路地址;

③分配的单播或任意播地址;

④全结点组播地址;

⑤主机所属的所有组的组播地址;

⑥对分配给它的每个单播和任意播地址,必须具有请求结点组播地址。

一台路由器必须识别上述所有地址,以及下列地址:

①子网路由器任意播地址;

②所有配置的组播地址;

③所有路由器组播地址。

3. 掌握 IPv6 报文格式

(1)IPv6 基本报头

在介绍 IPv6 基本报头前,先来对比一下 IPv4 和 IPv6 的报头格式,见表 3-1-11 和表 3-1-12。

表 3-1-11 IPv4 报头格式

<table>
<tr><td>4—版本</td><td>4—报头长</td><td>8—服务类型</td><td colspan="2">16—总长度</td></tr>
<tr><td colspan="3">16—标识</td><td>4—标志</td><td>12—分段偏移</td></tr>
<tr><td>8—存活时间</td><td>8—协议号</td><td colspan="3">16—头部校验和</td></tr>
<tr><td colspan="5">32—源 IP 地址</td></tr>
<tr><td colspan="5">32—目的 IP 地址</td></tr>
<tr><td colspan="4">24—选项</td><td>8—填充</td></tr>
<tr><td colspan="5">数据部分</td></tr>
</table>

表 3-1-12 IPv6 报头格式

<table>
<tr><td>4—版本</td><td>4—流量类型</td><td colspan="3">24—流标签</td></tr>
<tr><td colspan="3">16—净荷长度</td><td>8—下一报头</td><td>8—跳数限制</td></tr>
<tr><td colspan="5">128—源 IPv6 地址</td></tr>
<tr><td colspan="5">128—目的 IPv6 地址</td></tr>
<tr><td colspan="5">扩展报头信息</td></tr>
<tr><td colspan="5">数据部分</td></tr>
</table>

与 IPv4 相比,IPv6 报头做了如下改变:

①基本报头的固定长度。IPv6 的基本报头长度固定为 40 字节,这有利于快速报头处理。固定长度使报头长字段没有了。由选项提供的功能通过扩展报头来实现,这在后面会详细介绍。选项和填充都从 IPv6 报头中去除了。

②报文分片仅由流量的源点处理。在发送 IPv6 流量之前,源点执行路径 MTU(PMTU)发现,之后以发现的 PMTU 长度发送分组,将路由器从报文分片的任务中解脱出来。因此,IPv4 头部中与分片相关的三个字段(标识、标志和分段偏移)在 IPv6 中被去除了。

③去除了头部校验和。由于变化的存活时间(TTL)值,交换分组的每个结点必须重新计算 IP 头部校验和,因此加重了路由器资源负担。自从 IPv4 出现以来,数据链路技术的提高和 32 位循环冗余校验(CRC)支持以及第四层校验和提供了足够的保护,从而使第三层头部校验和不再是必需的。因此,在 IPv6 中去除了分组头部校验和,而在高层中得到增强。

IPv6 报头中的字段说明如下:

①版本。IP 版本,其值设置为 6。

②流量类型。与 IPv4 报头中的服务类型相同,该字段携带使网络设备能够以不同方式分类并转发分组的信息。它是用于实现服务质量(QoS)的一个重要的服务标识符。

③流标签。这个字段标识了一个流,其目的是不需要在分组中进行深度搜索,网络设备能够识别应该以类似方式处理的分组。在 RFC 3697 中给出了该字段的规范。字段由源设置,不应该被到达目的地路径上的网络设备修改。

④净荷长度。净荷长度表示整个分组的长度。

⑤下一报头。该字段扩展了 IPv4 报头中协议号的功能。它指明直接跟随基本报头的信息类型,可能是一个扩展报头或高层协议。

⑥跳数限制。在 IPv6 中,IPv4 TTL 被重命名为跳数限制,因为它是在每一跳都要减 1 的变量,而且它不具有时间维度。

(2)IPv6 扩展报头

在 IPv6 报头和上层协议报头之间可以有一个或多个扩展报头,也可以没有。每个扩展报头由前面报头的下一报头字段标识。扩展报头只被 IPv6 报头的目的地址字段所标识的结点进行检查或处理。如果目的地址字段的地址是组播地址,则扩展报头可被属于该组播组的所有结点检查或处理。扩展报头必须严格按照在数据报文中出现的顺序进行处理。

扩展报头只被目的结点处理,这大大提高了报文的转发效率,但有一个例外,那就是逐跳选项报头,其承载的信息必须被报文经过路径上的每个结点检查和处理。如果有逐跳选项报头,则必须紧接在基本 IPv6 报头之后。

结点是否检查或是否处理扩展报头,取决于前一报头中的相关信息,如果在单个数据包中使用多个扩展报头,则应该使用表 3-1-13 所示的报头顺序。

表 3-1-13　报头顺序

顺序	报　　头	前一报头的 Next-Header 数值
1	基本 IPv6 报头	—
2	逐跳选项报头	0
3	目的选项报头	60
4	路由选择报头	43
5	分片报头	44
6	认证报头	51
7	封装安全净荷报头	50
8	目的选项报头	60

表 3-1-13 中目的选项报头出现了两次,它在不同的位置上意义不同,当出现在路由选择报头之前时,它将被 IPv6 目的地址字段中第一个出现的目的地址以及随后在路由选择报头中列举的目的地址进行处理。当目的选项报头出现时没有路由选择报头或者在路由选择报头之后,目的选项报头只由数据包最终目的地址进行处理。图 3-1-2 显示了扩展报头的使用。

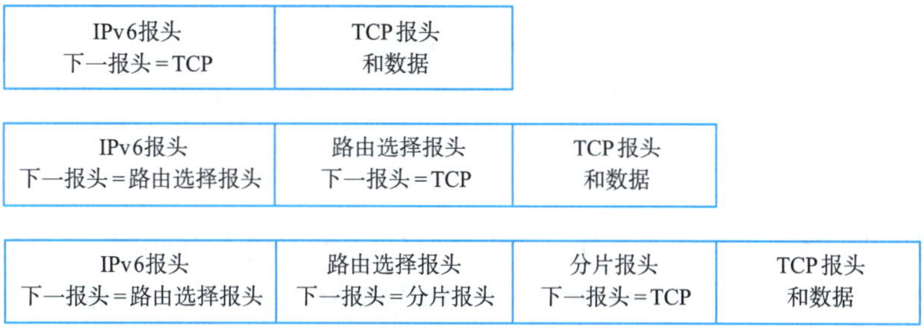

图 3-1-2　扩展报头的使用

在每个报头中,下一报头字段标识下一个报头。结点在检查了 IPv6 报头后,如果它不是最终目的地,或者下一个报头不是逐跳选项报头,数据包将被转发。如果结点是最终目的地,它将按顺序处理每个报头。

逐跳选项报头携带着必须由数据包经过路径上的每个结点进行检查的可选信息。它必须紧跟在 IPv6 报头后,确保了沿途的路由器检查逐跳选项报头时,不需要处理其他的扩展报头。

目的选项报头携带着只由目的结点检查的可选信息。当目的选项报头出现在路由选择报头前时,它将被路由选择报头中的所有结点处理。当目的选项报头出现在上层协议报头前时,它只被目的结点处理。

路由选择报头用来给出一个或多个数据包在到达目的地的路径上应该经过的中间结点。IPv6 报头中包含了需要访问的第一个结点,路由选择报头中包含了剩下的结点,包括最终目的地。

路由选择报头中包括如下字段:

①下一报头。下一报头字段标识了路由选择报头后的报头类型。

②报头扩展长度。该字段标识了路由选择报头的长度。

③路由类型。该字段标识了路由选择报头的类型。

④剩余段。该字段标识了在数据包到达最终目的地之前还需经过多少结点。

⑤类型相关数据。该字段长度取决于路由类型。该长度总是保证完整的报头为 8 字节的倍数。

⑥IPv6 地址。该字段可以包含多个中间结点地址。

处理路由选择报头的第一个结点由 IPv6 报头中的目的地址字段指定。该结点检查路由选择报头,如果剩余段字段包含任何要经过的结点,该结点对剩余段字段减 1,并把 IPv6 报头的路由选择报头内的下一个 IPv6 地址插入 IPv6 的目的地址字段;然后数据包被转发到下一跳,按前面描述的方法处理路由选择报头,直到到达最终目的地。

源结点在路径 MTU 中使用分片报头,用于判断在通往目的地的路径上能使用的最大数据包大小。如果沿途的任何链路 MTU 小于数据包,源结点负责对数据包进行分片。与 IPv4 不同,IPv6 数据包不会由传输路径上的路由器分片。分片只会在发送数据包的源结点进行,目的结点则进行重新组装。源结点使用 PMTU 机制来确定到目的结点沿途的最小 MTU。一旦源结点获知最小 MTU,它也就知道可以发送的最大数据包大小。

认证报头可以被加入 IPv6 中,它的作用是为 IPv6 数据包提供完整性检查和认证。在数据传输过程中,IPv6 数据包中的所有不变字段被用于认证计算。可变字段或可选项,例如跳数限制,在认证计算过程中被认为是零。

封装安全净荷(ESP)报头提供数据的完整性和保密性保护,可以同时使用认证报头和 ESP 报头提供数据认证。ESP 加密被保护的数据,将加密数据放在 ESP 报头的数据字段。

4. 了解 ICMPv6 协议

(1)ICMPv6 协议简介

ICMPv6 是 IPv6 体系结构中不可缺少的组成部分,必须在每个 IPv6 结点上完全实现。它合并了 IPv4 中不同协议下支持的功能:ICMPv4、IGMP 和 ARP,它还引入了邻居发现(ND),使用 ICMPv6 消息是为了确定同一链路上的邻居的链路层地址、发现路由器、随时跟踪哪些邻居是可连接的,以及检测更改的链路层地址。

(2)ICMPv6 消息格式

ICMPv6 消息有两种类型:

①ICMP 错误消息。错误消息的 Type(类型)字段中的最高位为 0。因此,ICMP 错误消息类型的范围是 0 ~ 127。

②ICMP 信息消息。信息消息的 Type(类型)字段中的最高位为 1。因此,ICMP 信息消息类型的范围是 128 ~ 255。

不管消息类型如何,所有 ICMP 消息共用表 3-1-14 所示的相同消息报头格式。

表 3-1-14　ICMPv6 消息报头格式

1 字节	1 字节	2 字节	长度不定
类型	代码	校验和	消息体

每条 ICMPv6 消息之前是一个 IPv6 报头或多个扩展报头。正好位于 ICMP 报头之前的那个报头的下一报头字段值为 58。

ICMPv6 消息格式说明如下:

①类型。该字段标识了消息的类型,它决定了该消息剩余部分的格式。表 3-1-15 和表 3-1-16 列出了 ICMPv6 消息类型和消息号。

表 3-1-15　ICMPv6 错误消息和代码类型

消息号	消息类型	代码字段
1	目的地不可达	0 = 没有到目的地的路由
		1 = 与目的地的通信被管理性禁止
		3 = 地址不可达
		4 = 端口不可达
2	数据包过大	发送方将代码字段设为 0,接收方忽略代码字段
3	超时	0 = 传输中的跳数超出限制
		1 = 分段重组超时

续表

消息号	消息类型	代码字段
4	参数问题	0 = 遇到错误的报头字段
		1 = 遇到不可识别的下一报头类型
		2 = 遇到不可识别的 IPv6 选项

表 3-1-16　ICMPv6 信息消息

消息号	消息类型	说明
128	回声请求	均用于 ping 命令
129	回声应答	
130	组播侦听者查询	用于组播组管理
131	组播侦听者报告	
132	组播侦听者完成	
133	路由器请求	用于邻居发现和自动配置
134	路由器通告	
135	邻居请求	
136	邻居通告	
137	重定向消息	
138	路由器重新编号	
139	ICMP 结点信息查询	
140	ICMP 结点信息响应	

②代码。该字段取决于消息的类型,在特定情况下它提供了更多详细的信息。

③校验和。该字段用来检测 ICMPv6 报头和部分 IPv6 报头中的数据错误。为了计算校验和,一个结点必须确定 IPv6 报头中的源和目的地址。如果该结点具有多个单播地址,那么在选择地址时还有一些规则(详情请参见 RFC 2463)。和 ICMPv4 不同,校验和涵盖了伪报头(来自 IPv6 报头的一组重要字段),加上 ICMPv6 整个消息。包含伪报头使 ICMPv6 在没有第三层报头校验和的情况下,能够检查 IPv6 报头中重要元素的完整性。

④消息体。对于不同的类型和代码,消息体可以包含不同的数据。如果所包含的是一条错误消息,那么在一个数据包允许的大小范围内,它可包含用来帮助故障排除的尽可能多的信息。ICMPv6 数据包的总大小不能超出 IPv6 MTU 的最小值,即 1 280 字节。

(3)ICMPv6 错误消息

ICMP 的功能之一是分发错误消息,这对运行一个网络会有所帮助。目前 ICMPv6 使用四个错误消息:

①目的地不可达;

②数据包过大;

③超时;

④参数问题。

在下面的内容中将详细讨论这些消息。

有时数据包在到达其目的地的路径上会被丢弃,从某种意义上来说,IPv6 和 IPv4 一样不可靠。在多数情况下,这是由于网络拥塞造成的暂时问题或暂时的连接丢失,能够由如 TCP 这样的高层协议加以恢复。但在有些情况下需要一种反馈机制。例如,在数据包中给出的目的地可能是错误的,或路由协议没有到目的地的路由信息。与 IPv4 相同,ICMP 目的地不可达提供了这样的反馈机制。ICMP 目的地不可达消息给出一个原因代码,以协助源排除问题并采取相应的措施。表 3-1-17 列出了 ICMP 目的地不可达消息的代码值。

表 3-1-17　ICMP 目的地不可达消息的代码值

代码	说　明
0	没有路径通向目的地。 如果一个路由器因为其路由表中没有到达目的网络的路由而无法转发数据包的话,就会生成该消息
1	与目的地的通信被管理性禁止。 举例来说,如果一个防火墙由于数据包过滤器而不能把数据包转发到其内部的某台主机上的话,它就会发出该消息
3	地址不可达。 如果一个目的地址不能被解析为相应的网络地址,或者有某种数据链路层上的问题使得该结点无法到达目的网络的话,就会产生该消息
4	端口不可达。 在 UDP 或 TCP 报头中指定的目的端口是无效的或在目的主机上不存在时,就会产生该消息

如果某个路由器由于数据包的大小超过输出链路 MTU 而不能转发这个数据包的话,它会生成一个分组过大消息。该 ICMP 消息被发给发起数据包的源地址。与 IPv4 不同,在 IPv6 中分片不是由路由器执行的,而是由源结点执行。数据包过大消息被用于 MTU 路径发现(PMTU)中。

和 IPv4 相同,一个 IPv6 数据包可能在网络中循环。ICMPv6 超时是从 ICMPv4 中传承而来的,设计用来阻止数据包在网络中无休止地循环。在 IPv6 报头中跳数限制字段最后到达 0 之前,每一跳都减 1,到达 0 时数据包被丢弃并向源发送 ICMPv6 超时。

超时消息通常被用于完成 traceroute 功能。一条 UDP 分组多次发送到目的地,从 1 开始到"到达目的地需要的跳数",每次将跳数字段加 1。路径上的每个结点将顺次发回一条 ICMPv6 超时消息,使源能够判别在路径上的每台路由器。

与 IPv4 相同,参数问题消息为路由器提供了报告一般问题的方法。ICMPv6 消息能够指出在 IPv6 报头中的任何异常字段,该字段阻止了分组的进一步处理。表 3-1-18 所示为参数问题消息的代码字段。

表 3-1-18　参数问题消息的代码字段

代码	说　明
0	遇到错误的报头字段
1	遇到不可识别的下一报头类型
2	遇到不可识别的 IPv6 选项

(4)ICMP 信息消息

RFC 2463 中定义了两类信息消息:回声请求和回声应答。其他的 ICMP 信息消息用于 PMTU 和邻居发现。回声请求和回声应答消息用于最常见的 TCP/IP 工具之一:ping。ping 用于判断一个指定的主机是否在网络上可用,以及是否准备好进行通信。源主机会向指定的目的地发送一条回声请求消息。目的主机如果可用,就会响应一个回声应答消息。

(5)IPv6 邻居发现协议

邻居发现协议(NDP)是在 RFC 2461 中规定的。当连接到相同链路时,IPv6 NDP 为路由器和主机运行提供了许多集成的关键特征。这些特征中的某些特征,如地址解析和重定向,在 IPv4 中出现过,但分别在不同的协议,如 ARP 和 ICMP 重定向。其他特征是新的,如前缀发现和邻居不可达性检测,有些可以使用 IPv4 中的其他方式也能做到表 3-1-19 列出 IPv6 NDP 的特征及描述。

表 3-1-19　IPv6 NDP 的特征

IPv6 NDP 的特征	描　　述
路由器发现	使主机定位所连接链路上的路由器
前缀发现	使主机学习所连接链路上所用的前缀
参数发现	使结点学习参数,如链路 MTU 或跳数限制
地址自动配置	使主机自动配置一个地址
地址解析	使结点为链路上的目的地确定链路层地址
确定下一跳	使结点为一个给定的目的地确定下一跳
邻居不可达性检测	使结点能够检测一个邻居不再可达
重复地址检测	使结点能够确定地址已经在使用
重定向	使路由器通知主机存在到达特定目的地的链路上更合适的下一跳
默认路由器和更具体的路由选择	使路由器通知多点接入主机存在更合适的默认路由器和更具体的路由
代理结点	代表其他结点接收数据包

NDP 使链路上的每个结点能够运行 ND,建立必要的信息,这些信息在发送 IPv6 数据包到一个邻居时有用,存储在由结点维护的下列列表中:

①在线 IPv6 地址和相应的链路层地址列表;

②邻居状态(可达的或不可达的);

③特定主机(在线前缀列表、在线路由器列表、默认路由器列表)。

为了得到上述信息,在 NDP 中用到下列消息:

①路由器请求(RS);

②路由器通告(RA);

③邻居请求(NS);

④邻居通告(NA);

⑤重定向。

在相应的 IPv4 协议之上,IPv6 NDP 提供了许多功能提升,具体如下:

①路由器发现成为协议不可缺少的部分,使主机能够确定它们的默认路由器。

②在 ND 消息中插入了附加信息,如 MTU 或链路层地址,这减少了链路上需要的信息交换数量,却取得了 IPv4 中相同的结果。

下面是一些示例:在 RA 消息中携带路由器的链路层地址。因此,链路上的所有结点,在没有任何额外的消息流的情况下,知道了这个地址;目标链路层地址,插入在重定向消息中,为接收者节省了额外的地址解析信息交换。

③ MTU 在 RA 中携带,使链路上的所有结点使用一致的 MTU。

④地址解析使用组播组(请求结点组播地址),内嵌目标地址的一部分。因此,只有少数结点(大部分时间仅有目标地址所有者)将被这个地址解析请求打断。而 IPv4 ARP 则只能广播地址解析请求。

⑤有些新的功能是基本协议的一部分,如地址自动配置和邻居不可达性检测,简化了配置。

⑥路由器通告和重定向消息以本地链路地址形式携带路由器地址,这使在主机中的路由器关联信息对重新编址更具有健壮性。在 IPv4 中,当网络每次更改其寻址机制时,在主机上的默认网关信息必须修改。

⑦地址解析位于 ICMP 之上,使之在 ND 消息中可能使用标准的 IP 认证和安全机制。在 IPv4 的 ARP 中不存在这样的机制。

邻居发现协议定义了五种 ICMP 报文类型,它们的功能具体如下:

①路由器请求。当主机的一个接口激活时,主机可以发送路由器请求报文,请求路由器立刻发送路由器应答报文,而不是等到下一周期发送。

②路由器通告。路由器定期或在响应路由器请求报文时,发送路由器通告报文,内容包括地址前缀、最大跳数等。

路由器通告中的地址前缀,包括本地链路地址前缀和自动配置地址前缀;前缀中的标记决定了前缀类型。

主机使用收到的本地链路地址前缀来建立和维护一个列表,用于决定数据包的目的地是在本地链路还是需要通过路由器转发。

路由器通告报文告知主机如何进行地址自动配置。例如,路由器可以指定主机使用状态自动配置(DHCPv6)或无状态自动配置(自动地址配置)。路由器通告报文也包含了互联网参数(如最大跳数),和可选链路参数(如链路 MTU)。可以在路由器上集中配置一些重要参数,然后自动发送给所有相连的主机。

③邻居请求。结点通过发送邻居请求报文,要求目标结点回复链路层地址来完成地址解析。邻居请求报文是一个组播包,其组播地址是目标结点的请求结点组播地址。

邻居请求报文可以用于判断网络中是否有多一个结点拥有同一 IPv6 地址。

④邻居通告。该报文是邻居请求报文的回应,目标结点在邻居通告报文中回复其链路层地址,邻居通告报文是单播。对于通信双方,一对邻居请求通告报文就可以获得对端的链路层地址,因为在邻居请求报文中,包含了数据发起方的链路层地址。

没有收到邻居请求报文时,结点也可以发送邻居通告报文,通告其链路地址的变更。

⑤重定向。路由器告知主机,到达目的地有更好的下一跳。

5. 配置 IPv6 地址

(1)进入三层接口配置模式(见表 3-1-20)

表 3-1-20 进入三层接口配置模式

命令	功能
ZXR10(config)# interface <interface-name>	进入三层接口配置模式

(2)设置接口 IPv6 地址(见表 3-1-21)

表 3-1-21 设置接口 IPv6 地址

命 令	功 能
ZXR10(config-if)# ipv6 enable	使能 IPv6
ZXR10(config-if)# ipv6 address <ipv6-prefix>/<prefix-length>	设置接口 IPv6 地址

(3)设置接口发送 IPv6 报文的最大传输单元 MTU(见表 3-1-22)

表 3-1-22 设置接口发送 IPv6 报文的最大传输单元 MTU

命 令	功 能
ZXR10(config-if)# ipv6 mtu <bytes>	设置接口发送 IPv6 报文的最大传输单元 MTU

(4)设置接口进行重复地址检测的次数(见表 3-1-23)

表 3-1-23 设置接口进行重复地址检测的次数

命 令	功 能
ZXR10(config-if)# ipv6 dad-attemps <number>	设置接口进行重复地址检测的次数

6. IPv6 维护与诊断

为了方便维护与诊断,路由器提供了相关查看和调试命令。

(1)显示 IPv6 接口的简要信息

```
show ipv6 interface [<interface-name>] brief
```

(2)显示路径 MTU 缓存表的信息

```
show ipv6 mtu
```

(3)诊断到某目的地的链路是否正常

```
ping6 <ipv6-address> [{interface vlan <vlan interface number>} | {num <1-65535>} | {size <64-8192>} | {timeout <1-60>}]
```

(4)诊断到某目的地实际经过的路径

```
trace6 <ipv6-address> [{max-ttl <1-254>} | {timeout <1-100>}]
```

(5)打开一个 IPv6 的 Telnet 连接

```
telnet6 <ipv6-address> [interface vlan <vlan interface number>]
```

(6)显示 IPv6 网际控制消息协议(ICMP)报文的调试信息

```
debug ipv6 icmp
```

(7)显示系统接收和发送 IPv6 报文的信息

```
debug ipv6 packet[detail | interface | protocol]
```

(8)设置建立、关闭 IPv6 TCP 连接相关信息的调试开关

```
debug ipv6 tcp driver
```

(9)显示系统接收和发送 IPv6 TCP 报文的信息

```
debug ipv6 tcp packet
```

(10)设置 IPv6 TCP 状态迁移等信息的调试开关

```
debug ipv6 tcptransactions
```

(11)打开所有 IPv6 TCP 调试信息的开关

```
debug ipv6 tcp all
```

(12)打开 IPv6 UDP 调试信息的开关

```
debug ipv6 udp
```

二、了解 RIPng 协议及配置

1. RIPng 简介

RIP 作为一种成熟的路由协议,在 Internet 中有着广泛的应用,特别是在一些中小型网络中。正是基于这种现状,同时考虑到 RIP 与 IPv6 的兼容性问题,IETF 对现有技术进行改造,制定了 IPv6 下的 RIP 标准,即 RIPng(RIP next generation)。

RIPng 是基于 UDP 的协议,并且使用端口号 521 发送和接收数据报。RIPng 的报文大致可分为两类:请求报文和更新报文。

RIPng 的目标并不是创造一个全新的协议,而是对 RIP 进行必要的改造以使其适应 IPv6 的选路要求。因此,RIPng 的基本工作原理与 RIP 是一样的,而在地址和报文格式方面有所不同。

(1)路由地址长度

RIPv1 和 RIPv2 是基于 IPv4 的,使用的地址是 32 位的;而 RIPng 是基于 IPv6 的,使用的地址是 128 位的。

(2)子网掩码和前缀长度

RIPv1 被设计成用于无子网的网络,因此没有子网掩码的概念,这就决定了 RIPv1 不能用于传播变长的子网地址或者用于 CIDR 的无类型地址。RIPv2 增加了子网掩码以体现对子网路由的支持。

IPv6 的地址前缀有明确的含义,因此 RIPng 中不再有子网掩码的概念,取而代之的是前缀长度,在 RIPng 中没有必要区分网络路由、子网路由和主机路由。

(3)协议的使用范围

RIPv1 和 RIPv2 的使用范围被设计成不只局限于 TCP/IP 协议簇,还能适应其他网络协议簇的规定。因此,报文的路由表项中包含网络协议簇字段,但实际上很少被用于其他非 IP 的网络。因此 RIPng 去掉了对这一功能的支持。

(4)对下一跳的表示

在 RIPv1 中没有下一跳的信息,接收端路由器把报文的源地址作为到目的网络路由的下一跳。在 RIPv2 中明确包含了下一跳信息,便于选择最优路由和防止出现选路环路以及慢收敛。

与 RIPv1 和 RIPv2 不同,为防止路由表项(RTE)过长,同时也是为了提高路由信息的传输效率,RIPng 中的下一跳字段是作为一个单独的 RTE 存在的。

(5)报文长度

RIPv1 和 RIPv2 中对报文的长度均有限制,规定每个报文最多只能携带 25 个 RTE。

而 RIPng 对报文长度和 RTE 的数目都不作规定,报文的长度是由介质的 MTU 决定的。RIPng 对报文长度的处理提高了网络对路由信息的传输效率。

(6)安全性考虑

RIPv1 报文中并不包含验证信息,因此也是不安全的。任何通过 UDP 的 520 端口发送分组的主机都会被邻居当作一个路由器,从而很容易造成路由器欺骗。

RIPv2 设计了认证机制来增强安全性。进行路由交换的路由器之间必须通过认证才能接收彼此的路由信息,但是 RIPv2 的安全性还是很不充分的。

IPv6 本身就具有很好的安全性策略,因此 RIPng 中不再单独设计安全性验证报文,而是使用 IPv6 的安全性策略。

(7)报文的发送方式

RIPv1 使用广播来发送路由信息,不仅路由器会接收到协议报文,同一局域网内的所有主机也会接收到协议报文,这样做是不必要的,也是不安全的。

因此,RIPv2 和 RIPng 既可以使用广播也可以使用组播发送报文,这样在支持组播的网络中就可以使用组播来发送报文,大大降低了网络中传播的路由信息的数量。

2. 配置 RIPng

(1)启动 RIPng 进程(见表 3-1-24、表 3-1-25)

①全局启动 RIPng 进程。

表 3-1-24　全局启动 RIPng 进程

命　　令	功　　能
ZXR10(config)# ipv6 router rip	全局启动 RIPng 进程

②配置运行 RIPng 协议的接口。

表 3-1-25　配置运行 RIPng 协议的接口

命　　令	功　　能
ZXR10(config-if)# ipv6 rip enable	配置运行 RIPng 协议的接口

(2)RIPng 增强性配置见(见表 3-1-26 ~ 表 3-1-29)

①在 RIPng 路由配置模式下,配置 RIPng 协议的定时器。

表 3-1-26　配置 RIPng 协议的定时器

命　　令	功　　能
ZXR10(config-router)# timers basic <update> <timeout> <garbage>	配置 RIPng 协议的定时器

②在 RIPng 路由配置模式下,重分发其他协议到 RIPng 协议中。

表 3-1-27　重分发其他协议到 RIPng 协议中

命　　令	功　　能
ZXR10(config-router)# redistribute <protocol> [{metric <1-16>} | {route-map <name>}]	重分发其他协议到 RIPng 协议中

③在 RIPng 路由配置模式下,配置聚合路由。

表 3-1-28　配置聚合路由

命　　令	功　　能
ZXR10(config-router)# summary-prefix X:X::X:X/<0-128>	配置聚合路由

④在全局配置模式下,删除 RIPng 协议收到的路由。

表 3-1-29　删除 RIPng 协议收到的路由

命　　令	功　　能
ZXR10# clear ipv6 rip route [X:X::X:X/<0-128> | all]	删除 RIPng 协议收到的路由

三、熟悉 OSPFv3 配置

1. OSPFv3 简介

IPv6 的 OSPF 协议保留了 IPv4 的大部分算法,从 IPv4 到 IPv6,基本的 OSPF 机制保持不变。IPv6 的 OSPF 协议为 OSPFv3,IPv4 的 OSPF 协议为 OSPFv2。

OSPFv3 和 OSPFv2 都有链路状态数据库,链路状态通告信息(LSA)包含在链路状态数据库中,并且处于同一区域中的路由器的链路状态数据库要保持同步。

数据库同步通过数据库交换过程来完成,这一过程包括交换数据库描述报文、链路状态请求报文和链路状态更新报文。同步后的数据库通过泛洪来维护,使用链路状态更新报文和链路状态确认报文来完成。

在广播型和非广播多路访问(NBMA)网络中,OSPFv3 和 OSPFv2 都采用 Hello 报文来发现与维护邻居关系,并选举 DR 和 BDR。

在其他方面,OSPFv3 和 OSPFv2 也保持一致,如邻居是否相邻、域间路由的基本思想、引入 AS 外部路由等。

2. OSPFv3 和 OSPFv2 的区别

OSPFv2 的大多数概念保留了下来,下面介绍一下 OSPFv3 和 OSPFv2 的区别。

(1)OSPFv3 基于链路运行

IPv6 结点之间的通信是通过链路,而不是子网。一个 IPv6 结点可以在接口上配置多个地址和前缀。即使两个结点不共享一个共同 IP 子网,它们在一个链路上也可以直接对话。OSPFv3 在每个链路,而不是子网之间运行。

(2)删除选址语义

IPv6 地址将不再出现于 OSPFv3 的数据报头中,它们只被允许作为负载信息。

OSPFv2 数据报文和 LSA 中包含有 IPv4 地址,表示路由器 ID、区域 ID 或 LSA 链路状态 ID。OSPFv3 的路由器 ID、区域 ID 和 LSA 链路状态 ID 仍然为 32 位,所以它们不能用 IPv6 地址表示。

OSPFv2 广播和 NBMA 网络使用 IPv4 地址标识邻居,而 OSPFv3 使用路由器 ID 标识邻居。OSPFv2 LSA(路由器 LSA 和网络 LSA)包含 IP 地址,IP 地址在链路状态数据库中被用于描述网络拓扑。OSPFv3 路由器 LSA 和网络 LSA 只表示拓扑信息,它们以独立于网络协议的方式描述网络拓扑。IPv6 使用接口 ID,而不是 IP 地址来标识链路。路由器上的每个接口都有一个唯一的接口 ID。邻居和指定路由器(DR)总是由它们的路由器 ID 而不再是 IP 地址来标识。

在 OSPFv3 中,每个 LSA 类型都包含一个明确的代码以确定其泛洪范围。OSPFv3 路由器即使不能识别某一 LSA 的类型,也知道如何泛洪数据包。有三种泛洪范围:本地链路、区域和 AS(自治系统)。

在扩展的 LSA 类型字段中包含了泛洪范围、未知类型处理位和 LSA 类型,前三位表示泛洪范围和未知类型处理位。通过设置未知类型处理位,路由器可以在本地链路范围内泛洪未知 LSA,或者将其当作已知 LSA 进行存储和泛洪。表 3-1-30 和表 3-1-31 所示为泛洪范围和未知类型处理位的数值。

表 3-1-30　泛洪范围的数值

泛洪范围的数值(二进制)	描　述
00	本地链路,仅在数据包的始发链路上泛洪
01	区域,在数据包的始发区域内泛洪
10	AS,在整个 AS 内泛洪
11	保留

表 3-1-31　未知类型处理位的数值

未知类型处理位的数值	描　述
0	在本地链路范围内泛洪未知 LSA
1	将未知 LSA 当作已知 LSA 进行存储和泛洪

(3)每个链路上支持多个实例

多个 OSPFv3 协议实例可以在单个链路上运行,这在多个区域共享单个链路时比较有用。

(4)本地链路地址的使用

由于 IPv6 路由器的每个接口都被分配了一个本地链路地址,OSPFv3 使用这些本地链路地址作为协议数据包的源地址。本地链路地址共享相同的 IPv6 前缀(FE80::/64),因此 OSPFv3 结点之间可以很容易地通信和建立邻接关系。

(5)删除认证

认证已经从 OSPFv3 中删除了,因为它依赖于 IPv6 认证。

(6)新 LSA 和 LSA 格式改变

在 OSPFv3 中,OSPFv2 LSA 的大部分功能都被保留下来,但有一些 LSA 字段被修改,有的 LSA 被重新命名。新 LSA 被加到 OSPF 中,用于携带 IPv6 地址和下一跳信息。

OSPFv2 LSA 报头包含如下字段:时间(age)、可选项(options)、类型(type)、链路状态 ID(link state ID)、通告路由器(advertising router)、序号(sequence number)、校验和(checksum)和长度(length)。OSPFv3 LSA 将可选项字段从报头中移走,将其从 8 位扩展到 24 位,放在 Router-LSA、Network-LSA、Inter-Area-Router-LSA 和 Link-LSA 中。类型字段扩展到 16 位,使用原来可选项字段的空间。剩下的报头字段保持不变。

LSA 类型字段由未知类型处理、泛洪范围和 LSA 功能代码组成。图 3-1-3 所示为 LSA 类型字段。

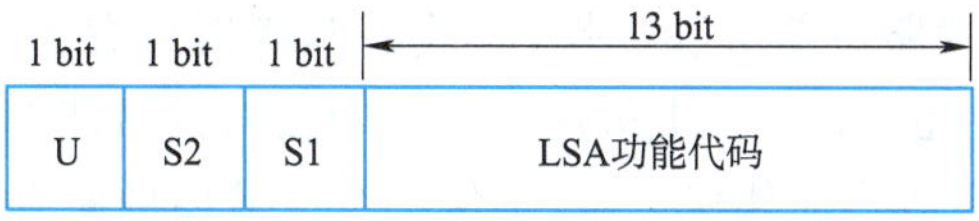

图 3-1-3　LSA 类型字段

U 定义了未知 LSA 类型的处理,如果设为 1,将未知 LSA 当作已知 LSA 进行存储和泛洪;如果设为 0,在本地链路范围内泛洪未知 LSA。S2 和 S1 表示泛洪范围。表 3-1-32 列出了每个 LSA 的功能代码。

表 3-1-32　每个 LSA 的功能代码

LSA 的功能代码	数　值	LSA 类型
1	0x2001	Router-LSA
2	0x2002	Network-LSA
3	0x2003	Inter-Area-Prefix-LSA
4	0x2004	Inter-Area-Router-LSA
5	0x4005	AS-External-LSA
6	0x2006	Group-Membership-LSA
7	0x2007	Type-7-LSA
8	0x2008	Link-LSA
9	0x2009	Intra-Area-Prefix-LSA

从表 3-1-32 可以看出,两个 OSPFv2 summary LSA 已经被重命名,另外有两个新的 LSA:Link-LSA 和 Intra-Area-Prefix-LSA。

Router-LSA 类型的数值为 0x2001,前三位是 001(二进制数),表示该 LSA 类型的 U 位为 0,意味着如果 LSA 类型对于接收路由器是未知的,它应该将该 LSA 在本地链路范围内泛洪。如果路由器能够识别 LSA 类型,它应该根据 S2 和 S1 来泛洪 LSA。Router-LSA 类型的 S2S1 的值为 01,LSA 应该在整个区域内泛洪。

AS-External-LSA 的值为 0x4005,表示 S2S1 的值为 10,LSA 应该在整个 AS 内泛洪。在 OSPFv3 中,OSPFv2 的类型 3 的网络汇总 LSA 被重命名为 Inter-Area-Prefix-LSA。该 LSA 被 ABR 用于将区域外的路由通告到区域中。类型 4 的 ASBR 汇总 LSA 被重命名为 Inter-Area-Router-LSA。该 LSA 被 ASBR 使用,用于通告 ASBR 外部路由到区域中。

LSA 可选字段在 OSPFv3 中由 8 位扩展到 24 位。该字段出现在 hello 数据包、数据库描述数据包和某些 LSA(Router-LSA、Network-LSA、Inter-Area-Router-LSA 和 Link-LSA)。路由器使用 LSA 可选字段互相通知它们各自支持的可选功能,允许具有不同功能的路由器在同一 OSPF 路由域内共存。下面解释在可选字段中使用的位,当前只有 6 位可以使用。

(1)V6

指出这个路由器支持 IPv6 的 OSPF,如果设置为 0,这个路由器将只参与拓扑分发,而不转发 IPv6 数据包。

(2)E

和 OSPFv2 一样,当始发路由器可以接收 AS 外部 LSA 时设置 E=1。Stub 区域内的所有始发 LSA 都设置 E=0。该位还可以用于 hello 报文,表明接口是否能够发送和接收 AS 外部 LSA。E 位不匹配的邻居路由器不能形成邻接关系,确保一个区域内的所有路由器都支持 stub。

(3)MC

当始发路由器可以转发 IP 组播数据包时设置该位,MOSPF 使用该位。

(4)N

只在 Hello 报文中使用。设置该位表示始发路由器支持 NSSA 外部 LSA。如果 N=0,始发路由器不能发送和接收 NSSA 外部 LSA。N 位不匹配的邻居路由器不能形成邻接关系。如果 N=1,则 E 必须为 0。

(5)R

设置 R 位表示路由器是活动的。如果设置 R = 0,OSPF 路由器将只参与拓扑分发,不参与数据转发。这个可以用于一个只想参与路由计算,不想转发数据的多宿主结点。V6 位与 R 位相关,如果 R = 1,而 V6 = 0,路由器将不转发 IPv6 报文,但转发其他协议的报文。

(6)DC

当路由器能够在按需链路上支持 OSPF 时,设置该位。

与 OSPFv2 可选字段(T、E、MC、N/P、EA、DC)相比,可以发现 OSPFv3 做了一些改变。在 OSPFv3 中不支持 ToS,所以 T 位被取代。N 位仍然只用于 Hello 报文。P 位是 OSPFv3 另一组可选项的一部分,前缀可选项与每个通告的前缀关联。OSPFv2 EA 位表示支持外部属性 LSA。外部属性 LSA 被提议作为 IBGP 替代者,用于在 OSPF 域内传输 BGP 信息,仍然被 OSPFv3 支持。

新的链路 LSA 被用于在同一链路的路由器之间交换 IPv6 前缀和地址信息,它也被用于通告一组和 Network-LSA 相关的可选项。链路 LSA 提供路由器的本地链路地址和前缀列表。该 LSA 在链路上通过组播发送给所有路由器。

3. OSPFv3 协议配置

(1)启动 OSPFv3(见表 3-1-33 ~ 表 3-1-35)

①启动 OSPFv3 进程。

表 3-1-33　启动 OSPFv3 进程

命　　令	功　　能
ZXR10(config)# ipv6 router ospf < process-id >	启动 OSPFv3 进程

②在 OSPFv3 路由配置模式下,配置 OSPFv3 进程的 Router ID。

表 3-1-34　配置 OSPFv3 进程的 Router ID

命　　令	功　　能
ZXR10(config-router)# router-id < router-id >	配置 OSPFv3 进程的 Router ID

③在接口配置模式下,配置接口到 OSPFv3 协议中。

表 3-1-35　配置接口到 OSPFv3 协议中

命　　令	功　　能
ZXR10(config-if)# ipv6 ospf < process-id > area < area-id > [instance-id <0-255 >]	配置接口到 OSPFv3 协议中

(2)配置 OSPFv3 接口属性(见表 3-1-36)

表 3-1-36　配置 OSPFv3 接口属性

命　　令	功　　能
ZXR10(config-if)# ipv6 ospf hello-interval < interval > [instance-id <0-255 >]	指定接口上 hello 报文的时间间隔
ZXR10(config-if)# ipv6 ospf retransmit-interval < interval > [instance-id <0-255 >]	指定接口重传 LSA 的时间间隔
ZXR10 (config-if) # ipv6 ospf transmit-delay < interval > [instance-id <0-255 >]	指定接口传输一个链路状态更新数据报文的迟延

续表

命　令	功　能
ZXR10 (config-if) # ipv6 ospf dead-interval < interval > [instance-id < 0-255 >]	指定接口上邻居的老化时间
ZXR10(config-if) # ipv6 ospf cost < cost-value > [instance-id < 0-255 >]	设置接口的花费值
ZXR10(config-if) # ipv6 ospf priority < value > [instance-id < 0-255 >]	设置接口优先级

(3)配置 OSPFv3 协议属性(见表 3-1-37)

表 3-1-37　配置 OSPFv3 协议属性

命　令	功　能
ZXR10(config-router) # area < area-id > default-cost < cost-value >	配置区域的默认度量值
ZXR10(config-router) #area < area-id > range {X:X::X:X/ < 0-128 > } [advertise | not-advertise]	配置区域的聚合地址范围
ZXR10(config-router) #area < area-id > stub [no-summary]	定义一个区域为 stub 区域
ZXR10(config-router) #area < area-id > virtual-link < router-id > [h ello-interval < seconds >] [retransmit-interval < seconds >] [transmit-delay < seconds >] [dead-interval < sec onds >]	定义 OSPF 虚链路
ZXR10(config-router) #default-metric < metric-value >	设置 OSPFv3 协议的默认度量值,该值分配给重分发路由
ZXR10(config-router) #passive-interface < ifname >	禁止启动 OSPFv3 的接口发送 OSPFv3 报文
ZXR10 (config-router) # redistribute < protocol > [metric < metric-value >] [metric-type < type >] [route-map < name >]	将其他协议的路由重分发到 OSPFv3 协议中
ZXR10(config-router) #timers spf < delay > < holdtime >	设置 OSPFv3 协议计算路由的时间间隔,参数 < delay > 设置从收到路由更新到重新计算路由的时间间隔;参数 < holdtime > 设置前后两次路由计算之间的时间间隔

(4)OSPFv3 的维护与诊断

OSPFv3 维护与诊断过程中的常用命令如下:

①显示 OSPFv3 的实例信息:

```
show ipv6 ospf < tag
```

②显示 OSPFv3 实例的数据库信息:

```
show ipv6 ospf database
```

③显示 OSPFv3 实例的接口信息:

```
show ipv6 ospf interface[ < ifname > ]
```

④显示 OSPFv3 实例的邻居信息:

```
show ipv6 ospf neighbor
```

⑤显示 OSPFv3 实例计算出的路由信息:

```
show ipv6 route ospf
```

⑥显示 OSPFv3 实例的虚拟链路信息：

```
show ipv6 ospf virtual-links
```

设备提供了如下 debug 命令对 OSPFv3 协议进行调试，跟踪相关信息：

①对 OSPFv3 协议运行的邻接情况进行跟踪：

```
debug ipv6 ospf adj
```

②对 OSPFv3 协议运行的 LSA 情况进行跟踪：

```
debug ipv6 ospf lsa-generation
```

③对 OSPFv3 协议运行的报文收发情况进行跟踪：

```
debug ipv6 ospf packet
```

任务小结

通过本任务的学习，应掌握 IPv6 的特点、应用、优势、关键技术及发展现状。

※思考与练习

简答题

1. 如何配置 OSPFv3 进程的 Router ID？
2. 如何设置接口的花费值？

实战篇

引言

截至2024年6月底，中国电信移动用户规模突破4.2亿户，5G套餐用户渗透率达78%，其中2024年1月新增5G用户超600万户。固定宽带领域，全国互联网宽带接入端口总量突破13亿个，较2019年增长44%，光纤接入(FTTH/O)端口占比提升至97.5%，全国行政村通光纤率于2021年已实现100%全面覆盖。

我国固定宽带用户规模已达6.8亿户，较2019年增长56%。家庭宽带普及率达96.2%，人口普及率提升至48.3%，稳居全球前列。城乡宽带普及率差距较2019年缩小6.2个百分点，中西部地区与东部地区差距收窄4.3个百分点。全光网建设持续深化，光纤用户规模达6.5亿户，在宽带用户中占比超95.6%，自2017年起保持全球首位。

千兆网络覆盖取得突破性进展，500 Mbit/s及以上用户占比达83.7%，其中千兆用户规模突破3.8亿户。全国固定宽带平均接入速率提升至612 Mbit/s，较2019年增长3.4倍。据宽带发展联盟最新报告，2024年第二季度全国固定宽带平均下载速率达152 Mbit/s，5G移动网络平均下载速率突破480 Mbit/s，网络质量进入全球第一梯队。

资费水平持续优化，2024年上半年固定宽带户均支出降至24.8元/月，较2019年下降30.9%。根据国际电信联盟最新报告，我国固定宽带资费水平在全球185个经济体中位列第9位，资费可承受性指数连续五年居G20国家首位。

学习目标

- 掌握交换机的基本配置方法。
- 掌握路由器的基本配置方法。

知识体系

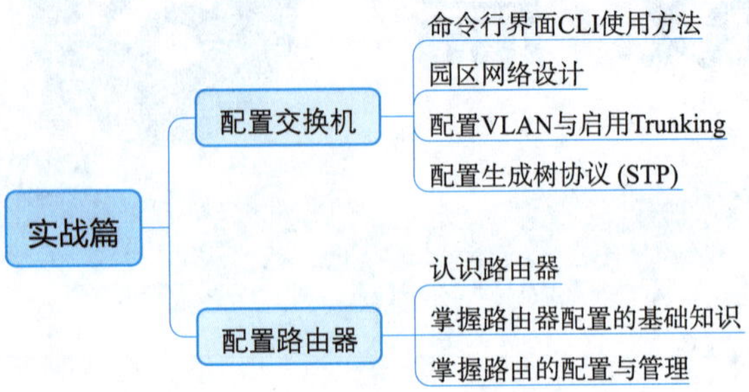
实战篇
配置交换机
命令行界面CLI使用方法
园区网络设计
配置VLAN与启用Trunking
配置生成树协议 (STP)
配置路由器
认识路由器
掌握路由器配置的基础知识
掌握路由的配置与管理

项目四

配置交换机

任务一　命令行界面 CLI 使用方法

微视频

命令行界面
CLI使用方法

任务描述

介绍数据通信系统中交换机的工作过程及作用，重点讨论 CLI(command-line interface，命令行界面)配置方式和技巧。

任务目标

- 识记：CLI 配置方式。
- 掌握：CLI 配置技巧。
- 应用：CLI 配置过程。

任务实施

交换机又称交换式集线器，是专门设计用来使各种计算机能够相互高速通信的独享带宽的网络设备。集线器只对信号做简单的再生与放大，所有设备共享一个传输介质，设备必须遵循 CSMA/CD 方式进行通信。而交换机能够读取数据包中的 MAC 地址信息并根据 MAC 地址来进行交换，且每个端口都独享带宽。作为高性能的集线设备，交换机已经逐步取代了集线器而成为计算机局域网的关键设备。

交换机设备的提供商主要有思科、华为和中兴公司等，下面简要介绍几种型号的交换机。

图 4-1-1 所示为 Cisco Catalyst 1900 系列以太网交换机的面板结构。Cisco Catalyst 1900 系列交换机具有固定的端口类型，该交换机只对工作站提供 12 个(1912 型)或 24 个(1924 型) 10 Base-T 的 RJ-45 端口，对上行线路提供 100 Base 或 100 Base-Fx 的 RJ-45 端口，且有一个或两个快速以太网端口。若要将这两个端口连接到另一个交换机上作为上行线路，必须使用交叉线。另外，新型的以太网交换机可支持 10/100 Mbit/s 自适应的 RJ-45 端口，如要求连接光缆，则需要另配光电转换器。

图 4-1-1 Cisco Catalyst 1900 系列以太网交换机的面板结构

图 4-1-2 所示为中兴 ZXR10 5260-S 全千兆智能接入交换机。该交换机提供高密度千兆接入和千兆/万兆上行接口，具备完善的二层交换和三层路由功能，支持丰富的安全和可靠性机制，以太网供电(PoE/PoE +)，设备零部署和 EEE 绿色节能规范，可应用于企业园区接入场景和 WLAN 承载等需求。其功能有：支持丰富的二层交换功能，同时支持三层路由特性，包括静态路由、策略路由、RIP、OSPF、RIPng、OSPFv3；支持全面的 L2/L3 组播特性，支持 IGMP Snooping、过滤、代理、快速离开、MVR 等；支持 IGMP、PIM-SM、PIM-DM、PIM-SSM 以及 MSDP 等组播路由协议；支持 ND、IPv6 Ping、IPv6 Tracert、IPv6 Telnet、IPv6 ACL、DHCPv6 Snooping 等 IPv6 特性。

图 4-1-3 所示为华为 S5735-S-V2 系列交换机，基于新一代高性能硬件和华为公司统一的软件平台，具有增强的三层特性、简易的运行维护、灵活的以太组网、成熟的 IPv6 特性等特点，广泛应用于企业园区接入和汇聚、数据中心接入等多种应用场景。支持 4094 VLAN、Voice VLAN、MUX VLAN 功能；支持基于 MAC/协议/IP 子网/策略/端口的 VLAN；支持静态路由、RIPv1/2、RIPng、OSPF、OSPFv3、ECMP、ISIS、ISISv6、BGP、BGP4 +。

图 4-1-2 中兴 ZXR10 5260-S

图 4-1-3 华为 S5735-S-V2 系列交换机

一、讨论交换机的工作原理和工作方式

1. 交换机的工作原理

交换机内部有一个地址表，这个表标明了 MAC 地址与交换机端口的对应关系。当交换机从某个端口收到一个数据包，首先读取包头中的源 MAC 地址，这样就知道源 MAC 地址的机器是连在哪个端口上。接着读取包头中的目的 MAC 地址，并在地址表中查找相应的端口。若表中有与该目的 MAC 地址对应的端口，则把数据包直接复制到这个端口上；若表中找不到相应的端口，则把数据包广播到所有端口上。当目的机器对源机器回应时，交换机又可以学习到目的 MAC 地址与哪个端口对应，若下次再向该数据端口发送数据时就无须再向所有端口进行广播了。不断地循环这个过程，对于全网的 MAC 地址信息都可以学习到，交换机就是这样建立和维护自己的地址表。因此，交换机主要包括地址学习、转发/过滤和避免环路三个功能。

由于 MAC 地址表保存在交换机的内存之中，故当交换机启动时，MAC 地址表是空的，如图 4-1-4 所示。

此时工作站 A 给工作站 C 发送一个单播数据帧，交换机通过 E0 口收到了这个数据帧，读取数据帧的源 MAC 地址后将工作站 A 的 MAC 地址与端口 E0 关联，记录到 MAC 地址表中。

此外，由于该数据帧的目的 MAC 地址对交换机来说是未知的，为了让该帧数据能够到达目的地，交换机执行泛洪操作，即从除了进入端口外向所有其他端口转发，如图 4-1-5 所示。

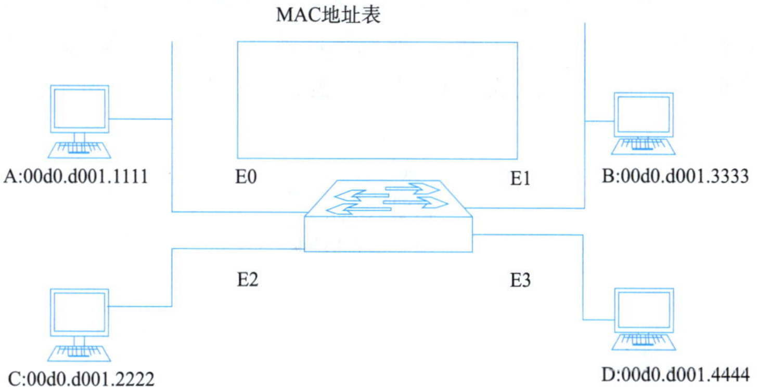

图 4-1-4 交换机功能 1

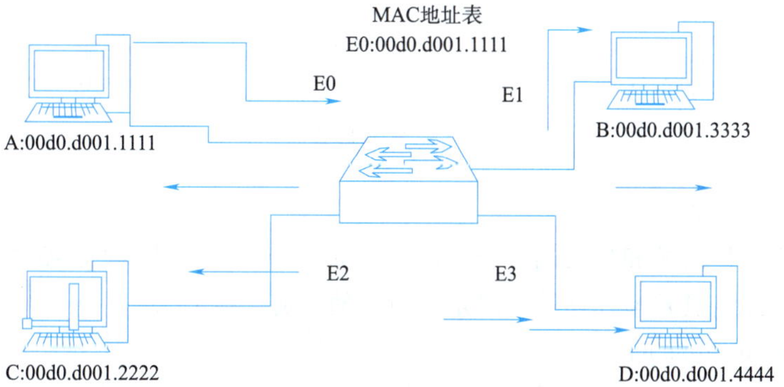

图 4-1-5 交换机功能 2

工作站 D 发送一个数据帧给工作站 C 时，交换机执行相同的操作，通过这个过程交换机学习到了工作站 D 的 MAC 地址，与端口 E3 关联并记录到 MAC 地址表中。另外，由于此时该数据帧的目的 MAC 地址对交换机来说仍然是未知的，为了让该帧数据能够达到目的地，交换机仍然执行泛洪操作，如图 4-1-6 所示。

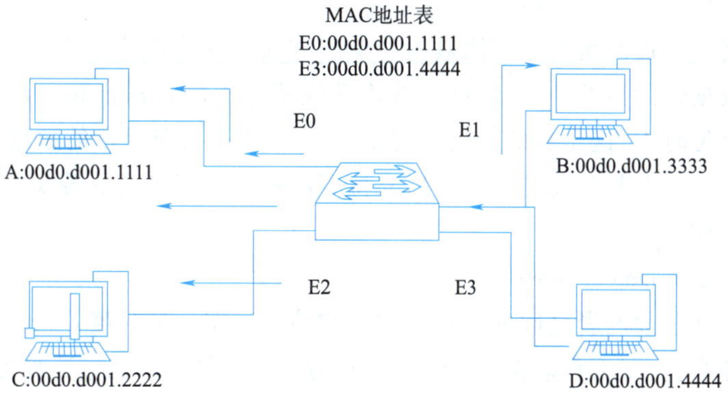

图 4-1-6 交换机功能 3

所有的工作站都发送过数据帧后,交换机学习到了所有的工作站的 MAC 地址与端口的对应关系,并记录到 MAC 地址表中。

此时工作站 A 再给工作站 C 发送一个数据帧时,交换机检查到了此帧的目的 MAC 地址已经存在 MAC 地址中,并和 E2 端口相关联,交换机将此数据帧直接向 E2 端口转发,即做转发决定。那么,对其他的端口不再转发此数据帧,即做过滤操作,如图 4-1-7 所示。

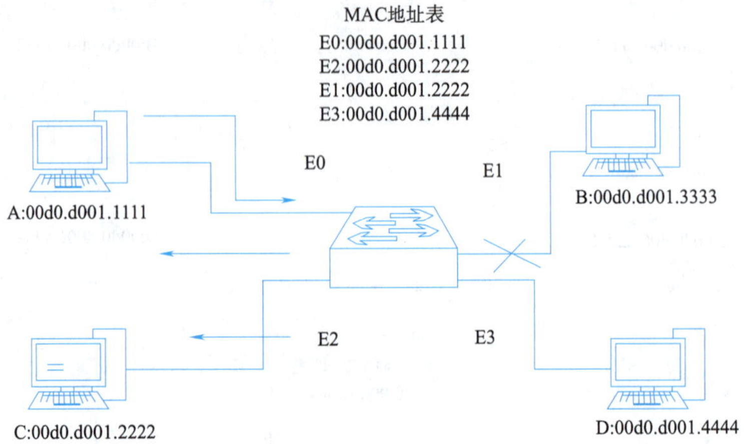

图 4-1-7　交换机功能 4

2. 交换机的工作方式

目前,交换机在传送源和目的端口的数据包时通常采用直通式、存储转发式和碎片隔离式三种数据包交换方式,且目前存储转发式是交换机的主流交换方式。

(1)直通式(cut through)

直通式的以太网交换机可以理解为在各端口间是纵横交叉的线路矩阵电话交换机。它在输入端口检测到一个数据包时,检查该包的包头,获取包的目的地址,启动内部的动态查找表转换成相应的输出端口,在输入与输出交叉处接通,把数据包直接通到相应的端口,实现交换功能。直通方式具有不需要存储、延迟非常小、交换非常快等优点。其缺点是由于数据包内容并没有被以太网交换机保存下来,所以无法检查所传送的数据包是否有误,不能提供错误检测能力;另外,由于没有缓存,不能将具有不同速率的输入输出端口直接接通,而且容易丢包。

(2)存储转发式(store forward)

存储转发式是计算机网络领域应用最为广泛的方式。它检查输入端口的数据包,在对错误包处理后才取出数据包的目的地址,通过查找表转换成输出端口送出包。正因如此,存储转发方式在数据处理时延时大,这是它的不足。但是它可以对进入交换机的数据包进行错误检测,有效地改善网络性能。尤其重要的是它可以支持不同速度的端口间的转换,保持高速端口与低速端口间的协同工作。

(3)碎片隔离式(fragment free)

碎片隔离式是介于前两者之间的一种方式。它检查数据包的长度是否够 64 字节。如果小于 64 字节,说明是假包,则丢弃该包;如果大于 64 字节,则发送该包。这种方式也不提供数据校验,它的数据处理速度比存储转发式快,但比直通式慢,但由于能够避免残帧的转发,所以被广泛应用于低档交换机中。

3. 路由交换机

传统局域网常采用交换机来组建，因为交换机工作在数据链路层，故称为二层交换机。它是根据帧的物理地址来转发数据帧，速度快。但划分虚拟局域网（VLAN）后，不同 VLAN 之间的数据通信不能直接跨越 VLAN 边界，这时需要使用路由功能将报文从一个 VLAN 转发到另一个 VLAN。为避免 IP 地址的浪费，由此产生了三层交换技术。

路由交换机（又称三层交换机）使用硬件技术，采用巧妙的处理方法把二层交换机和路由器在网络中的功能集成到一个盒子里，是将路由技术与交换技术合二为一的一种新的交换技术，即三层交换技术。它是通过使用硬件交换机构实现 IP 路由功能，从而提高路由过程的效率，加强帧的转发能力。

路由交换机的基本原理如下：假设两个使用 IP 的站点 A、B 通过三层交换机进行通信，发送站点 A 在开始发送时，把自己的 IP 地址与 B 站的 IP 地址比较，判断 B 站是否与自己在同一子网内。若目的站 B 与发送站 A 在同一子网内，则进行二层的转发；若两个站点不在同一子网内，如发送站 A 要与目的站 B 通信，发送站 A 要向"默认网关"发出 ARP（地址解析）封包，而"默认网关"的 IP 地址其实是三层交换机的三层交换模块。当发送站 A 对"默认网关"的 IP 地址广播出一个 ARP 请求时，如果三层交换模块在以前的通信过程中已经知道 B 站的 MAC 地址，则向发送站 A 回复 B 的 MAC 地址。否则，三层交换模块根据路由信息向 B 站广播一个 ARP 请求，B 站得到此 ARP 请求后向三层交换模块回复其 MAC 地址，二层交换模块保存此地址并回复给发送站 A，同时将 B 站的 MAC 地址发送到二层交换引擎的 MAC 地址表中。从这以后，A 向 B 发送的数据包便全部交给二层交换处理，信息得以高速交换。由于仅仅在路由过程中才需要三层处理，绝大部分数据都通过二层交换转发，因此三层交换机的速度很快，接近二层交换机的速度，同时比相同路由器的价格低很多。

路由交换机在对第一个数据流进行路由后会产生一个 MAC 地址与 IP 地址的映射表，当同样的数据流再次通过时，将根据此表直接从二层通过而不是再次路由，从而消除路由器进行路由选择而造成的网络延迟，提高了数据包转发效率。可见，路由交换机既具有三层路由的功能，又具有二层交换的网络速度，相对于二层交换机具有很大的网络优越性，可以给网络的建设带来许多好处。

其特性如下：

①高可扩充性。三层交换机在连接多个子网时，子网只是与第三层交换模块建立逻辑连接，不需要增加端口。

②高性价比。三层交换机具有连接大型网络的能力，功能基本上可以取代某些传统路由器，但是价格却接近二层交换机。

③内置安全机制。三层交换机可以与普通路由器一样，具有访问列表的功能，可以实现不同 VLAN 间的单向或双向通信。如果在访问列表中进行设置，可以限制用户访问特定的 IP 地址，这样就可以禁止非法网站访问站点。

④适合多媒体传输。网络中经常需要传输多媒体信息，特别是教育网。三层交换机具有 QoS（服务质量）的控制功能，可以给不同的应用程序分配不同的带宽。

⑤计费功能。由于三层交换机可以识别数据包中的 IP 地址信息，因此可以统计网络中计算机的数据流量，按流量进行计费；也可以统计计算机连接在网络上的时间，按时间进行计费。而对于普通的二层交换机就难以同时做到这两点。

在实际应用过程中,处于同一个局域网中的各个子网的互联及局域网中 VLAN 间的路由,用三层交换机来代替路由器;而只有局域网与公网互联之间要实现跨地域的网络访问时才通过路由器。

图 4-1-8 所示为中兴 ZXR10 5950 千兆路由交换机。该交换机是采用国产自主创新核心芯片和中兴通讯自主知识产权操作系统平台的产品,基于 SDN 架构,支持 VxLAN、NETCONF/YANG、纵向虚拟化等先进技术,提供高密度千兆接入和万兆上行接口,具备丰富的二层交换和三层能力,可广泛应用于园区网络汇聚和接入层,为金融、交通、能源、政务、商业等各行业用户提供高效、安全的网络解决方案。支持 IPv4/v6 双协议栈,可以实现基于硬件的 IPv4/IPv6 全线速转发,支持 IPv4/IPv6 的静态路由,支持 RIP、OSPF、ISIS、BGP 等 IPv4 单播路由协议,支持 IGMP、PIM-SM、PIM-DM 等组播路由协议;支持 RIPng、OSPFv3、ISISv6、BGP4 + 等 IPv6 单播路由协议;支持 MLD v1/v2、MLD snooping、PIMv6 组播协议;支持 IPv4/IPv6 隧道技术,包括手工隧道、6to4 隧道、ISATAP 隧道等隧道技术;支持 IPv6 的 ACL、QoS、组播和网管,充分实现网络从 IPv4 到 IPv6 的平滑升级。

图 4-1-8　中兴 ZXR10 5950 千兆路由交换机

4. 四层交换机

当今世界已经步入信息时代,随着社会的迅速发展,以及人们对网络应用需求的不断提高,对网络速度及带宽的要求不断上升。因此,许多高速交换的新技术不断涌现,第二层交换实现局域网内主机间的快速信息交流,第三层交换可以说是交换技术与路由技术的完美结合。下文将要介绍的四层交换技术则可以为网络应用资源提供最优分配,实现应用服务的负载均衡。

四层交换机在完成信息的交换与传输时,不仅仅依据 MAC(第二层网桥)或源/目标 IP 地址(第三层路由),而且依据 TCP/UDP(第四层)应用端口号,其功能就像是虚拟 IP,指向物理服务器,在第四层完成交换则由源端和终端 IP 地址、TCP 和 UDP 端口共同决定。

网络中采用第四层交换机,其主要功能技术如下:

(1)数据包过滤

采用第四层信息去定义过滤规则不仅能配置允许或禁止 IP 子网间的连接,还可以控制指定 TCP/UDP 端口的通信。和传统的基于软件的路由器不一样,主要区别就在于这种过滤能力是在 ASIC 专用高速芯片中实现的,从而使这种安全过滤控制机制可以全速地进行,极大地提高了包过滤速率。

(2)服务质量

在网络系统的层次结构中,TCP/UDP 四层信息,主要用于建立应用级通信优先权限。若没有第四层交换概念,服务质量/服务级别必然受制于第二层和第三层提供的信息,如 MAC 地址、交换端口、IP 子网或 VLAN 等。显然,在信息通信中,因缺乏第四层信息而受到妨碍时,紧急应用的优先权无从谈起,这将大大阻碍紧急应用在网络中的迅速传输。第四层交换机允许用基于目的地址、目的端口号(应用服务)的组合区分优先级,于是紧急应用可以获得网络的高级别服务。

(3)负载均衡

在核心网络系统中,四层交换机担负着服务器间的负载均衡,是一项非常重要的应用。第四层交换机所支持的服务器负载均衡方式,是将附加有负载均衡服务的 IP 地址,通过不同的物理服务器组成一个集,共同提供相同的服务,并将其定义为一个单独的虚拟服务器。这个虚拟服务器是一个有单独 IP 地址的逻辑服务器,用户数据流只需指向虚拟服务器的 IP 地址,而不直接和物理服务器的真实 IP 地址进行通信。只有通过交换机执行网络地址转换(NAT)后,未被注册 IP 地址的服务器才能获得被访问的能力。这种定义虚拟服务器的另一好处是,在隐藏服务器的实际 IP 地址后,可以有效地防止非授权访问。

(4)主机备用连接

主机备用连接为端口设备提供了冗余连接,从而在交换机发生故障时有效保护系统,此种服务允许定义主备交换机,同虚拟服务器定义一样,它们有相同的配置参数。出于第四层交换机共享相同的 MAC 地址,备份交换机接收和主交换机全部一样的数据,这使得备份交换机能够监视主交换机服务的通信内容。主交换机持续地通知备份交换机第四层的有关数据、MAC 数据以及它的电源状况。主交换机失败时,备份交换机就会自动接管,不会中断对话或连接。

(5)统计与报告

通过查询第四层数据包,第四层交换机能够提供更详细的统计记录。这样,管理员可以收集到更详细的哪一个 IP 地址在进行通信的信息,甚至可根据通信中涉及哪一个应用层服务来收集通信信息。当服务器支持多个服务时,这些统计对于考察服务器上每个应用的负载尤其有效。增加的统计服务对于使用交换机的服务器负载平衡服务连接同样十分有用。

例如,思科公司生产的 Cisco Catalyst 4500 系列四层交换机能够为第 2、3、4 层交换提供集成式弹性,因而能进一步加强对融合网络的控制。Cisco Catalyst 4506 型四层交换机如图 4-1-9 所示。

图 4-1-9 Cisco Catalyst 4506 型四层交换机

Cisco Catalyst 4506 提供六个插槽;硬件和软件中都采用集成式冗余性,能够缩短停机时间,从而提高生产率、利润率和客户成功率;能够通过智能网络服务将控制扩展到网络边缘,包括高级服务质量(QoS)、可预测性能、高级安全性、全面管理和集成式弹性。

二、学习互联网络操作系统(ROSng)软件

中兴 ROSng 软件支持通过 CLI 或 Web 浏览器的方式访问。CLI 方式的访问可以通过 Console 端口、Telnet 或者 SSH 来实现。用户可以通过用户级别或特权级别执行 ROSng 软件中的命令。用户级别提供了基本的系统信息和远程连接的命令,特权模式提供了查看交换机所有信息、配置编排、调试命令的全部方法。

ROSng 软件提供多种级别的配置模式,使用户可针对各种各样的需求来对交换机进行配置。ROSng 软件支持通过 VLAN 数据库模式来配置、修改 VLAN 和 VLAN 中继协议(VTP)的信息。

上下文敏感的帮助系统可在任何用户提示符下提供命令语法及命令选择帮助。ROSng 软件执行过的历史命令,可以被保存下来,这些命令也可以被编辑并重新使用。

ROSng 软件有两种基本的用户模式用于交换机管理,还有许多的其他模式用来调控交换机的位置。下面介绍如何进入这些模式及如何使用可选项来配置交换机。

1. 用户界面模式

(1)用户 EXEC 模式

```
Switch >
```

用户可以通过 Console 端口或 Telnet 会话方式连接到一台交换机。默认情况下,初始访问到一台交换机时,用户将处于用户 EXEC 模式,此模式可提供一组有效的命令。当连接到交换机时,可能需要输入一个用户级别的密码(password)。

(2)特权 EXEC 模式

```
Switch > enable
password:[password]
Switch#
```

当用户处于用户执行模式时,可使用命令 enable 来进入特权 EXEC 模式,该模式又称 enable 模式。此模式下可以使用所有命令。想要离开特权 EXEC 模式,可使用命令 disable 或 exit。

(3)配置模式

```
Switch# configure terminal
```

从特权 EXEC 模式可以进入配置模式。配置模式下可以输入命令来配置任何 IOS 软件镜像所支持的交换机特性。当用户处在配置模式,可对交换机上的活动内存进行管理。无论何时,当在配置模式下,输入一条有效的命令后按【Enter】键,内存内容将立即随之改变。

配置模式是以层次化的方式建立起来的。比如全局配置模式下配置的命令将影响整台交换机;而接口配置模式下的命令用于配置交换机的接口。所以,用户可根据想要配置的内容在多种模式之间切换。想要从高级别的配置模式进入低级别的配置模式,可以输入命令 exit。

2. 用户界面特性

(1)命令的输入

```
Switch >, Switch#, Switch(config)# command
Switch >, Switch#, Switch(config)# no command
```

命令可以在任何模式(EXEC、全局配置模式、接口配置模式、子接口配置模式、VLAN 模式等)下输入。想要启用某个特性或参数,通常输入相应命令及选项即可,即上面的 command。想要停用一个正生效的命令,可在原命令前面加 no。查看当前生效命令有哪些,可以在特权模式下使用 show running-config 这条命令。

命令及其附带的选项可以被尽可能地简化,前提是不会出现不确定的命令。

用户可以使用左右方向键在命令行中移动光标以实现光标的目的,如果输入额外的字符,那么原命令将被新字符分隔开。

(2)上下文敏感帮助

用户可以在命令行中任意位置输入问号(?)来从交换机获取额外的信息。问号也可以使用在命令后面、关键字后面或者一个选项的后面不加空格而直接输入问号,将列出所有以问号前面的字符串开头的可用命令。这种输入问号的方法在处理不确定的命令或标记为错误的缩写命令时很有用。

如果一个缩写命令没有歧义时,可以在缩写命令后面按【Tab】键。缩写命令会自动补全成完整命令。

如果输入的命令行语法不正确,交换机将返回一条错误信息。

被检测出的语法错误的位置用插入符号(^)命令下方标出。

(3)历史命令

(可选)设置保存的命令数量(默认 10 条)。可使用以下命令来设置当前终端会话上的历史命令数量。

```
Switch#terminal history[ size lines]
```

可使用以下命令来设置端口上所有会话的历史命令条数。

```
Switch(congfig-line)#history[ size lines]
```

可以调用历史命令以便再次使用。

在任何输入模式下,每按一次上方向键或【Ctrl + P】组合键可调出上一条历史命令;每按一次下方向键或【Ctrl + N】组合键可调出下一条最近命令。当命令从历史记录中被调出时,可以就像刚刚输入过一样编辑这些命令。命令 show history 可显示已保存的历史命令。

(4)命令输出的查找与过滤

从 show 命令中筛选输出的方法如下:

```
Switch#5command...{begin include exclude} reg-expression
```

输出所包含的行数比终端会话所能显示的行数多时(可使用 length 参数设置行数),系统将逐屏显示输出,并在每屏输出的底部带有 -- More -- 的提示符。按空格键可查看下一屏的输出;按【Enter】键可查看下一行的输出;想要退回到命令行,可按【Ctrl + C】组合键,或按【Q】键,或键盘上的任意键,只要不是【Enter】键或空格键都可以。

3. 终端会话

(1)开启新会话

```
Switch#telnet
```

此命令将建立一条到主机的 Telnet 连接(主机可以是一个 IP 地址,也可以是一个主机名)。连接建立后,用户可在交换机的 CLI 下和远程主机继续通信。

(2)命名会话

```
Switch#name-Connection
Switch#Connection number: number
Switch#Enter logical name: name
```

可以为活动会话定义一个字符串名称,以便在使用 show、session、where 命令时,更容易地识别会话。

(3)挂起一个会话去执行其他操作

在与一个主机建立好 Telnet 会话期间,按【Ctrl + Shift】组合键后,再按【X】键挂起会话。挂起会话的组合键有时被写成【Ctrl + X】。此操作结果是挂起 Telnet 会话的同时返回到本地交换机的命令行提示符。

(4)显示所有活动会话

```
Switch#show sessions
```

该命令将列出所有在本地交换机开启的连接会话以及连接号。也可以使用命令 where 来得到同样的结果。

(5)返回到某个特定会话

首先,使用命令 showsessions 来获取所需会话的连接号。之后只需在自身命令行下输入连接号,即可将挂起的会话重新激活。也可以在命令行提示符下只按【Enter】键,这样会将最近一次使用的活动会话重新激活。在会话列表中,带有星号(*)的连接为最近一次使用的活动会话。这种方法使得本地交换机与单个远端会话之间的切换更加容易。

(6)结束活动会话

```
Switch2#ctrl^X
Switch1# disconnect connect-number
```

当远程会话被挂起后,可以使用命令 disconnect 来结束会话并关闭此 Telnet 连接;否则,这条会话将一直处于开启状态直到与远程主机连接超时(如果设置了超时时间)。

(7)终端屏显格式

①设置当前会话的屏显尺寸。

```
Switch#terminal length lines
Switch#terminal width characters
```

②设置所有会话的屏显尺寸。

```
Switch#(config-line)#length lines
Switch#(config-line)#width characters
```

characters 宽度乘以 lines 高度构成了屏幕的格式。当命令的输出行数超出 line 参数所设置的行数时,系统将使用 --More-- 提示符。如果不想在逐页的输出中看到 --More--,可以使用命令 length 0。默认的会话高度是 24 行,默认的会话宽度是每行 80 个字符。

(8)配置会话超时值

①为线路定义一个绝对超时时间。

```
Switch#(config-line)#absolute-timeout minutes
```

minutes 参数定义的时间过后,此线路上所有活动会话都被终止(默认值为 0 min,即永远也不会超时)。

②为线路定义一个空闲超时时间。

```
Switch#(config-line)#session-timeout [output]
```

如果会话在 minutes 参数定义的时间之内一直未被使用,那么系统将认为会话空闲并关闭这些空闲的活动会话(默认 minutes 参数为 0,即永远也不会超时)。使用 output 关键字后,线路的出站流量也将重置空闲计时器,用以保持线路的非空闲状态。

③为所有的 EXEC 模式会话定义空闲超时时间。

```
Switch(config-line)#exec-timeout minutes[seconds]
```

如果 EXEC 模式下的会话在 minutes 与 seconds 参数定义的时间之内一直未执行任何命令,那么系统将认为会话空闲并自动关闭这些空闲的 EXEC 模式会话(默认超时时间为 10 min)。可使用命令 no exec-timeout 或 exec-timeout00 来关闭线路上的 EXEC 模式超时设定。

④启用会话超时告警。

```
Switch(config-line)#logout-warning[seconds]
```

用户将在会话即将超时退出登录前 seconds 秒收到系统的告警信息。默认情况下是没有告警信息的。如果启用了告警,且未设置 seconds 参数时,则默认系统退出登录前 20 s 告警。

4. Web 浏览器界面

(1)启用 Web 界面

```
Switch(config )#ip http server
```

一旦启用了 Web 界面服务器功能，用户便可通过 Web 浏览器的方式来监测或配置交换机了。

(2)(可选)设置 Web 浏览器的端口号

```
Switch(config)#ip http port number
```

可为 Web 界面功能的 HTTP 流量设定 TCP 端口号(默认为 80 端口)。

(3)(可选)对 Web 界面进行访问限制

```
Switch(config)#ip http access-class access-list
```

可以使用标准的 IP 访问控制列表(可用数字表示，也可用命名表示)来限制特定源 IP 的主机访问 Web 界面。此命令用于限制可访问交换机 Web 界面的用户范围。

(4)(可选)选择用户认证方式

```
Switch(config)#ip http authentication{aa/aenable/local/tacacs}
```

可使用多种方法来对试图访问交换机 Web 界面的用户进行质询和认证。默认 HTTP 使用 enable 方式进行认证(必须输入明文的 enable 密码)。但用户应该使用一种下面的认证方式：aaa、local(使用用户名和密码在交换机本地执行认证)或 tacacs(标准或扩展的 TACACS 认证)。

(5)浏览交换机的主页

在 Web 浏览器上，使用 URL(uniform resource locator，统一资源定位符)http://switch 可浏览交换机的主页。switch 参数为交换机的 IP 地址或主机名。默认访问交换机主页的用户带有特权级别 15 的权限。当用户权限低于级别 15 时，将被限制只能使用低级别的 IOS 命令。

三、研究 ROMmonitor

ROMmonitor 是一款基于 ROM 的程序，该程序在设备加电或交换机重启时运行。用户可在启动过程中按【Ctrl + Break】组合键来访问 ROMmonitor 界面。如果交换机无法加载操作系统，或配置寄存器中的 BOOT 字段值指定为 0，交换机将进入 ROMmonitor 模式。如果交换机遇到严重异常情况且无法从中恢复，交换机将进入 ROMmonitor 模式。

与 Cisco IOS 软件界面相似，ROMmonitor 也使用 CLI。ROMmonitor 提供了与交换机的引导恢复相关的少量命令。ROMmonitor 提供了有限的帮助和基本的历史功能用来辅助用户。ROMmonitor 允许使用 Xmodem 异步传输的方式来帮助恢复 IOS。

1. 使用 ROMmonitor 命令集

许多交换机都拥有 ROMmonitor 命令集，该命令集可以使用户与交换机进行交互，从而恢复操作系统或改变在引导过程中使用的引导变量。ROMmonitor 具有一组基本的命令集和一个帮助功能来辅助用户。

2. 用户界面模式

```
rommon >
```

rommon 界面是一个简单的 CLI，用户可以使用此界面从致命错误中恢复交换机或修改交换机的引导参数。该界面只提供了一种带有少量命令集的单一模式，并且通常与交换机的引导和环境变量的管理相关。

3. 用户界面特性

(1)命令的输入

```
rommon > command
```

rommon 的命令行像 Cisco IOS 一样，每次解析一行输入。

(2)帮助

可以在 recommand > 提示符后直接输入问号(?)来获取 recommand 下的可用命令列表。

(3)历史

rommon 界面保存了先前用户输入的 16 条历史命令。

可以使用命令 history 或字母来查看历史命令列表。当历史命令被列出时,用户可以使用命令 repeat value 或 r value 来重新调用历史命令。value 即为历史命令列表中左侧的数值。

4. 查看与改变配置变量

(1)查看配置变量

```
rommon > set
```

ROMmonitor 在显示提示符之前,已经加载了配置变量。这些变量包括配置文件的位置以及 ROMmonitor 要寻找的引导镜像的位置。使用不加任何选项的 set 命令可查看这些变量。

(2)设置配置变量

```
rommon > PARAMETER = value
```

设置一个配置变量,必须为变量定义一个参数值。命令 set 显示的变量(大小写敏感)后所跟的值即为参数值 value。如果想清空配置变量,不加参数 value 即可。

(3)保存配置变量

```
rommon > sync
```

使用命令 sync 来保存配置变量,该命令将新的变量保存至 NVRAM 中并在下次交换机重启时生效。

(4)加载新的配置交换

```
rommon > reset
```

用户必须对交换机重新加电来将配置变量加载至 ROM monitor 中。可使用命令 reset 来重启交换机。

5. 在 rommon 模式引导一台交换机

(1)查看闪存设备中的镜像

```
rommon > dir[device:]
```

ROMmonitor 担负着为设备加载 Cisco IOS 软件镜像的责任。可使用命令 dir 后接设备名称来查看镜像文件。

(2)从闪存中引导一个镜像文件

```
rommon > boot [device:filename]
```

使用命令 boot 来从 ROMmonitor 中引导交换机。无论任何设备名或文件名的 boot 命令都将使用配置变量中的 BOOT 字段作为参数值。如果 BOOT 字段为空字段或者指定的文件无效,那么用户将返回到 rommon > 提示符,如果 boot 命令后指定了文件名,系统将忽略 BOOT 变量并从指定的文件引导。

6. xmodem 方式传输

```
rommon > xmodem
```

这条命令为 ROMmonitor 启动一种 xmodem 的接受方式。使用这条命令,用户可以从连接在 Console 口上的 PC 中读取镜像文件,并使用此文件来引导交换机。方法是在用户的 PC 上使用终端程序软件来开启一个 xmodem 的异步传输方式,然后从 PC 的硬盘中将镜像文件发送至交换机闪存设备中。一旦交换机使用从 PC 传输来的镜像文件引导成功,说明有效的文件已经复制到闪存中并且系统能够正常工作。由于传输的过程要花费很长一段时间，所以 xmodem 被认为是恢复镜像丢失或损坏的最后手段。

任务小结

本任务介绍了数据通信系统中 CLI(command-line interface)配置方式和技巧。在介绍交换机类型、工作过程的基础上讨论了互联网络操作系统(IOS)软件的使用、ROMmonitor 命令集的使用。

※思考与练习

一、填空题

1. 交换机的功能主要包括三个，分别是________、________、________，交换机在传送源和目的端口的数据包时，通常采用________、________和________三种数据包交换方式，其中________方式在数据处理时延时大。

2. 路由交换机又称________，使用硬件技术，采用巧妙的处理方法把________和________在网络中的功能集成到一个盒子里，是将路由技术与交换技术合二为一的一种新的交换技术，即________。

3. 路由器执行两个最重要的基本功能：________和________。路由功能由________实现，交换功能是数据在路由器内部________过程。

4. 动态路由协议是网络中的路由器之间相互通信、传递路由信息、利用收到的路由信息更新________的过程，常用的动态路由协议有________、________。

5. 网关是工作在 OSI 模型中的________，网关按照功能来划分，可分为________、________、________。

6. 路由器和交换机的区别之一，是交换机是利用________或者说________来确定转发数据的目的地址，而路由器则是利用网络的________来确定数据转发的地址。

二、简答题

1. 交换机在传送源和目的端口的数据包时采用的交换方式有哪几种？各有什么特点？
2. 简述 Cisco IOS 软件的作用。

任务二　园区网络设计

任务描述

Cisco Catalyst 交换机是市面上应用广泛的一类交换机，熟悉该系列交换机的作用和特征是合理使用交换机的前提。本任务结合某园区交换网络设计案例进行实施，读者可以熟悉交换网络规划、设计的实践过程。

任务目标

- 识记:Cisco Catalyst 交换机家族。
- 领会:Cisco Catalyst 交换机的参数及特点。
- 应用:园区交换网络设计。

任务实施

一、认识 Catalyst 交换机家族

思科 Catalyst 交换机家族是一条不断扩充的供应产品线。在网络中选择和部署一款交换机时,最主要的挑战莫过于要理解交换机的功能以及交换机如何应用在网络设计中。下面简要介绍当前使用的 Catalyst 交换机平台及其基本功能。

1. Catalyst 9200 系列交换机

Catalyst 9200 系列交换机通过高级安全功能(例如,链路加密和分段)以及内置的加密和高级 AI/ML(人工智能/机器学习)技术来保护网络安全,支持包括本地、虚拟机或云在内的多种平台,通过 Cisco Catalyst Center 平台或 Catalyst 云监控,可提升用户的网络体验。

Catalyst 9200 系列交换机提供 24 个或 48 个千兆端口,适用于安全分支机构和入门级企业环境,支持有线和无线融合接入。支持千兆/万兆模块化上行链路,以及 25/40 千兆模块化链路,针对 Wi-Fi 6/6E 等高带宽需求,还提供 8 或 12 个 1/2.5/5/10 Gbit/s 多千兆端口,以满足网络高带宽需求。支持 PoE+,每个接口可提供 30 W 的功率输出,同时支持 Perpetual PoE(永久 PoE)和 Fast PoE,为连接的设备提供稳定可靠的电力供应。

以下是部分 Catalyst 9200 系列交换机性能介绍:

(1) C9200-24PB、C9200-48PB SKU

①C9200-24PB、C9200-48PB SKU 分别提供 24 个、48 个 1 G 以太网端口,用于不同规模的网络接入需求。

②提供 32 个虚拟网络,增强网络隔离和安全性。

③提供 40/25/1 Gbit/s 端口和部分 1/10 Gbit/s(同时支持 1 Gbit/s 和 10 Gbit/s 两种传输速率)的上行链路,提供网络扩展选项。

④支持最高 160 Gbit/s 的堆叠带宽,用于扩展网络规模和吞吐量。

(2) C9200-24PXG、C9200-48PXG SKU

①分别提供 24 个、48 个 1G 端口,以及 8 个或 12 个 1/2.5/5/10 Gbit/s 多千兆端口,满足不同场景的网络接入和带宽需求。

②提供 1/25/40 Gbit/s 端口和部分 1/10 Gbit/s(同时支持 1 Gbit/s 和 10 Gbit/s 两种传输速率)的上行链路,提供灵活的网络扩展和连接选项。

③支持最高 160 Gbit/s 的堆叠带宽,扩展网络规模和吞吐量,满足大型网络的需求。

(3) C9200-24T/P、C9200-48T/P/PL SKU

①分别提供 24 个、48 个 10/100/1 000 Mbit/s(同时支持 10 Mbit/s、100 Mbit/s、1 000 Mbit/s 三种传输速率)端口,满足小型网络接入需求。

②支持 PoE 或 PoE +,为连接的设备提供稳定电力供应。

(4)C9200CX SKU

①提供 12 个 PoE + 以太网供电增强型端口,为 IP 设备如摄像机、接入点和 VoIP 电话提供稳定供电。

②提供配备双 10G SFP + 固定上行链路,实现高速连接,用于高带宽传输应用,如视频流或数据备份

2. Catalyst 9300 系列交换机

Catalyst 9300 系列交换机是专为安全性、物联网、移动性和云打造的可堆叠企业交换平台,其模块化设计可灵活部署和扩展,支持多种接口和技术,满足各种网络需求;采用先进设计确保高吞吐量和稳定性,支持云端部署和管理;是软件定义接入(SD-Access)企业架构的基本组件,提供最高 480 Gbit/s 的带宽,提供堆叠高带宽解决方案,具有灵活的上行链路架构;平台还针对高密度 Wi-Fi 6 和第二代 802.11ac 技术进行了优化;采用 x86 CPU 架构和更大的内存,能够承载容器并在交换机内部本地运行第三方应用和脚本;采用具有可编程性的 Cisco IOS XE 操作系统,这款操作系统为用户提供高级安全功能和物联网(IoT)融合。

以下是部分 Catalyst 9300 系列交换机性能介绍:

(1)C9300X-xx HX/HXN/TX SKU

①用于安全高速接入、汇聚和精益分支机构,提供 24 或 48 端口 10 Gbit/s 多千兆连接,满足高密度网络需求。

②提供多种电源选项,包括高功率密度的 90 W 思科 UPOE +,满足不同设备的供电需求。

③提供 1/10/25/40/100 Gbit/s 或多千兆接口的模块化上行链路,提供网络扩展和升级选项。

④支持最高 1 Tbit/s 的堆叠带宽,为网络提供充足的带宽和性能支持。

(2)C9300X-12Y/24Y SKU

①提供 12 或 14 端口 1/10/25 Gbit/s 光纤连接,满足高密度光纤网络需求。

②提供 1/10/25/40/100 Gbit/s 或多千兆的模块化上行链路,提供灵活的网络扩展选项。

③支持最高 1Tbit/s 的堆叠带宽,为大型网络提供充足的带宽支持。

④提供背板带宽高达 208 Gbit/s,包转发率可达 154.76 MPPS,确保网络高效运行。

⑤内置加密技术,提供安全隧道连接,使用 AES-256 加密的 IPsec 隧道,速度高达 100 Gbit/s,保障网络安全。

(3)C9300-24UB/UBX、C9300-48UB SKU

①提供 24 或 48 端口双缓冲,支持 1/2.5/5/10 Gbit/s 多千兆速率,满足高密度、高速率网络需求。

②提供模块化上行链路,支持 1/10/25/40 Gbit/s 或 10 Gbit/s 多千兆速率,提供灵活的网络扩展和升级选项。

③支持最高 480 Gbit/s 的堆叠带宽,为大型网络提供带宽支持。

(4)C9300-xx H/UX/UXM/UN SKU

①提供 24 或 48 端口选项,支持 1 Gbit/s 或 10 Gbit/s 多千兆速率,满足不同规模的网络需求。

②提供配备 90 W 思科 UPOE +,为连接设备提供电力支持。

③提供 1/10/25/40/10 Gbit/s 多千兆的模块化上行链路,提供灵活的网络扩展和升级选项。

④支持最高 480 Gbit/s 的堆叠带宽,为大型网络提供充足的带宽和性能支持。

⑤内置加密技术,保障网络安全,提供安全隧道连接,使用 AES-256 加密的 IPsec 隧道,增强网络的安全性。

(5)C9300-xx T/P/U/S SKU

①提供 24 或 48 个端口,满足不同规模的网络需求,端口速率支持 1/2.5/5/10 Gbit/s 多千兆,用于高速网络传输。

②提供多种电源选项,如 PWR-C1-715WAC-P 等,确保设备稳定运行。部分型号支持 90W 的思科 UPOE +(以太网通用电源),为连接的设备提供电力。

③可堆叠至 480 Gbit/s 或 1 Tbit/s 的容量,满足大型网络的高吞吐量需求。

(6)C9300L 和 C9300LM SKU

①提供 24 或 48 个多千兆端口,支持 1/2.5/5/10 Gbit/s 等多种速率,用于不同场景的网络接入需求。

②提供模块化上行链路,包括 1/10/25/40 Gbit/s 速率,提供灵活的网络扩展和连接选项。

③提供 90 W 的思科 UPOE +,为连接的设备提供电力供应,用于高密度部署的需求。

3. Catalyst 9400 系列交换机

Catalyst 9400 系列交换机以其卓越的性能、高可用性和灵活性著称,适用于各种企业网络环境。具备高可用性设计和冗余设计,支持 ISSU(in-service software upgrade)和 StackWise Virtual 技术,在网络升级过程中不影响业务运行。此外,该系列交换机提供 N +1 电源冗余,确保在高负载下的稳定运行。具有扩展性和灵活性,支持模块化设计,用户可以根据实际需求选择不同的模块和端口类型进行扩展。通过 StackWise Virtual 技术,可以将多台交换机虚拟堆叠,进一步提高端口密度和性能。该系列交换机还支持多种连接类型,包括铜缆和光纤,满足不同的布线需求。

Catalyst 9400 系列交换机提供多达 48 个或更多非阻塞 SFP 端口,用于需要高带宽和光纤连接的环境。提供 2.5/5/10 Gbit/s 多千兆铜缆接口,满足日益增长的网络带宽需求,同时兼容现有的铜缆基础设施。支持 IEEE 802.3bt PoE(60 W 和 90 W),为连接的设备提供稳定可靠的电力供应,如 IP 电话、无线接入点、摄像头等设备。支持千兆/万兆以太网上行链路,如 25/40 千兆。

Catalyst 9400 为模块化交换机,以下是 Catalyst 9400 各模块性能介绍:

(1)Catalyst 9400X 光纤线卡

①25G/10G SFP28 光纤线卡用于园区分布式网络的高密度光纤线卡,提供 20 端口 25G(SFP28 高速光模块)和 4 端口 10G(SFP +光模块)。

②100G/40G QSFP28 光纤线卡用于园区分布式网络的高密度光纤线卡。12 端口 40G(QSFP +光模块)或 4 端口 100G(QSFP28 高速光模块)和 4 端口 40G(QSFP +光模块)。

(2)Catalyst 9400X 铜缆线卡

①48 端口 10 Gbit/s 多千兆、90W PoE 铜缆线卡提供 Wi-Fi 6/6E 高速接入,支持 90W Cisco UPOE +智能楼宇部署。提供 48 端口 10GBASE-T,提供 1/2.5/5/10 Gbit/s 多千兆端口。

②48 端口 1 Gbit/s 多千兆、90W PoE 铜缆线卡用于园区分布式网络的高密度铜缆线卡,提

供安全接入和 90W Cisco UPOE + 高功率输出。提供 48 端口 1 000/100/10 Mbit/s。

③48 端口 5 Gbit/s 多千兆、90W PoE 铜缆线卡提供安全的 Wi-Fi 6/6E 高速接入和 90W Cisco UPOE + 高功率输出智能楼宇部署。提供 48 端口 5/2.5/1 Gbit/s 多千兆。

④48 端口 10 Gbit/s 多千兆、60W PoE 铜缆线卡用于园区分布式网络的高密度铜缆线卡，提供 Wi-Fi 6/6E 高速接入和 60W Cisco UPOE 不间断以太网供电功能。提供 24 端口 10/5/2.5/1 Gbit/s 多千兆，24 端口 1 000/100 Mbit/s。

(3) Catalyst 9400 10G，1G SFP + 线卡

①24 端口 1G/10G SFP + 光纤线卡提供 24 端口 1G 或 10G SFP +，最多可支持 192 个无阻塞端口。

②24 端口 1G SFP + 光纤线卡提供 24 端口 1G SFP +，最多可支持 192 个无阻塞端口。

③48 端口 1G/10G SFP + 光纤线卡提供 48 端口 10G 或 1G SFP +，最多可支持 384 个无阻塞端口。

④48 端口 1G SFP + 光纤线卡提供 48 端口 1G SFP +，最多可支持 384 个无阻塞端口。

(4) Catalyst 9400 1G 铜缆线卡

①48 端口 1G、60W PoE 铜缆线卡提供 48 端口 1G 铜缆，支持 60W Cisco UPOE 不间断以太网供电，最多可支持 384 个无阻塞端口。

②48 端口 1G、数据传输铜缆线卡提供 48 端口 1G 铜缆数据传输，最多可支持 384 个无阻塞端口。

③48 端口 1G、30W PoE 铜缆线卡提供 48 端口 1G 铜缆，支持 30W PoE + 供电功能，最多可支持 384 个无阻塞端口。

4. Catalyst 9500 系列交换机

该系列交换机支持高达 40 和 100 千兆以太网的传输速率，满足企业应用对高带宽需求。提供多种端口配置，包括无阻塞 40 Gbit/s 和 100 Gbit/s 四通道小型封装热插拔（QSFP +，QSFP28），以及 1/10/25 Gbit/s 增强型小型封装热插拔（SFP/SFP +/SFP28）光模块，可满足不同园区需求。支持高级路由和基础设施服务，如多协议标签交换、组播 VPN、网络地址转换等，同时提供基本的高可用性功能，如热补丁、平稳插入和移除、无中断转发等，确保网络的安全性和稳定性。通过 Cisco Meraki 控制面板进行云监控，高效管理网络，简化交换网络管理。

以下是 Catalyst 9500 系列部分型号性能介绍：

(1) Catalyst 9500X 型号

① C9500X-28C8D。用于园区核心和分布式网络的高密度光纤型号；28 端口 100 Gbit/s（QSFP28）和 8 端口 400 Gbit/s（QSFP-DD）；基于 Cisco Silicon One Q200 ASIC。

② C9500X-60L4D。用于园区分布式网络的高密度光纤型号；60 端口 25/50 Gbit/s（SFP56）和4 端口 100/200/400 Gbit/s（QSFP-DD）；基于 Cisco Silicon One Q200 ASIC。

(2) Catalyst 9500 高性能型号

① C9500-32C。用于园区核心和分布式网络的高密度光纤型号；32 端口 40/100 Gbit/s（QSFP28）；基于 Cisco UADP 3.0 ASIC。

② C9500-32QC。用于园区核心和分布式网络的高密度光纤型号；32 端口 40 Gbit/s（QSFP +）或 12 端口 100 Gbit/s（QSFP28）；基于 Cisco UADP 3.0 ASIC。

③ C9500-48Y4C。用于园区分布式网络的高密度光纤型号；48 端口 1/10/25 Gbit/s

(SFP28)和 4 端口 40/100 Gbit/s(QSFP28);基于 Cisco UADP 3.0 ASIC。

④C9500-24Y4C。用于园区分布式网络的高密度光纤型号;24 端口 1/10/25 Gbit/s (SFP28)和 4 端口 40/100 Gbit/s (QSFP28);基于 Cisco UADP 3.0 ASIC。

二、园区交换网络设计

设计一个交换网络必须考虑很多方面。一个大型企业网或园区网的扩容或重新设计似乎非常复杂或者不知如何下手。一种公认的、有条理的交换网络设计方法能够简化设计过程并使网络更有效率且更具扩展性。以下可作为设计指南手册,来帮助用户周全地考虑全面的网络体系结构和配置。

①使用 LAN 交换机合理地将 LAN 划分成最小的冲突域。

②将企业网络规划为一个层次结构网络。

一个基于分层结构设计的网络为网络行为预知、网络中任何位置延迟一致性(基于交换机跳数)、可扩展性提供了基础。如果网络需要扩展,用户可以添加更多的交换机模块到现存的体系结构中。图 4-2-1 所示为划分成三个不同层的基础网络体系。

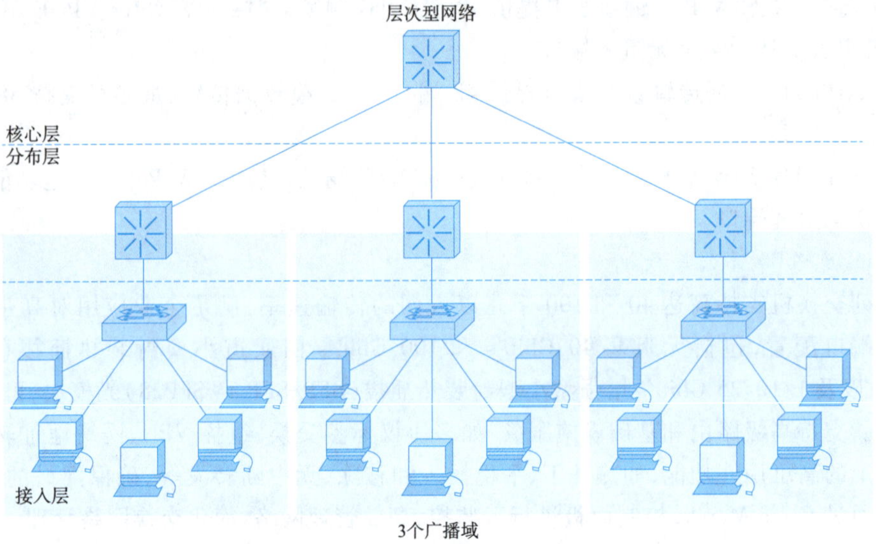

图 4-2-1 划分成三个不同层的基础网络体系

接入层:由用于连接终端用户的交换机组成。

分布层:由用于汇聚接入层流量的交换机组成。

核心层:由用于汇聚分布层流量的交换机组成。

在中小型企业网络中,分布层可以被忽略掉。接入层交换机直接上连至核心层设备,这种设计方法称为紧缩核心(collapsed core)设计法。

为了实现高可用性,网络层每台交换机需要部署两条冗余上行链路连接到两台上层交换机。如果单条链路失效或整台交换机失效,可快速地使用另一条上行链路。上行链路故障切换工作交给二层的生成树协议(STP)或三层的路由协议来处理。

1. 层次设计中各层的交换功能性定位

(1)接入层

通常接入层交换机具有高端口密度、低成本、可满足用户接入或安全方面的特性、具有多个高速 uplink 接口等特点。对于一般的接入层来说，二层交换设备已经足够，尽管三层交换设备能为上层应用（例如，IP 电话）提供高可用性。

(2)分布层

分布层交换机具有高端口密度的高速端口，并可提供更高的交换能力。理想的分布层交换机应使用三层交换设备。

(3)核心层

核心层应由网络中最高端的一台或多台交换机构成，用于汇聚分布层交换机的流量。实际情况是，尽管三层交换增加了高可用性和增强的 QoS，但在核心层是可以使用二层交换机的。通常具有两台交换机的核心层足以满足一个完整企业网络的需要。

2. 标识提供相同功能的网络资源

将提供相同功能的网络资源标识出来，使之成为网络设计中的功能组件或模块。图 4-2-2 给出了许多模块的实例，并指出了模块如何与网络层次设计相适应。

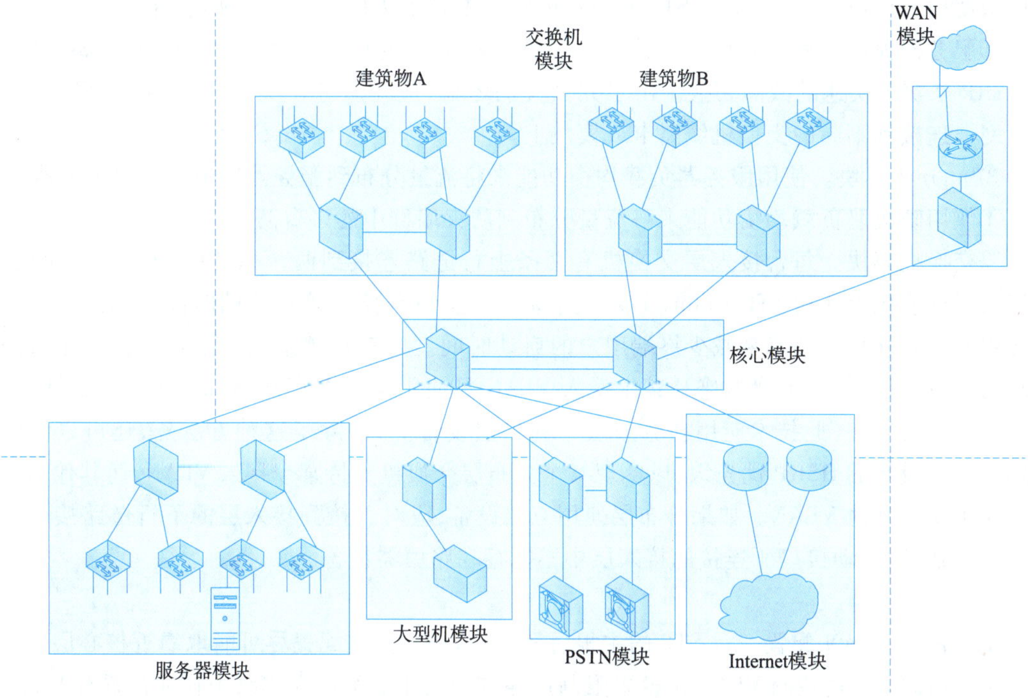

图 4-2-2　园区网络设计中的模块化表示法（考虑高可用性或冗余特性）

图 4-2-2 所示的网络将连接到上层的上行链路简化为单条链路。在真实的网络中，为了实现高可靠性，总是需要添加两条冗余上行链路连接到两台上层交换机上。

在这个例子中，每台接入层交换机都可能有两条上行链路连接到两台最近的分布层交换机上。此外，图 4-2-2 所示模块内的每台分布层交换机也可能有两条上行链路连接到两台核心交换机上。

服务器群与大型机：分别被称为服务器模块与大型机模块。

Internet 接入、电子商务、企业外部网络服务器群和防火墙群：称为 Internet 模块。

远程接入：称为 WAN 模块。

通信服务器和网关:称为 PSTN 模块。

传统网络(令牌环、FDDI 等):由于此类网络使用路由器来提供到多种网络介质类型的连通性,故也称为 WAN 模块。

公共用户工作组:位于同一栋建筑、同一层楼或一层楼的同一个区域的终端用户称为交换机模块。

一个典型的交换机模块有一组接入层交换机和分布层交换机,并且每台交换机都与分布层交换机进行互联。

①核心模块。如果在核心模块中使用二层交换机,那么互联两台核心交换机时不要造成生成树环路。确保为每个 VLAN 指定并配置了主根桥和备根桥交换机。通常,根桥的放置应靠近核心层。如果使用了三层交换机,那么三层交换机应使用多条链路与核心交换机相连。在一个三层的核心网络中,尽可能地使用三层路由协议来提供冗余的路由路径,即实现等价多路径(ECMP)。为了实现完全冗余,核心层交换机应连接到每台分布层交换机上。如果核心层或分布层未使用三层设备,那么使用 STP BackboneFast 技术可以缩短 STP 的收敛时间。

②服务器模块。使用冗余上行链路连接到分布层或核心层,并使用 STPUplinkFast 技术或者 HSRP 来实现快速的故障切换。出于冗余性的考虑,应在服务器上使用双网卡(NIC),并且每块网卡连接到不同的交换机线路卡或模块上。

③Internet 模块。使用服务器负载均衡功能来将流量分布到服务器群中的多台服务器上。

④使用防火墙负载均衡功能来将流量分布到防火墙群中的多台防火墙上。

⑤交换机模块。每台接入层交换机有两条上行链路连接到两台单独的分布层交换机上。在接入层交换机上使用 STP Uplink Fast 技术来减少上行链路故障切换的时间。在接入层端口上使用 STP Port Fast 技术来减少终端用户的启动时间。要对穿越接入层上行链路的流量进行负载均衡,可以调整 STP 参数来让某个接入 VLAN 只使用某条上行链路,而另一接入 VLAN 使用另一条上行链路(此技术应用在分布层中的二层设备上)。除了这种方法外,还可以调整分布层中三层设备的 HSRP 优先级,以实现某个分布层交换机支持某个接入 VLAN,而其他的分布层交换机支持其他 VLAN。如果分布层使用三层设备,应对连接到接入层的下行链路接口使用被动接口技术,被动接口所连接的接入层中不能存在路由器设备。

3. 其他考虑事宜

①为每个 VLAN 配置一台 STP 的主根桥和一台备根桥,且配置尽可能地靠近核心层。

②广播域。通过控制 VLAN 规模来限制广播域的大小。可以在网络中任何位置对 VLAN 进行扩展,但 VLAN 扩展的同时也增加了广播域的大小。应考虑在交换机端口上使用广播抑制技术。

③VLAN 中继协议(VTP)。配置练习时推荐使用 VTP 透明模式,而不是服务器/客户端模式。使用 VTP 手工修剪来修剪 Trunk 链路上传输的特定 VLAN。此操作可减少 Trunk 链路上不必要的广播流量。

④Trunk 扩展。将多条 Trunk 链路捆绑在一起组成一个 EtherChannel。出于容错性的考虑,将 EtherChannel 划分到多个交换机模块中。不要配置 Trunk 链路的协议,而应该手动指定成“on”模式。

⑤QoS。应在网络中每台交换机上部署 QoS 技术。QoS 技术必须被端到端结点正确地支持。将 QoS 可信边界扩展到可信的边缘设备(例如 IP 电话),使用策略来控制非关键业务的数据流。

⑥冗余交换机模块。在单网卡（NIC）主机环境中的服务器群交换机上考虑使用冗余Supervisor引擎。如果在每个网络层中都具有冗余的上行链路，那么两台物理上分开的交换机可一直提供冗余性。在只有单个可用uplink接口的分布层或核心层交换机上可以使用冗余的Supervisor引擎。在机箱上的Supervisor引擎之间使用高可用冗余特性。开启版本控制功能，使得交换机可以在不中断业务的前提下升级OS。

⑦端口安全及认证机制。使用端口安全，可对连接到接入层交换机安全端口上的终端用户的MAC地址或者用户数量进行控制；在接入层交换机端口上对用户进行身份认证；使用VLANACL来控制对VLAN的访问。动态ARP检测（DAI）是一种验证网络中ARP数据包的安全特性的方法。DHCP监听提供了抵御拒绝服务（DoS）攻击的安全手段。IP源保护可以用来阻止IP哄骗，其原理是在DHCP监听保护下，只允许从某个特定端口获得的IP地址流量通过。

⑧终端发现。LLDP作为一种邻居发现协议，用于支持网络中的非Cisco设备以实现设备之间的互操作性。交换机支持IEEE802. 1AB3[1]标准。用在介质端点设备中的LLDP（即LLDP-MED）作为LLDP的扩展，工作在端点设备之间（例如IP电话）和网络设备之间（例如交换机）。CDP作为一种设备发现协议，运行在所有Cisco制造的设备的第二层（数据链路层），Cisco制造的设备包括路由器、网桥、接入服务器和交换机。

任务小结

本任务讨论了思科Catalyst交换机的作用和特征，结合某园区交换网络设计案例，熟悉了交换网络规划、设计的实践过程。

※思考与练习

一、填空题

1. 交换机又称交换式________，是专门设计用来使各种计算机能够相互高速通信的________的网络设备。
2. 交换功能即指沿最佳路径传送信息分组，数据在路由器内部________与________。

二、简答题

1. Catalyst 6500系列交换机有哪些特性？
2. 简述中小型企业网络中紧缩核心设计法的内容。

任务三　配置VLAN与启用Trunking

任务描述

微视频

配置VLAN与启动Trunking

虚拟局域网（virtual local area network，VLAN）是一组逻辑上的设备和用户，可以根据功能、部门及应用等因素将它们组织起来。本任务通过案例介绍VLAN的配置和Trunking的启用方法。

任务目标

- 识记:VLAN 与 Trunking 的概念。
- 领会:配置 VLAN 的方法。
- 应用:启用 Trunking。

任务实施

一、介绍 VLAN 与 Trunking

VLAN 就是交换机内定义的广播域,用来控制广播、多播、单播以及二层设备内的未知单播流量。在交换机中,VLAN 被定义在一个称为 VLAN 中继协议(VTP)数据库的内部数据库中。VLAN 被创建后,应将端口分配给 VLAN。

为 VLAN 分配编号,用于在交换机内或交换机之间识别 VLAN。Cisco 交换机具有两组 VLAN 号,分别对应标准 VLAN 和扩展 VLAN。VLAN 具有多种多样的配置参数,包括名称、类型及状态。部分 VLAN 被系统保留,某些可为交换机的内部用途使用。

1. 创建以太网 VLAN

VLAN 创建在二层交换机上用来控制广播,并且 VLAN 间的通信需要使用三层设备。每个 VLAN 在本地交换机数据库中创建后才可使用,如果某 VLAN 不被交换机所知,那么交换机将不能在其任何端口上传输此 VLAN 的流量。VLAN 使用编号来创建,思科交换机具有两组可用的 VLAN 编号(标准 VLAN 1 ~ VLAN 1000,扩展 VLAN 1025 ~ VLAN 4096)。创建 VLAN 之后,可为其赋予某些属性,例如 VLAN 名称、VLAN 类型及其运行状态。

2. 配置 VTP

VTP 是 Cisco 交换机为了在交换机 Trunk 之间维护数据库的一致性所使用的协议。创建 VLAN 无须 VTP;但 Cisco 将此协议设计成交换机之间配置 VLAN 的默认渠道,以使信息的管理更加容易。故此,应先在交换机上使用域名配置 VTP 或禁用 VTP 功能。

(1)指定 VTP 名称

```
(global)vtp domain domain-name
```

交换机默认处于 VTP 的 server(服务器)模式,在创建 VLAN 之前必须为其指定 VTP 域名。

(2)禁用 VTP 同步功能

```
(global)vtp mode transparent
```

另一种选择是禁用 VTP,此方式使用户可自行管理本地 VTP 数据库,而无须配置和依赖 VTP。Cisco CatOS 中可使用 set vtp mode off 命令停用 VTP,Cisco IOS 中无对应命令。

3. 配置 VLAN

VLAN 使用编号来创建,两种范围的 VLAN 分别如下:

①标准 VLAN 范围为 VLAN 1 ~ VLAN 1000。

②扩展 VLAN 范围为 VLAN 1025 ~ VLAN 4096。

所有运行 IOS 软件的交换机都支持扩展 VLAN。当 VLAN 创建后，用户需考虑配置选项，不过许多选项只对 FDDI 或令牌环(token ring)VLAN 有效。可在全局配置模式下使用命令 vlan 来创建 VLAN。对于以太网 VLAN 而言，还可配置表 4-3-1 中所示的参数。

表 4-3-1　可配置的 VLAN 参数

参数	说　明
name	VLAN 名称，最多 32 个字符。如果未指定名称，系统默认指定为 VLAN 00XX，XX 为 VLAN 号
mtu	VLAN 可使用的最大传输单元，以字节为单位，有效介于 576 ~ 18 190 之间。以太网的 MTU 可扩展到 1 500，不过 FDDI 和令牌环的 MTU 都超过了 1 500，默认值为 1 500
state	用来指定 VLAN 状态为活动(active)还是挂起(suspended)。处于挂起状态的 VLAN，所有所属端口都将挂起并不能转发流量。默认为活动状态

(1)创建标准 VLAN

```
(global)vlan vlan-id[name vlan-name][state{suspend active}][mtu mtu-size]
```

vlan-id 指定了 VLAN 号。如果交换机处于 VTP transparent(透明)模式，则可在全局配置模式下输入命令 vlan vlan-id 创建 VLAN 并进入 VLAN 配置模式。可在此模式下管理 VLAN 的参数。

注意：用户不能修改 VLAN1 的任何参数。

(2)创建扩展 VLAN

根据 802.1Q 标准，扩展 VLAN 最多可支持 4 096 个 VLAN。

①启用生成树 MAC 缩减功能。

```
(global)vlan internal allocation policy desending
```

使用命令 vlan internal allocation policy 可使 Catalyst 6500 系列交换机修改内部 VLAN 分配策略。从 1006 开始向上分配 VLAN，或从 4096 开始向下分配 VLAN。

注意：在创建了扩展 VLAN 之后，除非先删除扩展 VLAN，否则无法停用此特性。

②创建扩展 VLAN。

```
(global)vlan vlan-id[name vlan-name][state{suspend active}][mtu mtu-size]
```

vlan-id 值介于 1 025 ~ 4 096 之间。1 001 ~ 1 024 被 Cisco 保留，所以不能配置。

注意：对于带有 FlexWAN 卡的 Catalyst 6000 系列交换机来说，系统使用 1 025 开始的 AN 号(netat-an 命令：查看所有开放的端口)来内部标识这些端口，如果需要安装 FlexWAN 模块，务必要为所有想要安装的 FlexWAN 端口留出足够的 VLAN 号(从 1 025 开始)。一旦安装了 FlexWAN 端口之后，将不能使用这些扩展 VLAN。

4. 配置实例

下例中，在交换机 Access 1 与交换机 Distribution1 上配置 5、8、10，分别命名为 Cameron、Logan、Katie。交换机 Distribution 1 还配置了 VLAN 2112，命名为 Rush。

```
Distribution(config)#vlan 5
Distribution(config-vlan)#name Cameron
Distribution(config-vlan)#exit
Distribution(config)#
Distribution(config)#vlan 5
Distribution(config-vlan)#name Cameron
Distribution(config-vlan)#exit
```

```
Distribution(config)#vlan 8
Distribution(config-vlan)#name logan
Distribution(config-vlan)#exit
Distribution(config)#
Distribution(config)#vlan 10
Distribution(config-vlan)#name katie
Distribution(config-vlan)#exit
Distribution(config)#
Distribution(config)#vlan 2112
```

Access 1 的配置如下:

```
Access(config)#vlan 5
Access(config-vlan)#name Cameron
Access(config-vlan)#exit
Access(config)#vlan 8
Access(config-vlan)#name logan
Access(config-vlan)#exit
Access(config)#vlan 10
Access(config-vlan)#name Katie
Access(config-vlan)#exit
Access(config-vlan)#
Access(config)#end
Access#
% SYS-5-CONFIG_I: Configured from console by console
```

二、配置 VLAN

①VLAN 被分配到单独的交换机端口上。

②端口可以静态或动态地分配给某个单独的 VLAN。

③所有端口默认分配了 VLAN 1。

④只有为端口分配交换机上存在 VLAN 时,端口才处于活动状态。

⑤静态端口的 VLAN 分配由管理员来完成,除非管理员修改,否则不论交换机上是否存在此 VLAN,配置都不会改变。

⑥动态 VLAN 基于 802.1x 认证来进行 VLAN 端口分配。

⑦配置动态需要 RADIUS 服务器和支持 802.1x 的交换机来实现。

1. 配置静态 VLAN

在一台 Cisco 交换机上,如果将端口分配给一个单独的 VLAN,那么此端口称为 access(接入)端口,用于连接终端用户或结点设备(例如,路由器或服务)。默认所有设备都分配给了 VLAN 1,故 VLAN 1 又称默认 VLAN。创建 VLAN 之后,可手动将端口分配给该 VLAN,此端口只能与该 VLAN 内的设备通信。

2. 静态分配 VLAN

```
(global)interface type mod/port
(interface)switchport access vlan number
```

对于 IOS 设备来说,须选定一个或一组端口,之后使用命令 switch prot access vlan 后跟 vlan number 来静态分配 VLAN。

注意:如果数据库中没有为端口所分配的 VLAN,那么该端口将被停用,直到此 VLAN 被创建。

3. 配置动态 VLAN

尽管静态 VLAN 是 VLAN 端口分配最常用的方式,但也可使交换机基于认证机制动态地分配 VLAN。IEEE 802. Ix 标准定义了一种基于客户端和服务器的访问控制和认证协议,用于限制非授权的客户端通过公共访问端口连接到 LAN。在客户端使用交换机或 LAN 提供的任何服务之前,认证服务器对每台连接到交换机端口的客户端进行身份认证并将此端口分配给某个 VLAN。802. 1x 访问控制限制了在客户端认证通过之前,连接客户端的端口上只能通过 EAPOL (extensible authentication protocol over lan,基于局域网的扩展认证协议)流量。认证通过后,常规流量才可通过此端口。使用带有 VLAN 分配功能的 802. 1x 来配置动态 VLAN 的步骤如下:

步骤 1:启用 AAA 认证。

```
(global) RADIUS configuration
(global) radius-server host ip_address
(global) radius-sever key key
(global) aaa new-model
(global) aaa authentication dot1x default group radius
(global) aaa authorization default group radius
(global) aaa authorization config-commands
```

步骤 2:启用 802. 1x 认证。

```
(global) dot1x system-auth-control
(global) dot1x max-req
(global) dot1x timeout quiet-period
(global) dot1x timeout tx-period
(global) dot1x timeout re-authperiod
(global) dot1x re-authentication
```

注意:在接入端口上配置了 802. 1x 认证之后,会自动启用 VLAN 分配的特性。

步骤 3:在 RADIUS 服务器上定义特定厂的通道属性。

RADIUS 服务器必须将以下属性返给交换机:[64]Tunnel-Type = VLAN、[65]Tunnel-Type = 802、[81]Tunnel-Private-Group-ID = VLAN 名称或 VLANID。

注意:动态 VIAN 机制:

①RADIUSAV-Pairs 用于将 VLAN 配置信息返回认证方。

②IEEE 802. 1x 标准中定义了 AV-Pairs 用于 VLAN 的用法。

③使用的 AV-Pair 全部都是 IETF(The Internet Engineering Task Force,国际互联网工程任务组)标准。

a. Tunnel-Type = VLAN

b. Tunnel-Type = 802

c. Tunnel-Private-Group-ID = VLANname

分配 VLAN 是指定 VLAN 名称可在不同的二层域或 VIP 域之间提供 VLAN 的独立性。

步骤 4:在 IOS 中每个端口配置 802. 1x 的访问控制模式。

```
(interface)dot1x port-control auto
```

---步骤结束---

4. 验证 VLAN 分配

使用以下命令来显示系统 dot1x 的性能、协议版本和计时器值。

```
(privileged)show dot1x
```

三、启用 Trunking

①对于每台交换机的数据库来说 VLAN 是本地的,且 VLAN 信息不会在交换机之间传递。

② Trunk 链路可为交换机之间传送的帧提供 VLAN 标识功能。

③思科交换机具有两种以太网 Trunking 机制:ISL 与 IEEE 802. 1Q。

④特定类型的交换机可协商 Trunk 链路。

⑤ Trunk 链路默认可以承载所有交换机入站和出站的 VLAN 流量,但可将其配置成只承载特定 VLAN 流量的链路。

⑥链路两端须配置成支持 Trunking 的模式才可实现 Trunk 链路。

1. 启用 Trunking

Trunk 链路用于在交换机之间传送 VLAN 信息。思科交换机上的端口要么是 access 端口,要么是 Trunk 端口。access 端口属于一个 VLAN,并且不能在交换机之间传送的帧上提供标记。access 端口只能承载分配到本端口的流量。Trunk 端口默认作为交换机上所有 VLAN 的成员,可在交换机之间承载这些的所有流量。为了区分这些流量,当帧在交换机之间传送时,Trunk 端口须使用特殊的标签对帧进行标记。Trunking 功能须启用在链路的两端。比如将两台交换机连接在一起,那么两台交换机的端口都必须配置 Trunking 功能和相同的标签机制(ISL 或 802. 1Q)。

可使用以下步骤来启用交换机之间的功能。

(1)启用 Trunk

```
(global)interface type mod/port
(interface)switchport mode dynamic (auto |desirable)
(interface)switchport mode trunk
(interface)switchport nonegotiate
```

配置 Trunk 链路最基本的方法就是使用选项 on。此选项启用 Trunk 的同时还需为其指定一种标签机制。对于 IOS 设备,命令 switchport mode trunk 等同于 CatOS 中的 set trunk mod/porton 命令。

注意:某些交换机不支持 DTP(动态中继协议)。对于此类交换机,用户只能使用命令 switchport mode trunk 来配置 Trunking,此命令在根本上开启了 Trunking 功能。

许多交换机使用一种称为自动 Trunking 机制在交换机之间动态建立链路。所有集成的 IOS 交换机都可使用 DTP 来形成 Trunk 链路。命令选项 dynamic auto、dynamic desirable 和 trunk 都将使用 DTP 来配置链路。如果链路的一端配置成 Trunk 并开始发送 DTP 信号,那么如果另一端选项正确匹配,就将开始动态地建立 Trunk。

如果想启用 Trunking 功能 ,但不发送 DTP 信号,可以在支持此功能的交换机上使用选项 nonegotiate。如果想完全停用 Trunking 功能,可使用命令 no switchport mode trunk。表 4-3-2 列出了 Trunking 模式特性。

提示:并不是所有交换机都支持 DTP,所以没有外界干预的情况下可能建立不了 Trunk。还要记住当与非思科交换机建立 Trunk 时,DTP 将不起任何作用。可使用选项 nonegotiate 来消除任何 DTP 相关的开销,当设备不支持 DTP 时,此选项很有用。

注意:不可定义一组端口来启用 Trunking 功能。

表 4-3-2　Trunking 模式特性

Trunking 模式	特　　性
mode trunk	该端口启用了 Trunking 功能，也会发送 DTP 信号尝试与对端建立 Trunk。该模式会与运行 DTP 的 on、auto 或 desirable 状态的端口建立 Trunk。处于 on 模式的端口总会为出站数据帧打上标签
mode dynamic desirable	该端口将成为 Trunk 链路，并发送 DTP 信号尝试建立 Trunk。只有对端响应 DTP 信号后才能成为 Trunk。该模式会与运行 DTP 的 on、auto 或 desirable 状态的端口建立 Trunk。此模式为系列 Supervisor IOS 交换机的默认模式
mode dynamic auto	该链路只有从已经启用 Trunking 功能或想成为 Trunk 的链路上接收到 DTP 信号后才能成为 Trunk。该模式只能与 on 或 desirable 模式的端口建立 Trunk
mode nonegotiate	启用 Trunking 功能并停用 DTP. 该模式只能与 nonegotiate 模式的端口建立 Trunk
no switch port mode trunk	该选项将关闭 Trunking 和 DTP 功能。由于此模式将阻止建立任何的动态 Trunk 链路，故被建议设置在 access 端口上

注意：Cisco 2950 与 3500XL 交换机不支持 DTP，此类交换机总是处在类似 nonegotiate 的模式下，如果在此类设备上开启了 Trunking 功能，将不会与对端协商并且需要对端设备配置成 on 或 nonegotiate 模式才能建立 Trunk。

(2)指定封装方式

```
(global)interface type mod/port
(interface)switchport trunk encapsulation[ negotiate/isl/dotlq]
```

配置 Trunk 链路时，另一个选择就是封装方式。对十二层 IOS 交换机，如 290XL 或 3500XL 来说，默认的封装方式为 isl。可使用命令 switchport trunk encapsulation 来修改封装方式，对于集成的 IOS 交换机而言，默认封装方式为 negotiate，仅对 auto 或 desirable 的 Trunking 模式有效。如果用户选择了 on 模式，或想强制成一种特定的 Trunking 方法，或 Trunk 的对端不能协商 trunking 类型时，必须选择 isl 或 dot1q 选项来指定封装的方法。

注意：并不是所有交换机都具有 Trunk 封装的协商设置。2900XL 与 3500XL trunk 的默认封装为 isl，用户须使用命令 switchporttrunkencapsulation 来修改其封装方式。2950 和某些 4000 系列交换机仅支持 802.1Q Trunking 封装且不提供修改 Trunk 类型的选项。

(3)(可选)指定 native vlan

```
(global)interface type mod/port
(interface)switchport trunk native vlan number
```

对于运行 802.1Q Trunking 机制的交换机来说，Trunk 上的每个端口的 native(本征) vlan 须相同。IOS 设备上的 native vlan 被配置成了 VLAN1。故默认下，Trunk 两端的 native 是匹配的。如果要修改 native vlan，可使用命令 switchport trunk native vlan 来指定 native vlan。要记住，802.1Q Trunking 链路的两端的 native vlan 一定要匹配，否则链路不能正常工作。如果出现 native vlan 不匹配的情况，STP(生成树)会将端口置于 PVID 端口 VLAN ID(PVID)不一致的状态，并且在链路上不会转发流量。

注意：CDP(Cisco 发现协议)版本 2 可在 Cisco 交换机之间传递 native vlan 信息。如果 native vlan 不匹配，用户会在控制台输出中看到 CDP 错误。

2. 指定 Trunk 中的 VLAN

默认下，Trunk 链路可以承载交换机上所有 VLAN 的流量。这是因为在 Trunk 链路上，所有 VLAN 都是 active(有效)状态，只要 VLAN 存在于交换机的本地数据库中，Trunk 即可转发该

VLAN 的流量。用户可选择性地从 Trunk 链路上添加或删除 VLAN。在 Trunk 链路上添加或删除 VLAN 的命令如下:

```
global,interface type mod/port
interface,switchport trunk allowed vlan remove vlanlist
```

此命令中通过参数 vlanlist 所指定 VLAN 的流量将不能通过 Trunk 链路传输,直到使用命令 switchport trunk allowed vlan addvlanlist 将 VLAN 添加回 Trunk 为止。

3. 验证 Trunk

在端口配置了 Trunking 功能之后,可使用下列命令来验证 VLAN 端口分配的配置。

```
(privileged)show interface trunk
```

4. 配置实例

在此例中,交换机 Access_1、Distribution_1 和 Core_1 之间的连接如图 4-3-1 所示。交换机 Access_1 与 Distribution_1 之间配置了 on 模式的 802.1Q Trunk。交换机 Distribution_1 上,与 Core_1 连接的端口配置了 desirable 模式的 ISL,而 Core 1 使用了 auto 模式的 Trunking,并且自动协商封装模式。Access_1 交换机上的 Trunk 链路配置成只允许 VLAN 5、VLAN 8、VLAN 10 的流量通过。Access_1 与 Distribution_1 之间 Trunk 只能承载 VLAN 1 和 VLAN 10 的流量。

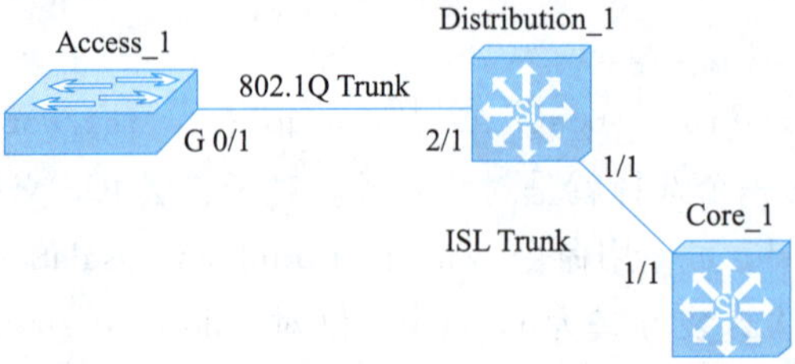

图 4-3-1 在 Access_1、Distribution_1 和 Core_1 上配置 Trunk 的网络拓扑图

Catalyst IOS 交换机 Distribution_1 的配置如下:

```
Distribution_1(config#)interface gigabitethernet 2/1
Distribution_1(config if)# switchport mode trunk
Distribution_1(config if)# switchport trunk encapsulation dotlq
Distribution_1(config if)# switchport trunk allowed vlan allowed 5,8,10
Distribution_1(config if)#end
Distribution_1#copy running config startup config
```

Catalyst IOS 交换机 Core_1 的配置如下:

```
Cor_1(config)#interface gigabitethernet 1/1
Cor_1(config if)#switchport encapsulation negotiate
Cor_1(config if)#switchport mode dynamic auto
Cor_1(config if)#switchport trunk allowed vlan allowed 1,10
Cor_1(config if)#end
Cor_1# copy running config startup config
```

二层 IOS 交换机 Access_1 的配置如下:

```
Access_1(config)#interface gigabitethermet 0/1
Cor_1(config if)#switchport mode trunk
Cor_1(config if)#switchport trunk encapsulation dotlp
Cor_1(config if)#switchport trunk allowed vlan allowed 5,8,10
Cor_1(config if)#end
Cor_1#copy running config startup config
```

四、配置 VTP

1. VTP 的作用

① VTP 在建立 Trunk 的交换机之间发送消息，用于维护交换机的 VLAN 信息。

② VTP 是一种在交换机之间管理 VLAN 的 Cisco 私有技术，可运行在任何类型的 Trunking 机制上。

③ VTP 消息在同一 VTP 域内的交换机之间交换。

④在创建 VLAN 前，应先定义 VTP 域或停用 VTP 功能。

⑤ VTP 信息的交换可通过密码来控制。

⑥ VTP 只能管理 VLAN Z 到 VLAN 1002 的信息。

⑦ VTP 允许交换机基于配置修订号来同步 VLAN 信息。

⑧交换机可工作在以下三种 VTP 模式下：server（服务器）、transparent（透明）、client（客户端）。

⑨ VTP 能够从 Trunk 链路中修剪掉不需要的 VLAN。

2. 配置 VTP

步骤 1：启用 VTP。

VTP 的存在是为了确保在具有 Trunk 链路的交换机上，维护其本地 VLAN 数据库中 VLAN 信息的完整性。除此之外，VTP 可保持名称设置的同步，还可以从 Trunk 链路上修剪 VLAN。在 Trunk 链路的目的交换机上没有属于某个特定 VLAN 的活动端口时，应执行 VLAN 修剪。

可使用下列命令来管理并配置 VTP，在交换机上激活 VTP。

（1）指定 VTP 域名

```
(privileged)vlan database
(vlan_database)vtp domain name
```

或

```
(global) vtp domain name
```

VTP 默认处于 server 模式，此操作模式可使用户管理本地交换机数据库中的 VLAN，并使用数据库中的信息与其他交换机保持同步。VTP 的运行需要为其指定一个域名。当某台交换机启用了 Trunking 功能后，已配置 VTP 域名的交换机会将域名传播给没有域名的交换机。如果要在交换机上手动配置域名，要记得域名大小写敏感，并且须与域内域名精确匹配。VTP 域名不同的交换机不能交换 VLAN 信息。

注意：并不是所有运行 IOS 的交换机都支持全局配置模式命令 vtp domain。VTP 域名只用于同步 VTP 数据库，不能隔离广播域。比如 VLAN 20 存在于两台通过 Trunk 相连的交换机中，两台交换机的 VTP 域名不同，但 VLAN 20 仍处在同一个广播域内。

（2）启用 Trunk

```
(global) interface typemod/port
(interface) switchport mode dynamic [auto | desirable]
(interface) switchport mode trunk
(interface) switchport nonegotiate
```

VTP 信息只能传送在 Trunk 链路上。两台交换机之间不启用 Trunk 的话是不会交换 VLAN 信息的。

注意:某些交换机不支持 DTP,对于此类交换机,用户只能使用命令 switchport mode trunk 来配置 Trunking,此命令在根本上开启了 Trunking 功能。

步骤 2:设置 VTP 密码。

默认情况下,VTP 更新信息中是没有密码的,所以当 Trunking 启用后,任何没有域名的交换机都可以加入 VTP 域。同理,配有相同域名的任何交换机也可以加入 VTP 域并交换 VTP 信息。这会让网络中某台不需要的交换机也可以管理每台交换机上的 VLAN 数据库。为了防止出现这种情况,必须在想要交换 VTP 信息的交换机上设置 VTP 密码。

```
(privileged) vlan database
(vlan_database) vtp password password
```

或

```
(global) vtp password password
```

应在每台加入 VTP 域的交换机上设置密码。密码大小写敏感,须精确匹配。想要移除密码,可在 vlan database 模式或全局配置模式下使用 no vtp password 命令。

注意:VTP 的密码长度介于 8~32 个字符之间。并不是所有运行 IOS 的交换机都支持全局配置模式命令 vtppassword。

步骤 3:修改 VTP 模式。

VTP 工作在以下三种模式之一:server 模式、client 模式和 transparent 模式。不同的模式决定了 VTP 传送信息的方式、VLAN 数据库同步的方法和选定交换机管理 VLAN 的权限。

可使用下列命令来设置 VTP 的工作模式。

```
(privileged) vlan database
(vlan_database) vtp {server | client | transparent}
```

或

```
(global) vtp mode {server | client | transparent}
```

默认情况下,Cisco 交换机处于 VTP server 模式。VTP server 模式的交换机可以创建、删除、修改本地 VLAN 数据库中的 VLAN。在对 VLAN 数据库进行修改之后,VLAN 变化信息将通告给 VTP 域内的所有其他 server 或 client 模式的交换机。server 也可以接受域内其他交换机发送的 VLAN 数据库变化信息。VTP 也可以工作在 client 模式下,处于 client 模式的交换机将不能创建、修改或删除本地 VLAN 数据库中的 VLAN。相反地,client 依靠域内的其他交换机来更新自身的新 VLAN 信息。client 会同步自身的 VLAN 数据库,但不会保存 VLAN 信息,即 VLAN 信息掉电丢失。client 也会通告自身数据库信息并可以转发 VTP 信息给其他交换机。VTP transparent 模式与 server 模式十分相像,也可以添加、删除或修改本地 VLAN 数据库中的 VLAN。但与 server 模式不同的是,VLAN 变化信息不会通告给其他的交换机。此外,本地的 VLAN 数据库也不会接受其他交换机发来的 VLAN 变化信息。VTP transparent 模式的交换机可在其他 server 或 client 交换机之间转发或中继 VLAN 信息,且无须 VTP 域名。

注意:并不是所有运行 IOS 的交换机都支持全局配置模式命令 vtp mode。

步骤 4:启用 VTP 修剪。

默认情况下,交换机上所有的 VLAN 在 Trunk 链路上都是 active 状态的,即可承载所有 VLAN。VLAN 可手动从 Trunk 链路上删除,也可日后手动添加回来。VTP 修剪技术允许交换机不转发某些 VLAN 的用户流量，修剪的 VLAN 应是在远端交换机上不是 active 状态的 VLAN。此特性将动态地修剪掉 Trunk 链路上不必要的流量。如果日后需要某个修剪掉 VLAN 的流量，那么 VTP 会动态地将 VLAN 添加到 Trunk 上。

注意：动态修剪功能只能从 Trunk 链路上删除不必要的用户流量，其不会阻止像 STP 这样的管理数据帧通过链路。

(1)启用修剪

```
(privileged) vlan database
(vlan_database) vtp pruning
```

或

```
(global) vtp pruning
```

当在域内的任意一台 VTP server 上启用 VTP 修剪功能时，该域内其他所有交换机也将启用该功能。VTP 修剪功能只能在支持 VTP 版本 2 的交换机上启用。所以在启用修剪功能之前，域内所有交换机都必须支持 VTP 版本 2。

注意：VTP 修剪的实现需要交换机支持 VTP 版本 2，但无须启用版本 2。

(2)(可选)指定具有修剪资格的 VLAN

```
(global) interface type mod/port
(interface) switchport trunk pruning vlan remove vlanlist
```

默认 Trunk 上所有的 VLAN 都具有被修剪的资格。可使用以上命令来将 VLAN 从具有修剪资格的 VLAN 列表中删除。当 VLAN 从修剪列表中删除后，将不能被 VTP 修剪。可在 IOS 交换机上使用命令，switchport trunk pruning vlan addvlanlist 命令将 VLAN 添加回 VLAN 修剪列表中。

步骤 5：修改 VTP 版本。

VTP 支持两种版本，默认所有的交换机都处于 VTP 版本 1 的模式，不过大多数交换机都可以支持版本 2 模式。

(可选)启用 VTP 版本 2。

```
(Privileged)vlan database
(vlan_database)vtp v2-mode
```

或

```
(Global)vtp version2
```

默认状态下，VTP 版本 2 是停用的。当某台交换机启用版本 2 后，域内其他所有的交换机也开始运行在版本 2 的模式下。

注意：并不是所有运行 IOS 的交换机都支持全局配置模式命令 vtp version2。

VTP 版本 2 提供了以下版本 1 不支持的特性。

①支持 TLV(类型-长度-值)：VTP server 或 client 可以将 TLV 不能识别的配置变化信息转发给其他 Trunk，不能识别的 TLV 包存放在 NVRAM 中。

② transparent 模式版本无关性：在 VTP 版本 1 中，VTP transparent 模式的交换机会检查 VTP 消息内的域名和版本号。只有版本号和域名匹配时才会转发 VTP 报文。由于 Supervisor 引擎软件只支持一个 VTP 域，所以版本 2 的交换机转发 VTP 报文无须区域名和版本号。

③ VLAN 一致性检查：在版本 2 中，只有当用户通过 CLI 或 SNMP 输入新信息才会执行

VLAN 一致性检查(检查 VLAN 名称或 VLAN 号)。当从 VTP 消息中获取信息,或从 NVRAM 中读取信息时不会执行一致性检查。如果接收的 VTP 报文摘要(digest)正确,那么信息无须一致性检查便被交换机接收。

步骤 6:验证 VTP。

在配置完 VTP 之后,可使用下列命令来检验 VTP 的运作。

```
(privileged)show vtp status
```

3. 配置实例

在此例中,交换机 Access_1、Distribution_1 和 Distribution_2 被分配到了名为 GO-CATS 的 VTP 域中。如图 4-3-2 所示,Access_1 为 VTP client 模式,Distribution_1 和 Distribution_2 都配置成 VTP server 模式,而交换机 Core_1 处于 VTP transparent 模式。Access_1 与 Distribution_1 相连的链路为 802.1Q Trunk,而 Distribution_1 和 Distribution_2 同 Core_1 相连的链路都为 ISL Trunk。域内启用 VTP 修剪功能,在所有交换机上的 Trunk 线路上,将 VLAN 10 从修剪列表中删除。由于 VTP 可通过 Trunk 链路运行,故在交换机 Distribution_2 或 Access_1 上无须设置 VTP 域名,同理,修剪功能也无须配置在每台交换机上,可通过 VTP 信息自动传播。

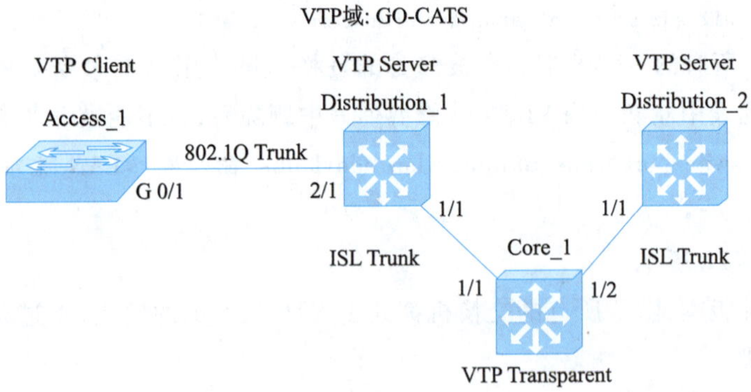

图 4-3-2　交换机 Access_1、Distribution_1 和 Distribution_2 被分配到了名为 GO-CATS 的 VIP 域中网络拓扑图

Core_1 的配置如下:

```
Core_1#conf t
Core_1(config)#vtp mode transparent
Core_1(config)#interface gigabitethernet 1/1
Core_1(config)#switchport mode trunk
Core_1(config)#switchport trunk encapsulation isl
Core_1(config)#end
Core_1#conf t
Core_1(config)#interface gigabitethernet 1/2
Core_1(config)#switchport mode trunk
Core_1(config)#switchport encapsulation isl
Core_1(config)#eng
Core_1#copy running config startup config
```

交换机 Distribution-1 的配置如下：

```
Distribution_1#conf t
Distribution_1(config)#vtp domain GO-CATS
Distribution_1(config)#interface gigabitethernet 1/1
Distribution_1(config if)#switchport mode trunk
Distribution_1(config if)#switchport trunk encapsulation isl
Distribution_1(config if)#end

Distribution_1(config if)#end
Distribution_1(config if)#interface gigabitethernet 2/1
Distribution_1(config if)#switchport mode trunk
Distribution_1(config if)#switchport trunk encapsulation dotlp
Distribution_1(config if)#end
Distribution_1#copy running config startup config
```

交换机 Distribution_2 的配置如下：

```
Router(config)#vtp pruning
Router(config)#interface gigabitethernet 1/1
Router(config if)#switchport mode trunk
Router(config if)#switchport trunk encapsulation isl
Router(config if)#end
Router(config if)#copy running config startup config
```

二层 IOS 交换机 Access_1 的配置如下：

```
Access_1#config t
Access_1(config)#vtp mode client
Access_1(config)#interface gigabitethernet 0/1
Access_1(config if)#switchport mode trunk
Access_1(config if)#switchport trunk encapsulation dotlq
Access_1(config if)#switchport trunk pruning vlan remove 10
Access_1(config if)#end
Access_1#copy running config startup config
```

五、配置 PVLAN

①PVLAN(private VLAN,即私有 VLAN)为同子网内的设备提供更高的安全性。

②使用私有边缘 VLAN(private edge VLAN)可阻止接入层交换机上的设备互相通信。

③PVLAN 技术适用于 catalyst 6000 与 catalyst 4000 系列平台的产品。

④可使用 PVLAN 将设备隔离，来防止 isolated(隔离)VLAN 内的设备互相通信。

⑤使用 PVLAN，可以创建 community(团体)，来实现部分设备之间的连通性，并且阻止它们与其他设备联通。

⑥将 promiscuous(混杂)端口映射到 PVLAN 上，用以与其他网络的 VLAN 连通。

PVLAN 提供了一种控制子网内设备访问权限的机制。PVLAN 使用 isolated 与 community 两种子 VLAN 来控制设备通信的方式。子(secondary)VLAN 分配给主(primary)VLAN，而端口则分配给子 VLAN。isolated VLAN 内的端口不能与除了 promiscuous 端口以外的本 VLAN 内其他设备通信。community VLAN 内的端口可以和同一团体(community)下的其他端口以及 promiscuous 端口通信。处在不同 community VLAN 中的端口不能互相通信。配置 PVLAN 的步骤如下：

1. 配置 PVLAN

步骤 1：设置 VTP transparent 模式。

```
(Privileged) vlandatabase
(vlan_database)vtp transparent
```

或

```
(Global)vtp mode transparent
```

在创建 PVLAN 之前，必须先将交换机配置成 VTP transparent 模式。PVLAN 应用在单交换机的网络环境下，其 VLAN 成员不能配置在其他交换机上。PVLAN 也可以将未知的 TLV 传送给所有其他类型的 Cisco 交换机。

步骤 2：创建主 PVLAN。

```
(Global)vlan primary _ number
(vlan-config)private-vlan primary
```

首先须创建一个主 PVLAN。在之后的步骤中，绑定子 VLAN 和映射 promiscuous 端口时都需要用到主 VLAN 号(primary_number)。

步骤 3：创建 isolated 或 community VLAN。

```
(Global)vlan secondary_ number
(vlan-config)private-vlan [isolated | community]
```

配置 isolated 或 community 子 VLAN 用于端口分配和流量控制。每个子 VLAN 的 secondary_number，都必须唯一，也不能与主 VLAN 号相同。isolated VLAN 成员只能与步骤 6 映射的 promiscuous 端口相通信。而 community VLAN 成员可与同一团体下的其他成员以及团体端口通信。双向(two-way)团体的运作就像一个普通团体一样，但可提供额外的功能，比如双向允许使用访问控制列表来检查入站及出站(双向的含义)VLAN 的流量，并在 PVLAN 中提供增强的安全性。

步骤 4：将，isolated VLAN 及 community VLAN 绑定到主 VLAN 上。

```
(global)vlan primary_ number
(vlan-config)private-vlan association secondary_ number _list[ add secondary_ number_
list]
```

此命令用于将子 VLAN 关联或绑定到主 VLAN 上。选项 add 用于日后关联其他子 VLAN。

步骤 5：将端口加入 isolated VLAN 及 community VLAN。

```
(global)interface type mod/port
(interface)switchport
(interface)switchport mode private-vlan host
(interface) switchport mode private-vlan host-association primary _number secondary _
number
```

创建并关联好了主次 VLAN 之后，需要将端口分配给相应 VLAN。

步骤 6：将 isolated VLAN 及 community VLAN 映射到 promiscuous 端口上。

```
(global)interface type mod/port
(interface)switchport
(interface)switchport mode private-vlan promiscuous
(interface)switchport mode private-vlan mapping primary_number secondary_ number
```

端口已经分配给次 VLAN 之后，需要将子 VLAN 映射到某个 promiscuous 端口上，用于访问

isolated VLAN 及 community VLAN 以外的网络。

步骤 7:(可选)将 isolated VLAN 及 community VLAN 映射到 MSFC 接口上。

```
(global)interface primary_ number
(interface)ip address address mask
(interface) private-vlan mapping primary_ number secondary_ number
```

如果交换机具有 MSFC 子卡,可将 PVLAN 映射到 MSFC 上。对于使用 IOS 的交换机来说,指定 primary_ number 进入 VLAN 接口模式,之后将主次 VLAN 映射到此端口下。

2. 配置私有边缘 VLAN

某些平台的交换机没有 PVLAN 技术,比如 3500XL,此类交换机可使用 protected(受保护)端口技术来控制交换机流量。例如 3500XL 交换机上的 protected 端口不会向本交换机上的其他 protected 端口转发流量。此行为与 isolated VLAN 相似,因为 protected 端口之间不能通信。可使用以下可选命令来配置 protected 端口。

```
(global)interface type mod/port
(interface)switch port protected
```

选定并进入接口后输入命令 switch port protected 来配置私有边缘 VLAN。使用命令 showport protected 来验证端口是否处在受保护的模式下。

3. 验证 PVLAN

完成 PVLAN 配置之后,可使用下列命令来验证 VLAN 的运作。

```
(privileged)show vlan private-vlan [type]
(privileged)show interface private-vlan mapping
(privileged)show interface type mod/port switchport
```

图 4-3-3 给出了有效的 PVLAN 配置实例的网络拓扑图。此例中,交换机 Access_1 端口 1 和端口 2 配置成 protected 端口并同处在 VLAN 10 中。连接在 Distribution_1 上的服务器也处在 VLAN 10 中,使得 PC 可以连接到这台服务器,但无法连接其他 VLAN 的服务器。在汇聚层交换

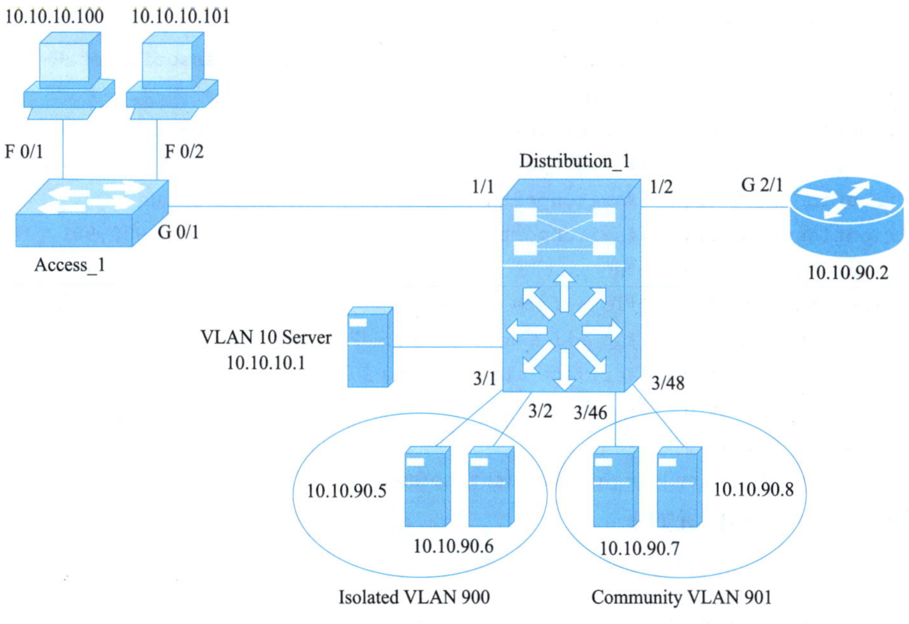

图 4-3-3 有效的 PVLAN 配置实例的网络拓扑图

机上创建了 PVLAN 90,包括一个 Community VLAN 901 和一个 isolated VLAN 900。端口 3/46 与端口 3/48 所连的服务器加入 Community VLAN 中。而连接到端口 3/1 和端口 3/2 的服务器加入 isolated VLAN 中。所有这些设备都被映射到连接端口 1/2 的路由器的 promiscuous 端口,以及接端口 VLAN 90 的 MSFC 端口 15/1。

交换机 Core_1 的配置如下:

```
Distribution_1#conf t
Distribution_1(config)#vtp mode transparent
Distribution_1(config)#vlan 90
Distribution_1(config vlan)#private-vlan primary
Distribution_1(config vlan)#vlan 900
Distribution_1(config vlan)#private-vlan isolated
Distribution_1(config vlan)#vlan 901
Distribution_1(config vlan)#private vlan community
Distribution_1(config vlan)#vlan 90
Distribution_1(config vlan)#private-vlan association 900,901
Distribution_1(config vlan)#interface range fastethernet 3/1-2
Distribution_1(config if)#switchport
Distribution_1(config if)#switchport mode private-vlan host
Distribution_1(config if)#switchport mode private-vlan host-association 90 900
Distribution_1(config if)#no shut
Distribution_1(config if)#interface range fastethernet 3/46,3/48
Distribution_1(config if)#switchport
Distribution_1(config if)#switchport mode private-vlan host
Distribution_1(config if)#switchport mode private-vlan host-association 90 901
Distribution_1(config if)#no shut
Distribution_1(config if)#interface gigabitethernet 1/2
Distribution_1(config if)#switchport
Distribution_1(config if)#switchport mode private-vlan host
Distribution_1(config if)#switchport mode private-vlan host-association 90 901
Distribution_1(config if)#no shut
Distribution_1(config if)#interface gigabitethernet 1/2
Distribution_1(config if)#switchport
Distribution_1(config if)#switchport mode private-vlan promiscuous
Distribution_1(config if)#switchport mode private-vlan mapping 90 900,901
Distribution_1(config if)#no shut
Distribution_1(config if)#interface vlan 90
Distribution_1(config if)#ip address 10.10.90.1 255.255.255.0
Distribution_1(config if)#private-vlan mapping 90 900,901
Distribution_1(config if)#no shut
Distribution_1(config if)#end
Distribution_1#copy running-config startup-config
```

交换机 Access_1 的配置如下:

```
Access_1#config t
Access_1(config)#interface fastethernet 0/1
Access_1(config if)#switchport access vlan 10
Access_1(config if)#port protected
```

```
Access_1(config)#interface fastethernet 0/2
Access_1(config if)#switchport access vlan 10
Access_1(config if)#port protected
Access_1(config)#interface gigabitethernet 0/1
Access_1(config if)#switchport mode trunk
Access_1(config if)#switchport trunk encapsulation dot1q
Access_1(config if)#end
Access_1#copy running-config startup-config
```

任务小结

VLAN 是通信项目中的一项常用技术。本任务介绍了静态 VLAN 和动态 VLAN 的配置方法、启动 Trunking 和配置 VTP 的方法。

※思考与练习

简答题

1. 简述 Trunking 的优点。
2. VLAN 工作在 OSI 参考模型的哪一层?
3. VLAN 的作用和技术优点是什么?

任务四　配置生成树协议(STP)

任务描述

微视频

配置生成树协议STP

生成树协议(spanning tree protocol,STP)可应用于计算机网络中树状拓扑结构的建立,主要作用是防止网桥网络中的冗余链路形成环路工作。工程实践中需要熟悉 STP 的工作流程,并通过实例掌握 STP 的配置方法。

任务目标

- 识记:STP 工作原理。
- 领会:配置 STP 的方法。
- 应用:STP 配置案例。

任务实施

一、STP 工作原理

STP 能够检测并防止二层桥接环路的形成。可以存在多条并行路径但只使用一条路径来转发数据帧。STP 基于 IEEE 802.1d 桥协议标准。802.1w 作为一种快速生成树协议,在拓扑发生变化时可提供比传通统生成树更快的收敛速度。

Cisco 交换机在 PVST +(每个 VLAN 生成树)或 Rapid-PVST +(每个快速 VLAN 生成树)中为每个 VLAN 运行单独的 STP 实例(instance)。运行 RPVST 的交换机之间需要配置 Trunking。对于工业标准 IEEE 802.1Q 的 Trunk 链路来说,所有的 VLAN 只需一个 STP 实例。公共生成树(CST)使用 VLAN1 通信。

PVST + 作为 Cisco 私有的扩展技术,允许交换机在 CST 与 PVST 之间操作。PVST 桥协议数据单元(BPDU)在 802.1Q Trunk 链路上以隧道方式传输。Catalyst 交换机默认运行 PVST +。快速 PVST + 是一种混合模式的 STP,其使用了结合了 PVST 基础的 IEEE 802.1w(快速生成树)。快速 PVST + 兼容 IEEE 802.1w,但须使用 Cisco 扩展技术来支持每个 VLAN 生成树。

基于 IEEE 802.1s 标准的多生成树(MST)对 802.1w RSTP 进行扩展,使其拥有多个 STP 实例。MST 向下兼容 802.1d、802.1w 及 PVST + 模式的 STP。使用公共和 STP 实例的多个交换机组成一个 MST 区域。MST 可产生 PVST + 的 BPDU,用来实现协议之间的互操作性。MST 支持最多 16 个 STP 实例。交换机在每个 Hello 时间间隔(默认 2 s)都会向所有接口发送 BPDU。BPDU 不能被交换机直接转发,其用于进一步计算并产生新的 BPDU。

交换机发送两种类型的 BPDU:配置 BPDU 和拓扑变更通告(TCN)BPDU。标准 BPDU 发送的目的 MAC 是多播地址 01-80-c2-00-00-00,数据帧使用交换机端口上唯一的 MAC 地址作为源地址。

1. STP 流程

①选举根桥:桥 ID 最小的交换机将成为生成树的根桥。桥 ID(BID)由 2 字节的优先级字段和 6 字节的 MAC 地址组成。优先级字段范围为 0 ~ 65 535,默认是 32 768。

②选举根端口:每台非根桥交换机上将选举出一个根端口,或称为离根桥"最近"的端口。"最近"指端口带有最低的根路径开销值。开销值携带于 BPDU 中。沿路上每台非根桥交换机都会在 BPDU 的入站端口上增加本地端口开销值。随着新的 BPDU 的产生,根路径值开销逐渐累积。

③选举指定端口:在每个网段上,其中一台交换机的端口将选举成为指定端口,用于处理此网段的流量,网段中宣告最低根路径开销的端口选举成为指定端口。

④移除桥接环路:既不是根端口又不是指定端口的交换机端口将被置于阻塞状态。此步骤将中断所有桥接环路;否则,将会形成环路。

2. STP 仲裁

当 STP 选举遇到先决条件相同或称为平局时,最终决策基于以下一系列条件。

①最小的 BID。

②最低的根路径开销。

③最小的发送方的 BID。

④最小的端口 ID。

3. 路径开销

默认情况下,交换机端口具有表 4-4-1 中定义的路径开销值。

表 4-4-1　交换机端口路径开销值

端口速率	“短模式”中默认端口开销值	“长模式”中默认端口开销值
4 Mbit/s	250	—
10 Mbit/s	100	2 000 000
16 Mbit/s	62	—
45 Mbit/s	39	—
100 Mbit/s	19	200 000
155 Mbit/s	14	—
622 Mbit/s	6	—
1 Gbit/s	4	20 000
10 Gbit/s	2	2 000
100 Gbit/s	—	200
1 000 Gbit/s(1 Tbit/s)	—	20
10 Tbit/s	—	2

默认情况下,工作在 RPVST + 模式下的 Catalyst 交换机使用“短模式”,即 16 bit 的路径或端口开销值。当网络中的端口速率小于 1 Gbit/s 时,“短模式”范围的开销值已经足够。不过,如果存在 10 Gbit/s 或速率更高的端口,需要将网络中所有交换机设置成使用“长模式”,即 32 bit 的路径开销范围,这样做可确保所有的交换机计算根路径开销值的一致性。

注意:IEEE 使用非线性标度的方法将单条链路的端口带宽与其端口开销值联系起来。捆绑链路中,例如快速 EtherChannel 和吉比特 EtherChannel,STP 将多条捆绑链路作为一条链路来处理,链路带宽为多条被捆绑链路带宽之和,因此,牢记捆绑的 EtherChannel 端口或路径开销值的计算应基于捆绑后的带宽。例如,一个具有两条链路的快速 EtherChannel 具有 200 Mbit/s 的带宽性能,其路径开销为 12。一个具有 4 条链路的 Gigabit EtherChannel 具有 4 Gbit/s 的带宽性能,其路径开销为 2。

4. STP 端口状态

每台交换机的端口须经历一系列的端口状态改变。

①禁用状态(disabled):端口被管理性的关闭或由于故障引起的端口关闭[MST 称此状态为丢弃状态(discarding)]。

②阻塞状态(blocking):此端口状态出现在端口初始化之后。处于阻塞状态的端口不能接收或传输数据,不能向自己的地址表添加 MAC 地址,只能接收 BPDU。如果检测出存在桥接环路,或者端口失去其根端口或指定端口的状态,那么它将返回到阻塞状态(MST 称此状态为丢弃状态)。

③侦听状态(listening):如果某端口可成为根端口或指定端口,该端口将进入侦听状态。侦听状态的端口不能接收或传输数据,也不能向自己的地址表中添加 MAC 地址可以收发 BPDU(MST 称此状态为丢弃状态)。

④学习状态(learning):在转发延时计时器到期后(默认为 15 s),端口将进入学习状态,学习状态的端口不能传输数据但可收发 BPDU,此状态下可学习 MAC 地址并可将地址加入地址表中。

⑤转发状态(forwarding):在第二个转发延时计时器到期后(默认为 15 s),端口将进入转发

状态。此状态下的端口可以收发数据、学习 MAC 地址及收发 BPDU。

5. STP 拓扑变化

①如果交换机的某个端口进入了转发状态(启动了学习状态除外),将产生拓扑变更信号。

②如果交换机的某个端口从转发或学习状态进入阻塞状态,将产生拓扑变更信号。

③为了发送拓扑变更信号,交换机会在每个 Hello 时间间隔从根端口向外发送 TCN BPDU。直到上行的指定桥邻居确认 TCN BPDU。邻居会在自身的根端口上继续中继 TCN BPDU 直到根桥收到为止。

④根网桥得知网络中有拓扑更改事件,就会开始发送新的 BPDU,这种 BPDU 设置了拓扑变更位(TC)。此操作将使下行交换机将其地址表老化时间(默认为 300 s)减少到转发延时(默认为 15 s),使得交换机将不活动的 MAC 地址更快地刷新出列表。

6. 增强 STP 的稳定性

①STP 根保护(root guard)特性用来在交换网络内强制根桥位置及身份。在端口启用了 root guard 特性后,如果该端口收到了更优的 BPDU,那么 root guard 将停用此端口。此技术用于避免其他交换机意外地成为根桥。

②应该在所有不应出现根桥的端口上启用 STP root guard 特性,这样做保护了当前主根桥和备根桥的选择。

单向链路检测(UDLD)提供了一种检测单向传输链路的方法,使得 STP 无法常规检测出来或阻止的路由环路和流量黑洞得以防止。

工作在二层的 UDLD 发送含有设备 ID 与端口 ID 的数据包至交换机端口所连的邻居设备。同时,邻居将任何收到的 UDLD 数据包原路发回,以便让它的邻居知道该数据包已经被对端邻居识别。UDLD 消息以消息间隔(message interval)时间发出,通常默认值为 15 s。

UDLD 可工作在两种模式下:

①普通模式(normal mode):单向链路作为一种错误被检测并报告出来,但不做其他动作。

②主动模式(aggressive mode):单向链路作为一种错误被检测并报告出来,在八次尝试(1 s 一次,共 8 s)重新建立链路后停用端口。停用的端口须手工重新启用。

STP 环路防护(loop guard)技术用来在根端口(root port)和替换根端口(alternate root port)上检测 BPDU 的缺失。如果收不到 BPDU,非指定端口将被临时停用,用来防止非指定端口错误地成为指定端口并进入转发状态。

对于可能活动 STP 来说,应该在所有根端口和替换根端口(两者都是非指定端口)STPLoopGuard。

7. STP 运作实例

图 4-4-1 所示为三台 Catalyst 交换机互联成的三角形拓扑网络。RP 代表根端口,DP 代表指定端口,F 代表处于转发状态的端口,X 代表处于阻塞状态的端口。

生成树算法过程如下:

①选举根桥:所有三台交换机具有相同的桥优先级(都为默认值 32 769)。但 Catalyst A 具有只晓得 MAC 地址(00-00-00-00-00-0a),故 Catalyst A 选举成为根桥。

②选举根端口:在每台非根桥交换机上计算出最低的根路径开销。在 Catalyst B 上为端口 1/1,其端口路径开销为 0 + 19;在 Catalyst C 上为端口 1/1,其根路径开销同样是 0 + 19。

③选举指定端口:根据规定,根桥上的所有端口都将成为各网段的指定端口。因此,

Catalyst A 上的端口 1/1 与 1/2 都为指定端口。Catalyst B 端口 1/2 与 Catalyst C 端口 1/2 共享一个网段,须在两端口之间选举一个指定端口。这两个端口的根路径开销都为 0 + 19 + 19,即 38,出现了平局。再选出最低的发送方的 BID,故 Catalyst B(MAC 地址最小)的端口 1/2 选举成为指定端口。

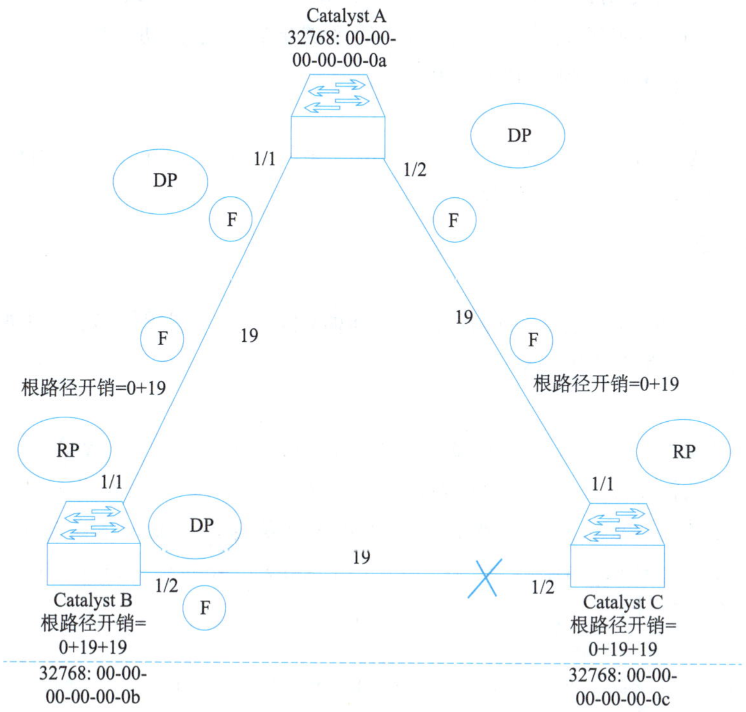

图 4-4-1　STP 运作实例网络拓扑图

④既不是根端口又不是指定端口的所有端口将处于阻塞状态:唯一剩下的 Catalyst C 上端口 1/2,既不是根端口,又不是指定端口。该端口将进入阻塞状态(图 4-4-1 中 × 所示)。

二、配置 STP

1. 启用或禁用 STP

```
spanning-treet vlan <vlan>
```

默认情况下,STP 启用在 VLAN 1 和任何新创建的 VLAN 中。如果未指定具体的 VLAN,将在所有 VLAN 上启用或禁用 STP。如果禁用了 STP,将不能检测并防止桥接环路的形成。交换机应始终启用 STP。

2. 设置交换机的 STP 模式

```
spanning-treemode (pvst | rapid-pvst)
```

默认情况下,所有 Cisco catalyst 交换机为每个 VLAN 的 STP 实例运行 PVST + 模式的 STP。想要配置成其他的 STP 模式,须明确使用选项 rapid-pvst。

3. 激活一个 MST 实例

(1)进入 MST 配置模式

```
spanning-tree mst configuration
```

(2)定义 MST 区域

```
(mst)name name
(mst)revision revision-number
```

使用 name(最多 32 字符的文本字符串)来定义 MST 区域。如果未指定区域名,系统将不使用区域名。用户可以使用区域修订号来指出区域配置改变的次数。修订号 revision-number (0 ~ 65 535,默认为 1)须明确地设定,并且不会随区域配置变化自动递增。

(3)将一个或多个 VLAN 映射到实例中

```
instance instance-id vlan vlan-range
```

此命令用于将 VLAN 号(1 ~ 1005、1025 ~ 4094)映射到 MST instance(0 ~ 15)中。映射关系将保存在 MST 区域缓存中。

(4)退出 MST 配置模式

```
(mst)end
```

输入 end 命令,将退出并返回到特权模式。同时配置的改变立即生效。但如果想永久保存 MST 配置,须将配置保存在 NVRAM 中。

4. 放置根桥交换机

注意:根桥(与备根桥)应放置在网络的"中心"位置附近,以便可以计算出最优的生成树拓扑。通常情况下,根桥应放置在网络的核心层或分布层。如果用户未手动指定根桥的位置,BID 最小的交换机将选举成根桥。根桥自动选举几乎总是会产生效率不高的生成树拓扑。

```
(global) spanning-tree vlan vlan-id root (primary |secondary)[ diameter net-diameter
[hello-time hello-time]]
```

或

```
(global)spanning-tree mst instance-id root (primary |secondary)[ diameter net-diameter
[hello-time hello-time]]
```

带有参数 primary 的命令将使交换机成为若干 VLAN(1 ~ 1005 和 1025 ~ 4094)或指定的 STP 实例(1 ~ 16,如未指定即 VLAN 1)的主根桥。网桥优先级的修改规则如下:如果大于 8 192,将被设置成 8 092;如果小于 8 192,将被设置成比当前根桥优先级更小的值。可以使用关键字 secondary 来指定备根桥或次根桥,以防主根桥失效。这里,网桥优先级将被设置成 16 384(对于 MST 来说,主根桥优先级被设置成 24 576,备根桥被设置成 28 672)。

关键字 diameter 指定了网络中两端点之间的直径,即网桥或交换机的数量(1 ~ 7,默认为 7)。可同时设定 hello 时间间隔(默认为 2 s)。网络直径的设置将导致系统自动计算并修改其他 STP 计时器值。可使用其他命令明确地调整计时器值,不过调整直径隐藏了计时器计算的复杂性。

5. 调整网桥的优先级

```
(global) spanning-tree vlan vlan-id root priority priority [ diameter net-diameter]
[hello-time]
```

或

```
(global)spanning-tree mst instance-id priority priority[ diameter net-diameter][ hello-
time hello-time]
```

用户可以直接将网桥优先级修改成其他数值,而不是自动获得的主备根桥的优先级。优先级可基于每个 VLAN 或 STP 实例来设定。选项 instance 指定了实例号,可使用逗号或连字符来定义一个或一组实例。

如果想强制某台交换机成为根桥，应为此交换机配置一个比在 VLAN 或 STP 实例中其他所有交换机都要低的优先级。对于 PVST + 来说，网桥优先级范围介于 0 ~ 65 535（默认为 32 768），不过，当启用扩展 VLAN 支持功能后，优先级只能设定成以下固定数值：0（优先级最高）、4 096、8 192、12 288、16 384、20 480、24 576、28 672、32 768、36 864、40 960、45 056、49 152、53 248、57 344 和 61 440（优先级最低）。

6. 阻止端口成为 STP 根端口

```
(interface) spanning-tree root guard
```

此命令将在端口或接口启用 STPRootGuard（根保护）特性。如果连接到此端口的网桥通过一个更低的桥 ID 并成为了根桥，此端口将进入 root-inconsistent（侦听）STP 状态。当此端口不再能检测到根桥的 BPDU 时，将退回到正常的工作状态。

7. 调节根路径开销

（1）（可选）设置端口开销取值范围

```
(global)spanning-tree pathcost defaultcost-method(long |short)
```

默认情况下，PVST + 的交换机使用 short 模式（16 bit）端口开销值。如果有 10 Gbit/s 或以上的端口，应在网络中的所有交换机上将端口开销取值范围设定为，0 模式（32 bit）。MISTP、MISTP-PVST + 及 MST 默认使用“长模式”的端口开销。

（2）设定所有 VLAN 或实例的端口开销

```
(interface)spanning-tree costcost
```

此命令可将所有 VLAN 或 STP 实例的端口开销设定成“短模式”。在 MISTP 模式下为 1 ~ 65 535，在长模式下为 1 ~ 200 000 000。

（3）设定每个 VLAN 或每个实例的端口开销

```
(interface)spanning-tree vlan vlan-id costcost
(interface)spanning-tree mst instance-id costcost
```

此命令可将 VLAN，vlan-id 或 STP 实例 intance-id（0 ~ 15）的端口开销设定为 cost（“短模式”为 1 ~ 65 535，“长模式”为 1 ~ 200 000 000）。

8. 调节端口优先级

（1）设定所有 VLAN 或实例的端口优先级

```
(interface)spanning-tree port-priority port-priority
```

此命令将端口优先级设定成 priority（2 ~ 255）

（2）设定每个 VLAN 或每个实例的端口优先级

```
(interface)spanning-tree vlan vlan-list port-priority priority
```

或

```
(interface)spanning-tree mst instance-id port-priority priority
```

此命令将 VLAN vlan-id 或 STP 实例 instance-id（0 ~ 15）的端口优先级设定为 0。

9. 使用 UDLD 检测单向连接

（1）在交换机上启用 UDLD

```
(global)udld enable |aggressive
```

默认情况下，UDLD 处于停用状态。在将 UDLD 应用在特定端口之前须先将其启用。Supervisor IOS 中可使用关键字 aggressive 在所有以太网光纤端口上全局地启用 UDLD 主动模式。

（2）（可选）调整 UDLD 消息间隔计时器

```
(global)udld message time interval
```

此命令将 UDLD 消息时间间隔设定成 interval（7～90 s，默认为 60 s）。

（3）在特定端口上启用 UDLD

```
(interface)udld(enable |disable)
```

在交换机上全部启用 UDLD 后，UDLD 将默认启用在所有以太网光纤端口上。默认情况下，在所有的以太网双绞线介质端口上，UDLD 处于停用状态。

（4）（可选）在特定端口上启用 UDLD 主动模式

```
(interface)udld aggressive
```

在特定端口上启用 UDLD 主动模式之后，当系统检测到单向连接时将停用此端口。问题修正后须手动地重新启用该端口。在 Supervisor IOS 中，可使用特权命令 udld reset 来重新启用所有被 UDLD 停用的端口。

10. 使用 loop guard 特性来增强 STP 的稳定性

```
(interface)spanning-tree loopguard
```

loop guard（环路防护）特性应只启用在已知的根端口或替换根端口上。例如，接入层交换机的上行端口一定是根端口或替换根端口，原因是这些端口离根桥最近（假定用户将根桥放置在了网络的中心位置）。表 4-4-2 列出了可用来显示 STP 相关信息的交换机命令。

表 4-4-2　可用来显示 STP 相关信息的交换机命令

功　能	命　令
查看具体 VLAN 的 STP 信息	（exec）show spanning-tree vlan vlan
查看 Trunk 上所有 VLAN 的 STP 状态信息	（exec）show spanning-tree interface mod/num

三、STP 配置实例

作为一个好的网络设计，始终应该将网络中某台交换机配置成某个 VLAN 的主根桥，并将另外一台交换机配置成备根桥。如果用户在构建网络时忘记了此操作，那么让交换机自己根据默认的 STP 参数形成生成树拓扑时，会出现怎样的情况？

1. STP 根桥位置不好

图 4-4-2 的上半部分给出了一个三台 Catalyst 交换机互联成三角形拓扑网络的例子。Catalyst Cl 和 C2 构成了网络的核心层，而 Catalyst A 用于连接接入层内的终端用户（如果整个园区网没有明显的核心层，C1 和 C2 也可以考虑成是分布式交换机。总之，将其考虑成是最高层的交换机或网络的骨干设备）。

和预计的一样，核心交换机和其他交换机之间都使用吉比特以太网。不过 Catalyst A 连接到核心交换机的上行链路使用快速以太网。

当选举根桥时，Catalyst A 因其具有最小的 MAC 地址而胜出（所有交换机具有默认的桥优先级取值 32 768）。Catalyst A 的两个上行端口由于自身是根桥的原因都为指定端口。C1 和 C2 连接 Catalyst A 的下行端口成为根端口。由于 C1 同 C2 相比具有更小的发送方 BID，故在 C1 连接 C2 的吉比特链路上，C1 的端口被选举成指定端口。遗憾的是，由于交换机 C2 连接 C1 的吉比特端口既不是根端口又不是指定端口，故该端口将进入阻塞状态。对应的逻辑拓扑图可参照图 4-4-2 的下半部分。

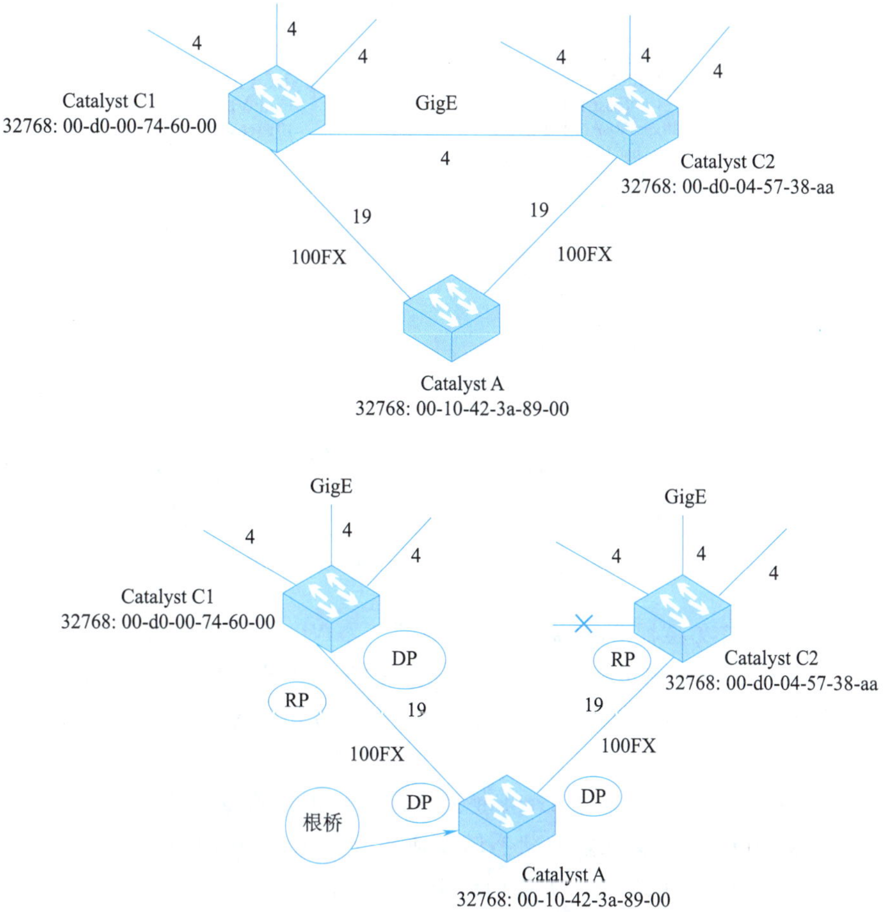

图 4-4-2　STP 根桥位置不好的网络拓扑图示例

很显然，这是一个低效率的网络拓扑，因为通过网络核心的所有流量都必须穿越 Catalyst A 的低速链路，并且作为接入层交换机的 Catalyst A 也可能要比核心层交换机的性能低。

为了补救这种局面，应将 STP 根桥放置在核心层或网络的最高层中。可以使用以下命令来将交换机 C1 设置成 VLAN 10 的根桥，例如：

```
(global)spanning-tree vlan 10 root primary
```

另一种做法是使用以下命令为交换机设定明确的优先级（适用于所有型号的 Catalyst 交换机）。

```
(global)spanning-tree vlan 10 priority 8192
```

2. STP 负载均衡

图 4-4-3 所示为三台 Catalyst 交换机互联成的三角形拓扑网络。交换机之间每条链路都为 Trunk，承载两个 VLAN 的流量。配置交换机来让两个 VLAN 在多条 Trunk 链路上进行负载均衡。图 4-4-3 的下半部分显示了 VLAN 100 和 VLAN 101 形成的生成树拓扑。

分布层交换机 Catalyst D1 将被选举成根桥。连接到接入层交换机 Catalyst Al 的分用户将处于 VLAN 100 中，其余用户处于 VLAN 101 中。当前的想法是将 VLAN 100 的流量转发给交换机 Catalyst D1，而 VLAN 101 的流量转发给交换机 Catalyst D2。

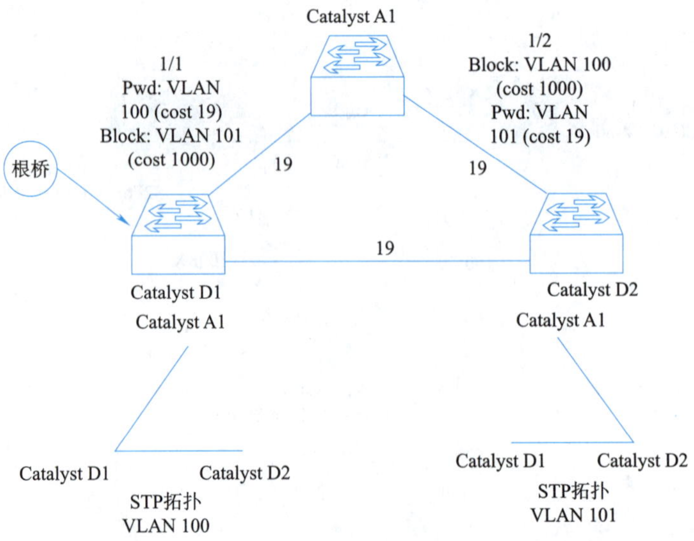

图 4-4-3　STP 负载均衡实例的网络拓扑结构

注意:简单起见,将交换机 Catalyst D1 选举成为两个 VLAN 的根桥来示范如何调整端口开销来实现负载均衡,也可以将 Catalyst D1 配置成 VLAN 100 的根桥,Catalyst D2 配置成 VLAN 101 的根桥,最后形成的 STP 拓扑是一样的,不过第二种方法将无须调整交换机 Catalyst A1 的端口开销。

负载均衡的额外的好处是,两条 Trunk 链路之间可以进行故障切换。如果某一条 Trunk 链路故障,另外一条 Trunk 链路会从阻塞状态转变成转发状态,即在同一条 Trunk 链路上同时转发 VLAN 100 和 VLAN 101 的流量。如果两台交换机上都启用了 STPU plink Fast 特性,那么链路故障切换几乎可在瞬间完成。

将交换机 Catalyst D1 配置成两个 VLAN 的根桥,而 Catalyst D2 配置成备根桥。如果 Catalyst D1 故障,Catalyst D2 将成为新的根桥。

Catalyst D1 可使用以下命令配置。

```
(global)spanning-tree vlan 100 root primary
(global)spanning-tree vlan 101 root primary
```

另一种做法是使用以下命令为交换机设定明确的优先级(适用于所有型号的 Catalyst 交换机)。

```
(global)spanning-tree vlan 100 priority 8192
(global)spanning-tree vlan 101 priority 8192
```

Catalyst D2 可使用以下命令来配置成备根桥。

```
(global)spanning-tree vlan 100 root secondary
(global)spanning-tree vlan 101 root secondary
```

另一种做法是为 D2 设定明确的优先级。

```
(global)spanning-tree vlan 100 priority 8200
(global)spanning-tree vlan 101 priority 8200
```

最后,Catalyst A1 针对两个 VLAN 调整端口 1/1 与端口开销。图 4-4-3 中所示的默认端口开销为 19。这里将不想要的路径的端口开销设定成 1 使之进入阻塞状态。例如,端口 1/1 上的

VLAN 101 流量将被阻塞，由于其具有高达 1 000 的端口开销。

```
(global)interface fast ethernet 1/1
(interface)spanning-tree vlan 101 cost 1000
(global)interface fast ethernet 1/2
(interface)spanning-tree vlan 100 cost 1000
```

四、优化 STP 收敛

STP 的运作以数个计时器为基础。通常，系统使用默认的计时器值时才执行动作。STP 计数器的默认值最大网络直径为 7，即七台交换机。可以调整计时器值来实现更快的收敛。

①Hello 计时器将周期性的 Hello 消息发送给邻居交换机。

②转发延迟（forward delay）计时器指定了端口处于侦听状态和学习状态的时间。

③最大生存周期（max age）计时器指定了从指定端口接收的 BPDU 的保存时间。

系统会定期地期望收到 BPDU，如果接收 BPDU 的延迟时间超出了 STP 计时器的时间，系统将在错误消息中触发拓扑的改变。可使用 BPDU 迟滞（skewing）特性来检测 BPDU 的延迟。

STPPortFast 特性允许连接到主机或非桥接网络设备的端口，在链路建立时立刻进入转发状态。此特性绕过了常规 STP 的端口状态以实现更快的端口启动，不过也存在了产生桥接环路的可能性。

STPUplinkFast 特性只用在“叶节点”交换机上（生成树分支的末端），通常此类交换机位于接入层。启用此特性的交换机将跟踪所有通往根桥路径上的阻塞端口。

①根端口发生故障时，替换端口（alternate port）将无须经历常规的 STP 端口状态过程并且可以无延迟地进入转发状态。

②当启用 Uplink Fast 特性之后，桥的优先级提高到了 49 152，使其不可能成为根桥，并且交换机上所有的端口都将其端口开销增加了 3 000，使其不会被选举成根端口。

③当替换根端口启用后，交换机将下行设备的新位置使用伪多播地址。

④更新的 MAC 地址发送给上行交换机。更新帧中包括自身 CAM 表中工作站的 MAC 地址。

STP Backbone Fast 特性使网络核心区域的交换机主动去寻找到达根桥的替代路径，以防发生非直连链路故障。

①STP Backbone Fast 特性应启用在网络中的所有交换机上。启用此特性的交换机使用一种“请求和应答”（request-and-reply）的机制来确定根路径的稳定性，因此所有的交换机必须启用此特性。

②STP Backbone Fast 特性只能将收敛时间从默认的 50 s（最大生存周期计时器到期需要 20 s，侦听和学习状态各需要 15 s）缩减到 30 s。

1. 优化 STP 计时器来调整收敛时间

注意：只应该在根桥上修改 STP 计时器的值。根桥会通过自身产生的配置 BPDU 将参数通告给所有其他交换机。

如果必须调整 STP 计时器，可考虑通过设定根桥上网络直径的方法来实现。当设定了网络直径之后，所有其他的 STP 计时器都将进行计算并自动地进行调整。

（1）（可选）调整 STPHello 计时器

```
(global)spanning-tree vlan[ vlan] hello-time interval
```

或

```
(global)spanning-tree mst[ instance-id] hello-time interval
```

此命令将特定 VLAN 或 STP 实例的 Hello 计时器设定成 interval(1 ~ 10 s,默认 2 s)。如未指定 VLAN 号或实例区域号,配置将在全部 VLAN 或 STP 实例中生效(在 CatOS 中,如未指定 VLAN 号,配置将在 VLAN 1 中生效)。

(2)(可选)调整 STP 转发延迟计时器

```
(global)spanning-tree vlan[ vlan] forward-time delay
```

或

```
(global)spanning-tree mst instance-idl forward-time delay
```

此命令将特定 VLAN 或 STP 实例的转发延迟间隔设定 forward-time deley(4 ~ 30 s,默认 15 s)。如未指定 VLAN 号或实例区域号,配置将在全部 VLAN 或 STP 实例中生效(在 CatOS 中,如未指定 VLAN 号,配置将在 VLAN 1 中生效)。

(3)(可选)调整 STP 最大生存周期计时器

```
(global)spanning-tree vlan[ vlan] max-age aging time
```

或

```
(global)spanning-tree mst[ instance-id] max-age agingtime
```

此命令将特定 VLAN 或 STP 实例的最大生存周期计时器设定成 againgtime(6 ~ 40 s,默认 20 s)。如未指定 VLAN 号或实例区域号,配置将在全部 VLAN 或 STP 实例中生效(在 CatOS 中,如未指定 VLAN 号,配置将在 VLAN 1 中生效)。

2. 在接入层结点使用 PortFast 加快 STP 收敛

(1)在端口上启用 PortFast 特性

```
(interface)spanning-tree portfast (trunk)
```

此命令可在非 Trunk 端口上启用 PortFast 特性。关键字 trunk 可用来在链路上强制启用 PortFast 特性。

注意:在某端口启用 PortFast 特性后,此端口的状态变化将不再产生 TCN BPDU。尽管 STP 仍运行在此端口上来防止桥接环路,但端口所连主机启动或关闭时将不会触发拓扑的改变。

用户只应在连接单个主机的交换机端口上启用 PortFast 特性。换句话说,不论端口是 access 模式还是 trunk 模式,在连接其他交换机或集线器的交换机端口上都不要启用 PortFast。

(2)(可选)启用 PortFastBPDU 保护来提高 STP 稳定性

```
(global)spanning-tree portfast bpduguard
```

如果启用了 BPDU 保护(BPDU Guard)特性的端口上收到了 BPDU,那么该端口将进入 err-disable 状态。

在 Supervisor IOS 上,只有启用了 PortFast 特性的端口才能启用 BPDUGuard 特性。

(3)(可选)启用 PortFastBPDU 过滤来停止 BPDU 的处理

```
(interface)spanning-tree bpdu-filter
```

BPDU 过滤(BPDU Filtering)功能可使交换机在特定端口上停止 BPDU 的发送,并且入站的 BPDU 也不会被处理。

3. 在接入层上行链路使用 UplinkFast 加快 STP 收敛

```
(global)spanning-tree uplinkfast[ max-update-rate packets-per-second]
```

使用选项 max-update-rate 后,交换机能够以 packets-per-second 的速率发送多播包至上行交换机(Supervisor IOS 中,默认每秒 150 个多播包)。

4. 在冗余骨干链路上使用 BackboneFast 加快 STP 收敛

```
(global)spanning-tree backbonefast
```

如需配置 BackboneFast,应该在网络中的所有交换机上都启用该特性。

BackboneFast 针对交换机上所有的 VLAN 来启用或停用。

任务小结

本任务介绍了 STP 工作流程和 STP 配置方法。

※思考与练习

简答题

1. 生成树协议(STP)最主要的作用是什么?
2. STP 端口状态有哪几种? 分别表述其含义。

项目五

配置路由器

任务一　认识路由器

微视频

认识路由器

任务描述

本任务介绍了路由器接口的标识方法,识别网络设备及其控制线的方法;讨论了用 Packet Tracer 安装路由器接口模块的方法;在互联网上了解 Cisco 路由器产品线,掌握基本的配件安装过程。

任务目标

- 识记:路由器的基本功能结构。
- 领会:路由器的常规技术参数。
- 应用:掌握路由器各种接口的功能与应用。

任务实施

一、了解路由器基础知识

路由器作为不同网络之间的互联设备,通常用来连接局域网与广域网。其基本功能是把数据报(Packets、IP 报文)正确、高效地传送到目标网络,主要包括:

①IP 数据报的转发,包括数据报传送的路径选择和传送数据报。

②与其他路由器交换路由信息,维护路由表。

③子网隔离,抑制广播风暴。

④IP 数据报的差错处理及简单的拥塞控制。

⑤实现对 IP 数据报的过滤和记账等。

路由器是一台专用的计算机,由 CPU、各种存储器和接口电路组成。系统软件通常置于内存中,不用硬盘。不同公司、不同系列的路由器的 CPU、存储器,特别是各种接口的种类和数量都不同。

1. 路由器的组成

①CPU:路由器的中央处理器。

②RAM/DRAM。路由器的主存储器,用于存储路由表,保持 ARP 缓存,完成数据包缓存。当路由器开机后,为配置文件提供暂时的内存;当路由器关机或重启后,内容全部丢失。

③NVRAM(非易失性 RAM):用于存储启动配置文件等。

④Flash ROM(快闪存储器):用于存储系统软件映像等,是可擦除可编程的 ROM,允许对软件进行升级而不需要替换处理器的芯片,可存放多个 Cisco IOS 软件版本。Flash 中的程序,在系统掉电时不会丢失。

⑤ROM:存储开机诊断程序、引导程序和操作系统软件的备份。ROM 相当于 PC 的 BIOS。Cisco 路由器运行时首先运行 ROM 中的程序。该程序主要进行加电自检,首先,对路由器的硬件进行检测。其次,它还包括引导程序及 IOS 的一个最小子集。ROM 为一种只读存储器,即使系统掉电,程序也不会丢失。

⑥路由器的各种接口的内部电路:一般路由器启动时,首先运行 ROM 中的程序,进行系统自检及引导,然后运行 Flash 中的 IOS,再在 NVRAM 中寻找路由器的配置,并将其装入 DRAM 中。

2. 路由器按网络应用规模分类

路由器按网络应用规模可分为核心级路由器、分布级路由器和接入级或访问级路由器。在主干网上,路由器的主要作用是路由选择。主干网上的路由器必须知道到达所有下层网络的路径。这就需要维护庞大的路由表,而且对连接状态的变化要尽可能迅速地做出反应。路由器的故障将导致严重的信息传输问题。在主干网上若使用 Cisco 路由器,通常使用 Cisco 1200 系列等高端路由器,这类路由器称为核心级路由器。分布级路由器的主要作用是网络连接和路由选择,即连接各个分支机构的网络,负责下层网络之间的数据转发。Cisco 2800 和 Cisco 2900 系列路由器是典型分布级路由器产品。接入级路由器用于分支机构与总部网络的连接,Cisco 1841 和 Cisco 1941 系列路由器是其代表性产品。

二、熟悉路由器的工作原理

路由器执行两个最重要的基本功能:路由功能和交换功能。路由功能即判定到达目的地的最佳路径,由路由选择算法来实现。由于涉及不同的路由选择协议和路由选择算法,要相对复杂一些。为了判定最佳路径,路由选择算法必须启动并维护包含路由信息的路由表,其中路由信息依赖于所有的路由选择算法而不尽相同。路由选择算法将收集到的不同信息填入路由表中,根据路由表可将目的网络与下一站的关系告诉路由器。路由器间互通信息进行路由更新,维护路由表使之正确反映网络的拓扑变化,并由路由器根据度量值来决定最佳路径。

交换功能即指沿最佳路径传送信息分组,数据在路由器内部移动与处理。从路由器的一个接口接收,接着在路由表中查找,判明是否知道如何将分组发送到下一个站点。若路由器不知道如何发送分组,通常将该分组丢弃;否则,就根据路由表的相应表项将分组发送到下一个站点。若目的网络直接与路由器相连,路由器就把分组直接送到相应的端口上。

网络通信分为同一网络内部的通信和不同网段之间的通信。对于网络内部通信时,目的主机与源主机处理同一网段,此时只需根据查找 MAC 地址在数据链路层封装,并通过网卡将封装好的以太网数据帧发送到物理线路上去。对于不同网段间通信,需要通过路由器将其连接起来,如图 5-1-1 所示。

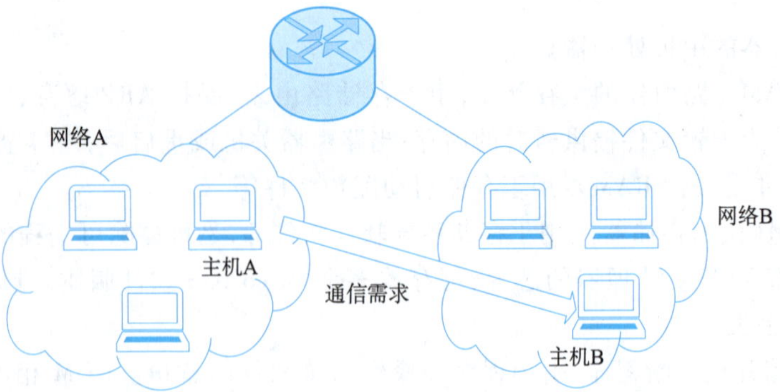

图 5-1-1　网络间通信示例

在图 5-1-1 中,网络 A 中有 1 台主机想要和网络 B 中 1 台主机通信。主机 A 通过本机的 hosts 表或 wins 系统或 dns 系统先将主机 B 的计算机名转换为 IP 地址,然后用自己的 IP 地址与子网掩码计算出所处的网段,与目的主机 B 的 IP 地址进行比较,发现与自己处于不同的网段。于是主机 A 将此数据包发送给自己的默认网关,即路由器的本地接口。主机 A 在自己的 ARP 缓存中查找是否有默认网关的 MAC 地址,若有则数据链路层封装,并通过网卡将封装好的以太数据帧发送到物理线路上去;若 ARP 缓存表中没有默认网关的 MAC 地址,主机 A 将启动 ARP,通过在本地网络上的 ARP 广播来查询默认网关的 MAC 地址,获得默认网关的 MAC 地址后写入 ARP 缓存表,进行数据链路层封装和发送数据。数据帧到达路由器的接收口后首先解封装,变成 IP 数据包,对 IP 数据包进行处理,根据目的 IP 地址查找路由表,决定转发接口后做适应转发接口数据链路层协议的帧的封装,并发送到下一跳路由器,此过程继续直至到达目的网络与目的主机。在整个通信过程中,数据报文的源 IP、目的 IP 层向上的内容不会改变。

思科公司的 Cisco 3700 系列应用服务路由器是一系列全新的模块化路由器,可实现新的电子商务应用在集成化分支机构访问平台中的灵活、可扩展的部署。该路由器提供两个集成化 10/100 LAN 端口、两个集成化高级集成模块(AIM)插槽、三个集成化 WAN 接口卡(WIC)插槽、两个网络模块(NM)插槽、一个高密度服务模块(HDSM)功能插槽;具有 32MB Flash/128 MB DRAM(默认);针对 16 端口 EtherSwitch NM 和 36 端口 EtherSwitch HDSM 的可选在线供电(in-line power);可支持所有主要的 WAN 协议和传输介质。

中兴公司的 ZXR10T600 电信级万兆核心路由器系列,主要应用在企业网络和运营商网络的汇聚层和骨干层。系统采用模块化的设计思想,通过模块的灵活配置,以适应各种应用环境和用户的需求。ZXR10T600 的特点如下:

①支持 8 个 10 Gbit/s 高速接口,可配置 1 × OC-192c/STM-64c POS 接口(XFP)、1/4 × OC-48c/STM-16cPOS 接口、4 × OC-12c/STM-4POS 接口(SFP)、8 × OC-3c/STM-1POS 接口(SFP)4/8 × OC-3c/STM-1 ATM 接口(SFP)、3 × 通道化/非通道化 E3 接口、32 × 通道化/非通道化 E1 接口、6 × 100 M 电接口、16 × 100 M 光接口(SFP)、4/10 × GE 接口(SFP)、1 × 10GEWAN 接口(XFP)、1 × 10GELAN 接口(XFP)。

② CROSS SBAR 交换结构,背板容量高达 640 Gbit/s,支持 320 Gbit/s 交换网板。

③实现高速接口的 IPv4/IPv6、MPLS 线速转发,整机的转发性能可高达 200 MPPS。

④线卡丰富，运营级高可靠性，具有强大的 QoS 能力。

⑤丰富的协议支持，支持 OSPF、IS-IS、BGP-4 等路由协议以及静态路由。2M 条路由表项，全面支持 IPv4 和 IPv6 双协议栈；支持 IPv4 向 IPv6 的基本过渡技术，包括手工配置隧道、自动配置隧道、6to4 隧道、6PE 等；支持 IPv6 静态路由，支持 BGP4/BGP4 +、RIPng、OSPFv3、ISISv6 等动态路由协议；支持 ICMPv6MIB、UDP6MIB、TCP6MIB、IPv6MIB 等。

三、掌握路由器的工作流程

1. 路由器的工作流程

路由器的工作流程如图 5-1-2 所示。

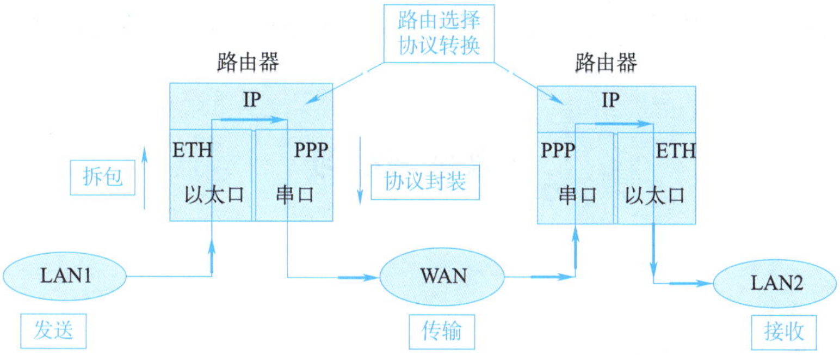

图 5-1-2　路由器的工作流程

2. 路由器的工作原理

路由器的工作原理包含以下两个关键因素：

①子网寻径及路由。

②路由算法、路由协议、寻径。

路由表的内容示例见表 5-1-1。

表 5-1-1　路由表的内容示例

目的地址	掩　码	下一跳地址
0. 0. 0. 0	0. 0. 0. 0	10. 0. 0. 1
100. 0. 0. 0	255. 255. 255. 0	20. 0. 0. 1
200. 0. 0. 0	255. 255. 255. 0	30. 0. 0. 1

3. 路由算法的衡量原则

①选径是否最佳。

②简洁性。

③强壮性。

④快速收敛性。

⑤灵活性、弹性。

4. 决定最佳路径的因素

路由表包含的信息用来交换路由信息和选择最佳路由。路由算法使用了许多不同的权决定最佳路由。成熟的路由算法根据多种权选择路由组合成一种混合权。通常采用的权如下：

①路径距离。
②可靠性。
③时延。
④带宽。
⑤承载量。
⑥通信费用。

任务小结

本任务介绍了路由器接口的标识方法、识别网络设备及其控制线的方法,讨论了用 Packet Tracer 安装路由器接口模块的方法。读者需要掌握 Cisco 路由器产品线情况,掌握基本的配件安装过程。

※思考与练习

简答题

1. 简述路由器的作用。
2. 路由器的组成部分有哪些?
3. 简述路由器的工作过程。

任务二　掌握路由器配置的基础知识

任务描述

本任务主要介绍路由器接口的类型和作用。使用 IP 配置命令对路由器进行配置是工程实践的常见工作内容,路由器 IP 配置和验证方法是进行工程实践的必要前提。

任务目标

- 识记:路由器的接口。
- 领会:路由器 IP 配置命令。
- 应用:路由器 IP 配置实施与验证。

任务实施

一、认识路由器接口

1. 识别 Cisco 4000 系列路由器

Cisco 4000 系列集成式多业务路由器(ISR)是一款适用于分支机构的革命性融合式平台,它将业界领先的网络、计算和广域网服务集于一身。这款路由器能够在不同的远程站点之间无缝扩展云服务，更快实现业务数字化，可以借助4000系列快速高效地过渡到混合型广域网架构。Cisco 4000系列路由器如图5-2-1所示。

图5-2-1　Cisco 4000系列路由器

(1)功能

Cisco 4000系列ISR采用新式机箱、模块和广域网服务，并且具有面向思科智能广域网的强大管理框架和经过验证的设计。Cisco 4000系列与Cisco UCS E系列服务器模块相结合，可构成一个灵活的平台，轻松自如地适应不断变化的企业应用需求。利用这款路由器可以为任何设备上的所有云应用提供支持。

Cisco 4000系列ISR专用于满足千兆转发的性能需求，它能够在单一平台上运行最广泛的网络和应用服务。其特性包括：

①提供高质量用户体验。运行Cisco IOS-XE的多核CPU架构采用独立的平面与数据服务平面，即使在负载高峰期内，仍能游刃有余。

②更快地应对业务需求和用户需求。以新型"随增长，随投资"方式提供服务，有助于提升服务能力，逐步建立一套全面的按需网络和应用服务体系，免除上门服务的需要。

③广泛的连接选项。ISR 4000支持集成千兆以太网、T1/E1、T3/E3、PRI和xDSL等各种链路。

④统一通信。针对会话边界控制、分支机构电话适用能力、TDM网关等方面提供全面的边缘支持。

(2)操作和管理

通过思科应用策略基础设施控制器(APIC)企业模块和开放的合作伙伴生态系统，使IT配置、监控和管理实现自动化。通过将网络、计算和存储集于一身的一体化平台，降低分支机构在空间和功耗方面的需求。客户可以选择集成式计算和存储选项，结合使用Cisco UCS E系列服务器来承载应用和服务。通过部署Cisco 4000系列ISR，可以随着实际需求的增长逐步购买并扩展产品。还可以在单个平台上实现标准化，而且无须中断系统或寻求上门服务即可增加服务并扩充容量。

(3)硬件特性

①Cisco IOS XE操作系统；

②机架单元(1RU)或2机架单元(2RU)外形；

③最高2 Gbit/s吞吐量；

④最多3个网络接口模块插槽；

⑤最多2个服务模块插槽；

⑥最多4个集成10/100/1000 Mbit/s以太网端口；

⑦最多 8 个集成 CPU 核心的服务器模块。

(4)路由器接口

Cisco 4000 系列路由器的接口类型和功能主要包括以下几个方面:

①以太网接口:Cisco 4000 系列路由器提供了多种以太网接口,包括 GE/SFP 和 PoE GE/SFP 接口。这些接口支持高速数据传输,适用于企业分支机构的 WAN 通信需求。具体型号如 ISR 4321、ISR 4331、ISR 4351、ISR 4431 和 ISR 4451 等,分别具有不同的性能和功能,例如 ISR 4321 的接口性能为 2 Gbit/s 以上,而 ISR 4451 的接口性能为 4 Gbit/s 以上。

②广域网优化接口:Cisco 4000 系列路由器支持广域网优化功能,通过 IOS XE SD-WAN 提供网络威胁防护。这些功能帮助企业优化网络性能,降低 WAN 成本,并提供高级安全防护。

③虚拟广域应用服务接口:在 Cisco 4000 系列路由器上可以部署 ISR-WAAS,这是一种虚拟广域应用服务。ISR-WAAS 部署在 IOS-XE 容器中,提供虚拟化应用的虚拟机监控程序,适用于各种网络环境中的广域应用服务优化。

(5)接口配置和性能参数

① ISR 4221:具有 1.2 Gbit/s 的性能和 75 Mbit/s 的加密吞吐量。

② ISR 4321:具有 2 Gbit/s 以上的性能和 100 Mbit/s 的加密吞吐量。

③ ISR 4331:具有 2 Gbit/s 以上的性能和 500 Mbit/s 的加密吞吐量。

④ ISR 4351:具有 2 Gbit/s 以上的性能和 500 Mbit/s 的加密吞吐量。

⑤ ISR 4431:具有 4 Gbit/s 以上的性能和 900 Mbit/s 的加密吞吐量。

⑥ ISR 4451:具有 4 Gbit/s 以上的性能和 1.6 Gbit/s 的加密吞吐量。

⑦ ISR 4461:具有 10 Gbit/s 以上的性能和 7 Gbit/s 的加密吞吐量。

这些接口配置和性能参数使得 Cisco 4000 系列路由器能够满足各种企业分支机构的网络需求,提供高性能、高可靠性和灵活的网络解决方案。

二、路由器的 IP 配置命令及设计

1. IP 配置的基本命令格式

(1)在接口模式下,为路由器接口配置一个 IP 地址

```
ip address <本接口 IP 地址> <子网掩码>
```

例如:命令 Router 1(config-if)#ip address200.199.198.241 255.255.255.252 就是给路由器的某个接口配置 IP 地址。

(2)给一个接口指定多个 IP 地址

```
ip address ip-address mask secondary
```

其中,secondary 参数使每一个接口可以支持多个 IP 地址。可以重复使用该命令指定多个 secondary 地址,secondary IP 地址可以用在多种情况下。例如,在同一接口上配置两个以上的子网的 IP 地址,可以用路由器的一个物理接口来实现连接在同一个局域网上的不同子网之间的通信。

2. 案例背景

A 公司决定建设一个图 5-2-2 所示的计算机广域网。现在硬件设备全部安装到位,通信线路也已连接好,需要进行 IP 地址设计并配置到路由器的各个接口。

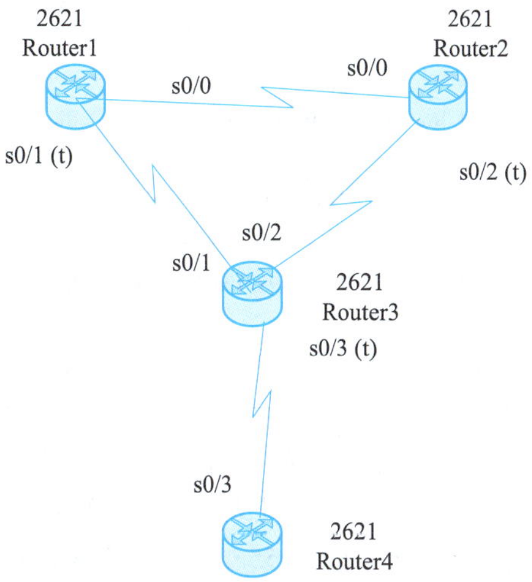

图 5-2-2　计算机广域网拓扑结构

3. IP 配置的基本原则

路由器的每个接口都连接着某个网络。路由器是网络层的设备，其接口也要用网络地址来标识。在 IP 网络中，则用 IP 地址来标识。

路由器的某接口连接到某网络上，则其 IP 地址的网络号和所连接网络的网络号应该相同。详细说来，应遵循以下规则：

①路由器的物理网络接口一般要有一个 IP 地址。

②相邻路由器的相邻接口地址必须在同一子网上。

③同一路由器不同接口的地址必须在不同的子网上。

④除了相邻路由器的相邻接口外，所有路由器的任意两个非相邻接口的地址不能在同一个子网上。

⑤无论是局域网还是广域网接口，IP 地址的配置方式都是相同的。

4. IP 地址设计

根据 IP 地址设计原则，设计用 C 类地址 200. 199. 198. 0/24 给表 5-2-1 所示的路由器各个接口分配 IP 地址，总共需要 4 个子网网络地址。

图 5-2-3 是用子网划分工具把 C 类地址 200. 199. 198. 0/24 划分为 64 个子网，单击“计算”按钮，得到图 5-2-4 所示的划分子网的结果。

只要从这 64 个子网中选择 4 个子网的有效 IP 地址，即可满足表 5-2-1 所示的网络需要。这里选择图 5-2-3 中的第 61 到第 64 这 4 个子网，得到表 5-2-1 中的 IP 地址设计结果。图 5-2-4 是对应的图形所表示的结果。应用图 5-2-4 所示的结构网，就可以非常方便地配置 IP 地址和排查网络故障。

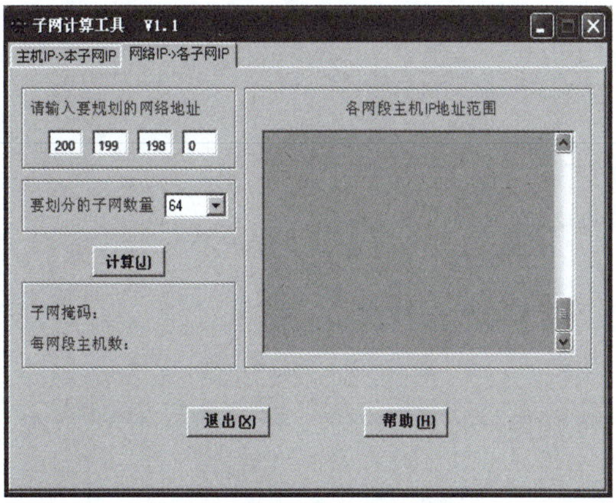

图 5-2-3　用软件自动划分子网

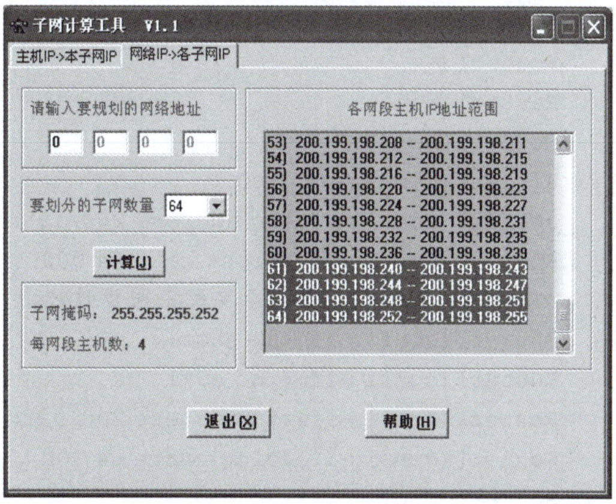

图 5-2-4　划分子网的结果

表 5-2-1 IP 地址设计结果

链　路	子网地址	本端接口名	本端接口 IP 地址	对端接口名	对端接口 IP 地址
Router 1-Router 2	200. 199. 198. 240/30	Router 1-s0/0	200. 199. 198. 241 255. 255. 255. 252	Router 2-s0/0	200. 199. 198. 242 255. 255. 255. 252
Router 1-Router 2	200. 199. 198. 244/30	Router 1-s0/0	200. 199. 198. 245 255. 255. 255. 252	Router 3-s0/1	200. 199. 198. 246 255. 255. 255. 252
Router 1-Router 2	200. 199. 198. 248/30a	Router 1-s0/0	200. 199. 198. 249 255. 255. 255. 252	Router 3-s0/2	200. 199. 198. 250 255. 255. 255. 252
Router 1-Router 2	200. 199. 198. 252/30	Router 1-s0/0	200. 199. 198. 253 255. 255. 255. 252	Router 4-s0/3	200. 199. 198. 254 255. 255. 255. 252

为什么要划分为 64 个子网呢？从图 5-2-5 可知，如果把 C 类地址划分 64 个子网，那么子网掩码为 255. 255. 255. 252，用子网掩码的长度表示就是 30。这时每个子网中只有 4 个 IP 地址。除掉第一个子网的网络地址和最后一个子网广播地址，那么剩下两个有效的 IP 地址，刚好满足连接路由器两个接口的 IP 地址需要。如果划分的子网数大于 64 个，那么每个子网有效的 IP 地址数无法满足最少 2 个有效 IP 地址的需要；如果划分的子网数小于 64 个，那么每个子网有效的 IP 地址数大于 2，根据之前 IP 地址应用规则，从这些有效的 IP 地址中用掉连接路由器的 2 个接口的 IP 地址后，剩余的 IP 地址只能浪费了。这对于地址非常紧缺的情况，浪费宝贵的 IP 地址是绝对不可行的，这就是设计路由器 IP 地址必须要进行子网划分的原因。

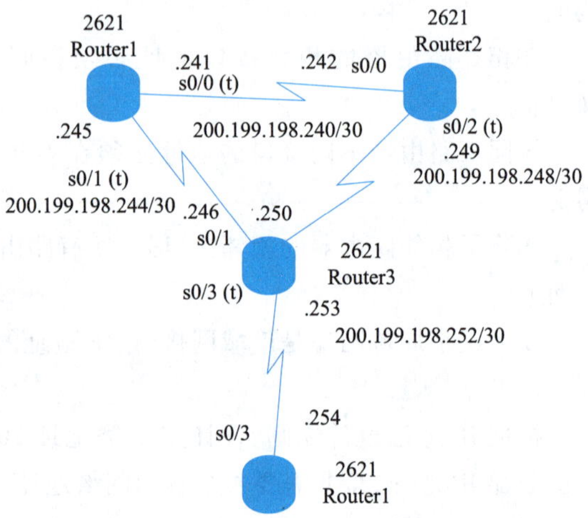

图 5-2-5　IP 地址设计结果

三、路由器的 IP 配置实施与验证

1. 配置 IP 地址

步骤 1：配置 Router1。

```
Router1 >
Router1 > ena
Router1#conf t
Router1 (config)#int s0/0
Router1 (config-if)#ip address 200.199.198.241 255.255.255.252
Router1 (config-if)#clock rate 64 000
!接 DCE 线缆的路由器接口要配置同步时钟
Router1 (config-if)#no shut
Router1 (config-if)#int s0/1
Router1 (config-if)#ip address 200.199.198.241 255.255.255.252
Router1 (config-if)#clock rate 64 000
Router1 (config-if)#no shut
Router1 (config-if)#
```

在接口配置完 IP 地址并且激活和正常工作后，路由器会加入直接连接的路由到它的路由

表中。直接连接的路由是直接连接到路由器上的子网路由。

步骤 2:配置 Router2。

```
Router2 >ena
Router2#conf t
Router2(config)#int s0/0
Router2(config-if)#ip address 200.199.198.241 255.255.255.252
Router2(config-if)#no shut
Router2(config-if)#int s0/2
Router2(config-if)#ipadd 200.199.198.241 255.255.255.252
Router2(config-if)#clock rate 64000
Router2(config-if)#no shut
Router2(config-if)#
```

步骤 3:配置 Router3。

```
Router3 >
Router3 >ena
Router3#conf t
Router3(config)#int s0/1
Router3(config-if)#ip address 200.199.198.241 255.255.255.252
Router3(config-if)#no shut
Router3(config-if)#int s0/2
Router3(config-if)#ip address 200.199.198.241 255.255.255.252
```

步骤 4:配置 Router4。

```
Router4#
Router4#ena
Router4#conf t
Enter configuration commands,one per line,End with CNTL/Z
Router4(config)#int s0/3
% Invalid interface type and number
Router4(config)#int s0/1
Router4(config-if)#ip address 200.199.198.254.255.252
Router4(config-if)#no shut
% LINK-5-CHANGED: Interface Serial 0/1,changed state to down
Rouner4(config-if)#
```

2. 验证

验证路由器 IP 地址设计与配置是否正确的方法有三种。

第一种,简单目测法。如果路由器各个接口配置 IP 地址并开启后,网络拓扑图中表示接口状态的实心圆点由红色变成绿色,表明配置操作正确。

第二种,查看接口状态法,即 show interface 接口名。用该方法可查看路由器当前接口状态是否处于 up 状态。如果是 up 状态,就表明配置操作正确。

```
Router1#show int s0/0
Serial0/0 isdown,line protocol is down(disabled)
    Hardware is HD64570
    Internet address is 200.199.198.241/30
    MTU 1500 bytes,BW 128 Kbit,DLY 20000usec,
        reliability 255/255,txload 1/255,rxload 1/255
    Encapsulation HDLC,loopback not set,keepalive set(10 sec)
```

```
Last input never,output never,output hang never
Last clearing of "show interface" counters never
Input queue:0/75/0(size/max/drops),Total output drops:0
Queueing strategy:weighted fair
Output queue:0/1000/64/0(size/max total/threshold/drops)
    Conversations 0/0/256(active/max active/max total)
    Reserved Conversations 0/0(allocated/max allocated)
    Available Bandwidth 96 kilobits/sec
5 minute input rate 0 bits/sec,0 packets/sec
5 minute output rate 0 bits/sec,0 packets/sec
    0 packets input,0 bytes,0 no buffer
    Received 0 broadcasts,0 runts,0 giants,0 throttles
    0 input errors,0 CRC,0frame,0 overrun,0 ignored,0 abort
    0 packets output,0 bytes,0underruns
    0 output errors,0 collisions,1 interfaces resets
    0 output buffer failures,0 output buffers swapped out
    0 carrier transitions
    DCD = down  DSR = down  DTR = down  RTS = down  CTS = down
```

第三种,命令法,即 ping IP 地址。使用 ping 命令测试路由器当前接口的连通性,如果能 ping 通,则表明配置操作正确。

```
Router1#ping 200.199.198.241
Type escape sequence to abort.
Sending 5,100-byte ICMPEchos to 200.199.198.241,timeout is 2 seconds:
-----
Success rate is 0 percent(0/5)
Router1#ping 200.199.198.242
Type escape sequence to abort.
Sending 5,100-byte ICMP Echos to 200.199.198.242,timeout is 2 seconds:
-----
Success rate is 0 percent(0/5)
```

3. 异常情况

由于误操作,两个路由器相邻接口的 IP 地址不在同一网段,Cisco 的 IOS 不会有任何错误提示信息,而且用简单目测法和查看接口状态法,都会显示正常状态,但如果用命令法,就会发现问题,这时相邻两接口的 IP 地址都 ping 不通了。在日常工作中,发生这种错误的概率比较高。往往就是这样一个简单的误操作,就会导致网络无法正常工作,需要花大量时间进行排查。一个比较好的经验就是,在配置完 IP 地址后,再对照网络拓扑结构的 IP 地址设计图检查是否有误操作,这样会极大提高工作效率。

如果在同一个路由器的不同接口上,配置了相同网络地址的 IP,就会出现图 5-2-6 所示的警告信息,提示当前接口的 IP 地址与同一路由器上的某个接口的 IP 地址重叠了。

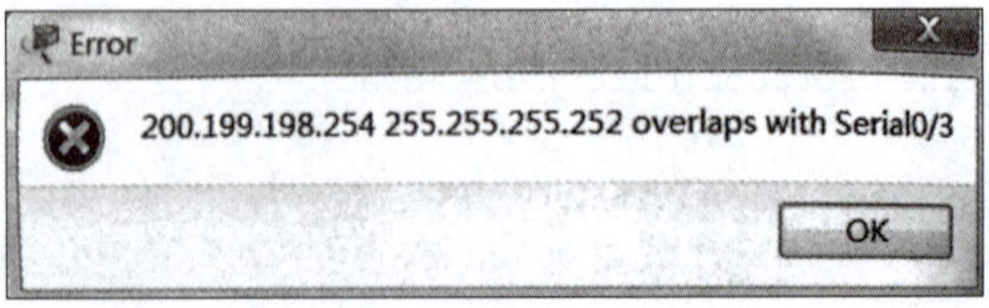

图 5-2-6　警告信息

技能拓展

随着互联网的广泛应用，现有的 IPv4（Internet protocol version 4）网络地址资源越来越匮乏，这必然会影响互联网的发展，IPv6（Internet protocol version 6）的设计与实现为解决该问题提供了有效的途径。IPv6 采用 128 位地址长度，几乎可以不受限制地提供地址资源，足以支撑网络技术的发展。此外，IPv6 的设计还使得它具有其他许多优良特性，在安全性、服务质量、移动性等方面，其优势也比较明显。采用 IPv6 的网络将比现有 IPv4 网络更具扩展性、更安全，并更方便为用户提供高质量服务。

IPv6 地址占用 128 位，分为 8 段，每段占用 16 位（bit），由 4 位十六进制数（十六进制数由数字 0 ~ 9 和字母 A ~ F 组成，其中字母 A ~ F 与十进制数中的 10 ~ 15 相对应）组成。IPv4 地址表示为点分十进制数据格式，而 IPv6 采用冒号分十六进制数据格式。所以，IPv6 地址的表示方法为"x:x:x:x:x:x:x:x"，其中 x 的值是十六进制数值。例如，1080:0000:0000:0000:0008:0800:200C:417A 就是一个完整的 IPv6 地址。

对于一个 IPv6 地址，可以通过除去各块中开头连续的零来进行简化。例如，上述 IPv6 地址可以简化为 1080:0:0:0:8:800:200C:417。

对于 IPv6 地址中存在的连续的零，还可以进一步简化。此时，需要将所有连续的 0 用一个双冒号（::）进行替换，但在单个 IPv6 地址中，该符号只能出现一次。例如，上述 IPv6 地址可以简化为 1080::8:800:200C:417A。

前缀（prefix）是 IPv6 地址的一部分，用来表示 IP 地址中某些位是固定的值，或用来反映其所代表的子网。IPv6 前缀的表示法为"地址/前缀长度"。例如，21DA:D3:0:2F3B::/64 表示 IPv6 地址中最左边 64 位固定为 21DA:D3:0:2F3B。注意，IPv4 中使用的子网掩码在 IPv6 中已经不支持了。

与 IPv4 地址分类有所不同，IPv6 地址包括单播地址、多播地址和任意播地址三种类型。其中，单播地址标识单播地址类型的作用域内的单个接口；多播地址标识多个接口，发往多播地址的数据包将传输到该地址所标识的所有接口；任意播地址标识多个接口，发往任意播地址的数据包将传输到该地址所标识的最近接口。

另外，单播地址分为全局地址（global address，GA）、链路本地地址（link local address，LLA）和站点本地地址（site local address，SLA）三种类型。

（1）全局地址

全局地址与 IPv4 中的公共地址相对应，可以在 Internet 的 IPv6 区域中进行全局定位。目前，全局地址的第一块值范围为 2000 ~ 3FFF，通常用地址前缀为 2000::/3 的形式表示。例如，2001:db8:7da:21:200C:a525:d160:37ab 就是一个全局地址。

在全局地址格式中，FP（format prefix）为格式前缀（在二进制表示中，该前缀的前三位必须为 001），它和全局路由前缀共同指向组织的站点。前 48 位用以代表 IPv6 Internet 上的大型和小型 ISP 的集合；子网 ID 用于让各组织指定 65 536 个唯一的子网，供组织网站内部路由使用；主机地址又称接口 ID，是标识子网中唯一的接口，对应于 IPv4 中的主机 ID。

（2）链路本地地址

链路本地地址类似于 IPv4 地址中的自动私有 IP 地址（automatic private IP addressing，APIPA）169.254.0.0/16。IPv6 结点会自动设置链路本地地址，它的使用范围是该结点所连接的本地链路之内。也就是说,它们都是针对本地子网通信自动地址配置、邻居发现且不可路由的地址。

在链路本地地址结构中,前 64 位为不可路由的网络地址;接口 ID 用于局域网内的主机标识;区域 ID 具有% + ID 的形式,仅供本地使用,用于指定连接到当前地址的网络接口。

区域 ID 的表示形式是由于所有链路本地地址公用同一网络标识符(fe80::),因而无法确定链路本地地址绑定的接口而产生的。如果运行 Windows 的计算机具有多个连接到不同网段的网络适配器,那么在 IP 地址之后跟一个百分号和区域 ID 号便可以区分这些网络。

在 Packet Tracer 中,按住鼠标左键拖动一台计算机到工作区,单击“计算机”图标,弹出计算机的 Desktop 选项卡,选择 Command Prompt,在命令提示符下输入 ipconfig/all 就可以查看到这种地址,如图 5-2-7 所示。

图 5-2-7　IPv6 链路本地地址

(3)站点本地地址

站点本地地址与 IPv4 中的私有地址(10.0.0.0 ~ 10.255.255.255、172.16.0.0 ~ 172.31.255.255 和 192.168.0.0 ~ 192.168.255.255)对应。该类地址可以用在专用网络的子网间进行路由,但不可以在公共网络上进行路由。另外,此类地址在用户不分配公共地址空间的情况下也可以创建复杂的内部网络。不像 IPv6 结点会自动设置链路本地地址,站点本地地址必须通过路由器或 DHCPv6 服务器来设置。表 5-2-2 所示为站点本地地址的结构。前缀占用 10 位,前缀为 FEC0::/10。每个站点可以通过占用 16 位的子网 ID 来划分子网。

表 5-2-2　站点本地地址的结构

1111 1110 11 (10)	0 (38 位)	子网 ID (16 位)	主机 ID (64 位)

RFC 3879 中已经不能在新建的 IPv6 网络上使用站点本地地址，但现有的 IPv6 环境仍可以继续使用站点本地地址。

(4)特色地址

未分配地址 0:0:0:0:0:0 或::。此地址不分配给网络接口，也不会作为数据包的目的地址。

回环地址 0:0:0:0:0:1 或::1。它相当于 IPv4 的 127.0.0.1，不能分配给任何物理接口，其用于测试网卡与驱动程序是否可以正常运行。

任务小结

本任务介绍了路由器接口的类型和作用，熟悉了 IP 配置命令，通过工程案例介绍了路由器 IP 配置和验证方法。

※思考与练习

简答题

1. 两台路由器的相邻接口中的一个用了子网 IP 地址，一个用了主网地址，那么，这样配置 IP 地址会出现什么问题吗？为什么？

2. 已知一个 C 类网络 200.200.200.0/24，如何借助子网划分工具划分为三个子网？分别为子网 1，有 10 台计算机；子网 2，有 80 台计算机；子网 3，有 40 台计算机。（提示：先考虑主机数最大的，然后逐次考虑划分。）

任务三 掌握路由的配置与管理

任务描述

微视频

掌握路由的配置与管理

本任务介绍路由的一般过程，重点探讨 DHCP 服务器的配置与管理、DNS 服务器的配置与管理、动态路由协议的应用。

任务目标

- 识记：路由过程。
- 领会：路由协议。
- 应用：DHCP、DNS 服务器的配置与管理。

任务实施

一、路由过程示例

路由过程示例如图 5-3-1、图 5-3-2、图 5-3-3 所示。

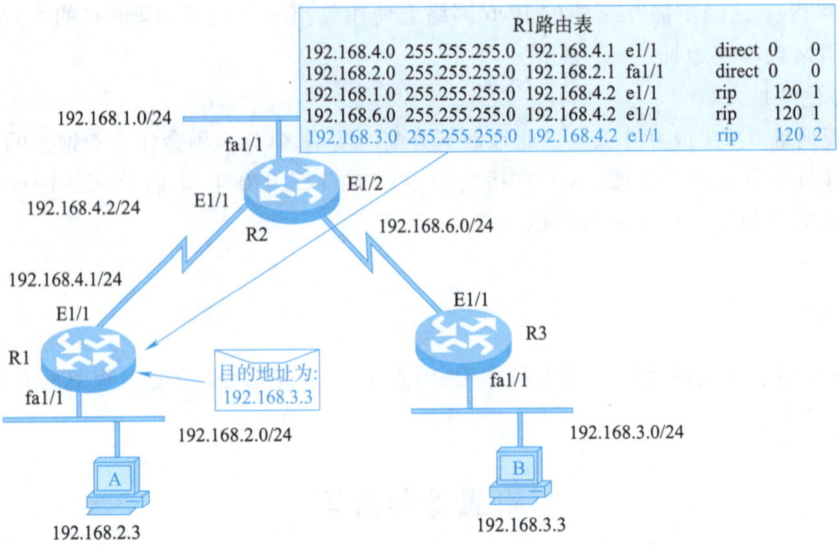

图 5-3-1　路由器的路由过程示例 1

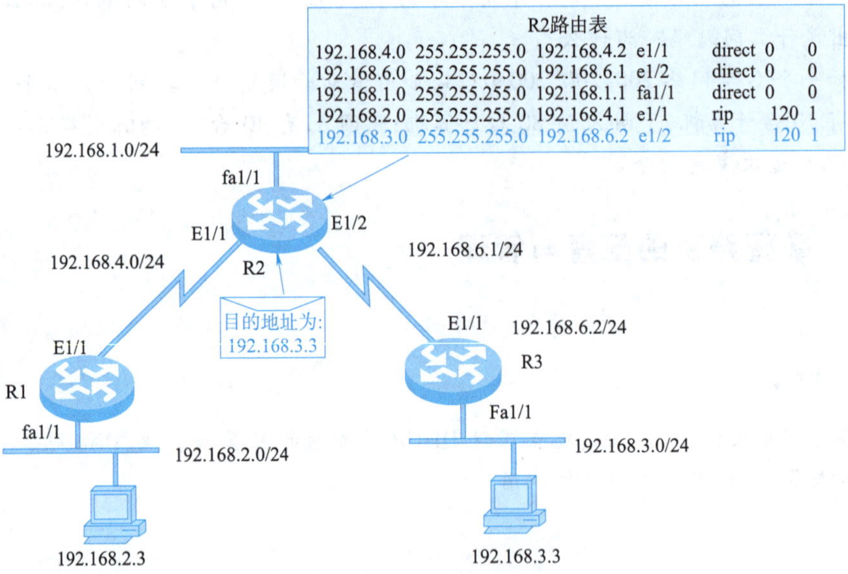

图 5-3-2　路由器的路由过程示例 2

二、DHCP 服务器的配置与管理

DHCP(dynamic host configuration protocol,动态主机配置协议)技术实现了客户端 IP 地址和配置信息的动态分配以及集中管理。采用客户端/服务器通信模式,由客户端向服务器提出配置申请(包括 IP 地址、子网掩码、默认网关等参数),服务器根据策略返回相应配置信息。

利用 DHCP 的场合:

①网络规模较大,手工配置工作量大。

②网络中主机数量大于该网络支持的 IP 地址数量,无法给每个主机分配一个固定 IP。

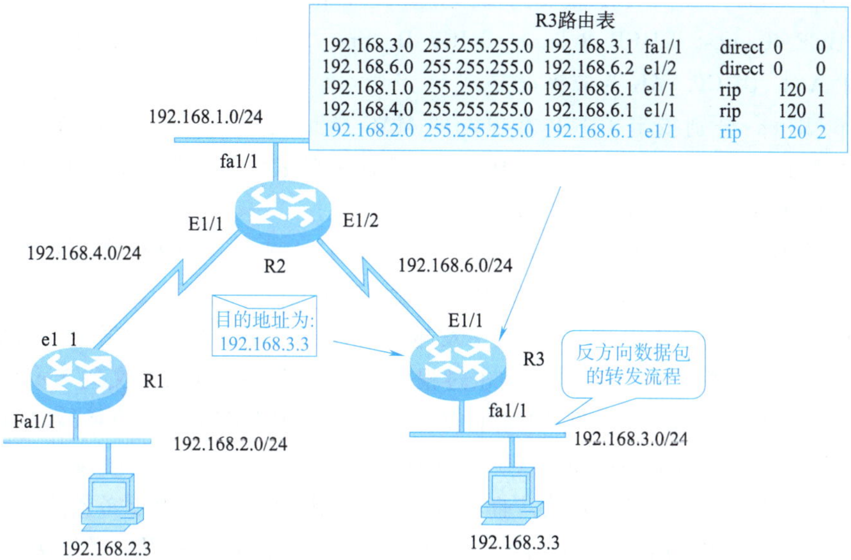

图 5-3-3 路由器的路由过程示例 3

③网络中只有少数主机需要固定 IP 地址。

1. DHCP 概述

DHCP 服务采用 Client/Server(客户端/服务器)模式结构,如图 5-3-4 所示。

图 5-3-4 DHCP 服务的基本架构

主要包括以下三种角色:

① DHCP Client(DHCP 客户端)。

② DHCP Server(DHCP 服务器)。

③ DHCP Relay(DHCP 中继)。如果 DHCP 服务器和客户端不在同一个网段范围,需要由中继负责 DHCP 服务器与 DHCP 客户端之间的 DHCP 报文转发。

2. DHCP 报文及其格式

DHCP 服务工作在 C/S 模式,但两者进行报文传输时所使用的 UDP 传输端口不一样。DHCP 客户端使用68 号 UDP 端口发送请求报文;DHCP 服务器使用67 号 UDP 端口发送应答报文。两种报文分别称为 DHCP 请求报文和 DHCP 应答报文。

(1)DHCP 报文种类

整个 DHCP 服务一共八种类型的 DHCP 报文,分别是 DHCP Discover、DHCP Offer、DHCP Request、DHCP ACK、DHCP NAK、DHCP Release、DHCP Decline、DHCP Inform。

(2)DHCP 报文格式

DHCP 服务的报文种类虽然比较多,但每种报文的格式相同,不同类型的报文只是报文中的某些字段取值不同。DHCP 报文格式基于 BOOTP 的报文格式。

① OP:Operation,指定 DHCP 报文的操作类型,占 8 位,请求报文置 1,应答报文置 2。DHCP Discover、DHCP Request、DHCP Release、DHCP Decline、DHCP Inform 为请求报文,而 DHCP Offer、DHCP ACK、DHCP NAK 为应答报文。

② Htype、Hlen:分别指定 DHCP 客户端的 MAC 地址类型和 MAC 地址长度,各占 8 位。MAC 地址类型其实用于指明网络类型,Htype 字段置 1 时表示以太网 MAC 地址类型;以太网 MAC 地址长度为 6 字节,即 Hlen 字段值为 6。

③ Hops:指定 DHCP 报文经过的 DHCP 中继的数目,占 8 位。DHCP 请求报文每经过一个 DHCP 中继,该字段增加 1;没有经过 DHCP 中继时,值为 0。

④ Xid:客户端通过 DHCP Discover 报文发起一次 IP 地址请求时选择的随机数,相当于请求标识(占 32 位),用来标识一次 IP 地址请求过程。在一次请求中,所有报文的 Xid 都是一样的。

⑤ Secs:DHCP 客户端从获取到 IP 地址或者续约过程开始到现在所消耗的时间,以 s 为单位,占 16 位。在没有获取 IP 地址前,该字段始终为 0。

⑥ Flags:标志位,16 位,第一位为广播应答标识位,用来标识 DHCP 服务器应答报文是采用单播还是广播发送。置 0 时,表示采用单播发送方式;置 1 时,表示采用广播发送方式,其余位保留不用。在客户端正式分配 IP 地址之前的第一 IP 地址请求过程中,所有 DHCP 报文都是以广播方式发送的,包括客户端发送的 DHCP Discover 和 DHCP Request 报文以及 DHCP 服务器发送的 DHCP Offer、DHCP ACK 和 DHCP NAK 报文。如果是由 DHCP 中继转发的报文,都是以单播方式进行发送的。

⑦ Ciaddr:指示 DHCP 客户端的 IP 地址,32 位,仅在 DHCP 服务器发送的 ACK 报文中显示,其他报文中均显示 0.0.0.0。因为在得到 DHCP 服务器确认前,DHCP 客户端是还没有分配到 IP 地址的。

⑧ Yiaddr:指示 DHCP 服务器分配给客户端的 IP 地址,32 位,仅在 DHCP 服务器发送的 Offer 和 ACK 报文中显示,其他报文中显示为 0.0.0.0。

⑨ Siaddr:指示下一个为 DHCP 客户端分配 IP 地址等信息的 DHCP 服务器 IP 地址,占 32 位。仅在 Offer、ACK 报文中显示,其他报文显示为 0.0.0.0。

⑩ Giaddr:指示 DHCP 客户端发出请求报文后经过的第一个 DHCP 中继的 IP 地址,32 位,如没有经过 DHCP 中继,显示为 0.0.0.0。

⑪ Chaddr:指示 DHCP 客户端的 MAC 地址,占 128 位(16 字节),在每个报文中都会显示对应 DHCP 客户端的 MAC 地址。

⑫ Sname:指示 DHCP 客户端分配 IP 地址的 DHCP 服务器名称(DNS 域名格式),占 512 位(64 字节)。在 Offer 和 ACK 报文中显示发送报文的 DHCP 服务器名称,其他报文显示为空。

⑬ File:指示 DHCP 服务器为 DHCP 客户端指定的启动配置文件名称及路径信息,占 1 024 位(128 字节)。仅在 DHCP Offer 报文中显示,其他报文显示为空。

⑭ Option:可选字段,长度可变,最多为 312 字节。DHCP 通过此字段包含了 DHCP 报文类型,服务器分配给终端的配置信息,如网关 IP 地址、DNS 服务器的 IP 地址、客户端可以使用 IP 地址的有效租期等信息。

在此部分可选的选项包含:报文类型(代码为 53,占 1 字节)、有效租约期(代码为 51,以 s 为单位,占 4 字节)、续约时间(代码为 58,占 4 字节)、子网掩码(代码为 1,占 4 字节)、默认网关(代码为 3,可以是一个路由器 IP 地址列表,长度可变但必须为 4 字节的整数倍)、DNS 服务器(代码为6,可以是一个DNS服务器IP地址列表,长度可变但必须为4字节的整数倍)、域名称(代码为15,主DNS服务器名称,长度可变)、WINS服务器(代码为44,可以是一个WINS服务器IP列表,长度可变但必须为4字节的整数倍)等配置信息。

3. DHCP服务IP地址自动分配原理

DHCP提供服务时,客户端以UDP 68号端口进行数据传输,服务器以UDP 67号端口进行数据传输。DHCP服务不仅体现在为DHCP客户端提供IP地址自动分配的过程中,还体现在后面的IP地址续约和释放过程中。

在整个DHCP服务器为DHCP客户端初次提供IP地址自动分配过程中,一共经历四个阶段(见图5-3-5),利用了四个报文:发现阶段(DHCP客户端在网络中广播发送DHCP Discover请求报文,发现DHCP服务器,请求IP地址租约)、提供阶段(DHCP服务器通过DHCP Offer报文向DHCP客户端提供IP地址预分配)、选择阶段(DHCP客户端通过DHCP Request报文确认选择第一个DHCP服务器为它提供IP地址自动分配服务)和确认阶段(被选择的DHCP服务器通过DHCP ACK报文把在DHCP Offer报文中准备的IP地址租约给对应DHCP客户端)。

图5-3-5　DHCP客户端从DHCP服务器获得IP地址的四个阶段

DHCP客户端在获得一个IP地址后,就可以发送一个免费的ARP请求探测网络中是否还有其他主机使用IP地址,来避免由于DHCP服务器地址池重叠而引发的IP冲突。

(1)发现阶段

发现阶段即DHCP客户端获取网络中DHCP服务器信息的阶段。客户端启动后,以广播方式发送DHCP Discover报文来寻找网络中的DHCP服务器。此广播报文采用传输层的UDP 68号端口发送(封装的目的端口为UDP 67号端口),经过网络层IP封装后,源地址为0.0.0.0(因为此时还没有分配IP地址),目的地址为255.255.255.255(有限广播IP地址)。下面是一个DHCP Discover报文封装的IP报头实例,可见Destination Address(目的地址)是255.255.255.255,而Source Address(源地址)是0.0.0.0。

```
IP:ID = 0x0;Proto = UDP;Len:328
IP:Version = 4 (0x4)
IP:Header Length = 20 (0x14)
IP:Service Type = 0 (0x0)
IP:Precedence = Routine
IP:0 = Normal Delay
IP:0 = NormalThroughput
IP:0 = NormalReliability
IP:Total Length = 328 (0x148)
IP:Identification = 0 (0x0)
```

```
IP:Flags Summary = 0 (0x0)
IP:0 = Last fragmentin datagram
IP:0 = May fragmentdatagram if necessary
IP:Fragment Offset = 0 (0x0)bytes
IP:Time to Live = 128 (0x80)
IP:Protocol = UDP-User Datagram ! --- 使用 UDP 传输层协议
IP:Checksum = 0x39A6
IP:Source Address = 0.0.0.0 ! --- 源地址为 0.0.0.0
IP:Destination Address = 255.255.255.255 ! ---- 目的地址为 255.255.255.255
IP:Data:Number of data bytesremaining = 308 (0x0134)
```

255.255.255.255 有限广播地址,代表任意一个 IPv4 子网的广播地址,当然是发送报文的主机所在的子网和 DHCP 服务器所在子网的广播地址。IP 报头中的源地址(Source Address),因为当前 DHCP 客户端主机并未分配具体的 IP 地址,只能用具有任意代表功能的 0.0.0.0 地址表示。

此时,DHCP 客户端没有分配到 IP 地址,也不知道 DHCP 服务器或 DHCP 中继的 IP 地址,所以在 DHCP Discover 报文中 Ciaddr(客户端 IP 地址)、Yiaddr(被分配的 DHCP 客户端 IP 地址)、Siaddr(下一个为 DHCP 客户端分配 IP 地址的 DHCP 服务器地址)、Giaddr(DHCP 中继 IP 地址)这四个字段均为 0.0.0.0。在 Ciaddr 字段和 DHCP 选项中,Client Identifier 字段都标识了 DHCP 客户端网卡 MAC 地址。

```
DHCP:Request (xid = 21274A1D)
DHCP:Op Code (op) = 1 (0x1)
DHCP:Hardware Type (htype) = 1 (0x1) 10Mb Ethernet
DHCP:Hardware Address Length (hlen) = 6 (0x6)
DHCP:Hops (hops) = 0 (0x0)
DHCP:Transaction ID (xid) = 556223005 (0x21274A1D)
DHCP:Seconds (secs) = 0 (0x0)
DHCP:Flags (flags) = 1 (0x1)
DHCP:1 = Broadcast
DHCP:Client IP Address (ciaddr) = 0.0.0.0
DHCP:Your IP Address (yiaddr) = 0.0.0.0
DHCP:Server IP Address (siaddr) = 0.0.0.0
DHCP:Relay IP Address (giaddr) = 0.0.0.0
DHCP:Client Ethernet Address (chaddr) = 08002B2ED85E
DHCP:Server Host Name (sname) = <Blank>
DHCP:Boot File Name (file) = <Blank>
DHCP:Magic Cookie = [OK]
DHCP:Option Field (options)
DHCP:DHCP Message Type = DHCP Request
DHCP:Client-identifier = (Type:1) 08 00 2b 2e d8 5e
DHCP:Requested Address = 157.54.50.5
DHCP:Server Identifier = 157.54.48.151
DHCP:Host Name = JUMBO-WS
DHCP:Parameter Request List = (Length:7) 01 0f 03 2c 2e 2f 06
DHCP:End of this optionfield
```

(2)提供阶段

提供阶段即 DHCP 服务器向 DHCP 客户端提供预分配 IP 地址的阶段。网络中的所有

DHCP 服务器接收到客户端的 DHCP Discover 报文后,都会根据自己地址池中 IP 地址分配的优先次序选出一个 IP 地址,然后与其他参数一起通过传输层的 UDP 67 号端口,在 DHCP Offer 报文中以广播方式发送给客户端(目的端口是 DHCP 客户端的 UDP 68 号端口)。客户端通过封装在帧中的目的 MAC 地址(就是在 DHCP Discover 报文中的 Chaddr 字段值)的比对来确定是否接收该帧。理论上,DHCP 客户端可能会收到多个 DHCP Offer 报文(当网络中存在多个 DHCP 服务器时),但 DHCP 客户端只接收第一个到来的 DHCP Offer 报文。

DHCP Offer 报文经过 IP 封装后的源地址为 DHCP 服务器自己的 IP 地址,目的地址仍是 255.255.255.255 广播地址,使用的协议仍为 UDP。

```
IP:ID = 0x3D30;Proto = UDP;Len:328
IP:Version = 4 (0x4)
IP:Header Length = 20 (0x14)
IP:Service Type = 0 (0x0)
IP:Precedence = Routine
IP:0 = Normal Delay
IP:0 = Normal Throughput
IP:0 = Normal Reliability
IP:Total Length = 328 (0x148)
IP:Identification = 15664 (0x3D30)
IP:Flags Summary = 0 (0x0)
IP:0 = Last fragmentin datagram
IP:0 = May fragment datagram if necessary
IP:Fragment Offset = 0 (0x0)bytes
IP:Time to Live = 128 (0x80)
IP:Protocol = UDP-UserDatagram
IP:Checksum = 0x2EA8
IP:Source Address = 157.54.48.151
IP:Destination Address = 255.255.255.255
IP:Data:Number of data bytesremaining = 308 (0x0134)
```

在 DHCP Offer 报文中,Ciaddr 字段仍为 0.0.0.0,因为客户端仍没有分配到 IP 地址;Yiaddr 字段有值,这是 DHCP 服务器为该客户端预分配的 IP 地址;Siaddr 字段值为 DHCP 服务器地址;因为没有经过 DHCP 中继服务器,Giaddr 字段值为 0.0.0.0。在 DHCP 可选项部分,可以看到由服务器随 IP 地址一起发送的各种选项,这种情况下,服务器发送的是子网掩码、默认网关(路由器)、租约时间、WINS 服务器地址(Net BIOS 名称服务)和 Net BIOS 结点类型。

(3)选择阶段

选择阶段即 DHCP 客户端选择 IP 地址的阶段。客户端只接收第一个收到的 DHCP Offer 报文,然后以广播方式发送 DHCP Request 报文。在该报文的"Requested Address"选项中包含 DHCP 服务器在 DHCP Offer 报文中预分配的 IP 地址、对应的 DHCP 服务器 IP 地址等。这相当于同时告诉其他 DHCP 服务器,它们可以释放已经提供的地址,并将这些地址返回到可用地址池中。

```
DHCP:ACK (xid = 21274A1D)
DHCP:Op Code (op) = 2 (0x2)
DHCP:Hardware Type (htype) = 1 (0x1) 10Mb Ethernet
DHCP:Hardware Address Length (hlen) = 6 (0x6)
DHCP:Hops (hops) = 0 (0x0)
```

```
DHCP:Transaction ID (xid) =556223005 (0x21274A1D)
DHCP:Seconds(secs) =0 (0x0)
DHCP:Flags (flags) =1(0x1)
DHCP:1 =Broadcast
DHCP:Client IP Address(ciaddr) =0.0.0.0
DHCP:Your IP Address(yiaddr) =157.54.50.5
DHCP:Server IP Address(siaddr) =0.0.0.0
DHCP:Relay IP Address(giaddr) =0.0.0.0
DHCP:Client Ethernet Address(chaddr) =08002B2ED85E
DHCP:Server Host Name (sname) = <Blank>
DHCP:Boot File Name (file) = <Blank>
DHCP:Magic Cookie = [OK]
DHCP:Option Field (options)
DHCP:DHCP Message Type = DHCP ACK
DHCP:Renewal Time Value(T1) =8 Days, 0:00:00
DHCP:Rebinding Time Value(T2) =14 Days, 0:00:00
DHCP:IP Address LeaseTime =16 Days,0:00:00
DHCP:Server Identifier =157.54.48.151
DHCP:Subnet Mask =255.255.240.0
DHCP:Router =157.54.48.1
DHCP:NetBIOS Name Service =157.54.16.154
DHCP:NetBIOS Node Type = (Length:1) 04
DHCP:End of this optionfield
```

在 DHCP Request 报文封装的 IP 头部，客户端的 Source Address 仍然是 0.0.0.0，数据包的 Destination 仍然是 255.255.255.255，但在 DHCP Request 报文中 Ciaddr、Yiaddr、Siaddr、Giaddr 字段的地址均为 0.0.0.0。

```
IP:ID =0x100;Proto =UDP;Len:328
IP:Version =4 (0x4)
IP:Header Length =20 (0x14)
IP:Service Type =0 (0x0)
IP:Precedence =Routine
IP:0 =Normal Delay
IP:0 =Normal Throughput
IP:0 =Normal Reliability
IP:Total Length =328 (0x148)
IP:Identification =256 (0x100)
IP:Flags Summary =0 (0x0)
IP:0 =Last fragmentin datagram
IP:0 =May fragment datagram if necessary
IP:Fragment Offset =0 (0x0)bytes
IP:Time to Live =128 (0x80)
IP:Protocol =UDP-UserDatagram
IP:Checksum =0x38A6
IP:Source Address =0.0.0.0
IP:Destination Address =255.255.255.255
IP:Data:Number of data bytesremaining =308 (0x0134)
DHCP:Request(xid =21274A1D)
DHCP:Op Code(op) =1 (0x1)
```

```
DHCP:Hardware Type(htype) =1 (0x1) 10Mb Ethernet
DHCP:Hardware Address Length(hlen) =6 (0x6)
DHCP:Hops(hops) =0 (0x0)
DHCP:Transaction ID(xid) =556223005 (0x21274A1D)
DHCP:Seconds(secs) =0 (0x0)
DHCP:Flags(flags) =1 (0x1)
DHCP:1 =Broadcast
DHCP:Client IP Address(ciaddr) =0.0.0.0
DHCP:Your IP Address(yiaddr) =0.0.0.0
DHCP:Server IP Address(siaddr) =0.0.0.0
DHCP:Relay IP Address(giaddr) =0.0.0.0
DHCP:Client Ethernet Address(chaddr) =08002B2ED85E
DHCP:Server Host Name(sname) = <Blank>
DHCP:Boot File Name(file) = <Blank>
DHCP:Magic Cookie= [OK]
DHCP:Option Field(options)
DHCP:DHCP Message Type=DHCP Request
DHCP:Client-identifier= (Type:1) 08 00 2b 2e d8 5e
DHCP:Requested Address=157.54.50.5
DHCP:Server Identifier=157.54.48.151
DHCP:Host Name=JUMBO-WS
DHCP:Parameter Request List= (Length:7) 01 0f 03 2c 2e 2f 06
DHCP:End of this optionfield
```

(4)确认阶段

确认阶段即 DHCP 服务器确认分配给 DHCP 客户端 IP 地址的阶段。某个 DHCP 服务器在收到 DHCP 客户端发来的 DHCP Request 报文后,只有 DHCP 客户端选择的服务器会进行如下操作:如果确认将地址分配给该客户端,则以广播方式返回 DHCP ACK 报文;否则,返回 DHCP NAK 报文,表明地址不能分配给该客户端。

在 DHCP 服务器发送的 DHCP ACK 报文的 IP 头部中,Source Address 是 DHCP 服务器 IP 地址,Destination Address 仍然是广播地址 255.255.255.255。在 DHCP ACK 报文中的 Yiaddr 字段包含要分配给客户端的 IP 地址,而 Chaddr 和 DHCP:Client Identifier 字段是发出请求的客户端中网卡的 MAC 地址。同时,在选项部分也会把在 DHCP Offer 报文中所分配的 IP 地址的子网掩码、默认网关、DNS 服务器、租约时间、续约时间等信息加上。

```
IP:ID=0x100;Proto=UDP;Len:328
IP:Version=4 (0x4)
IP:Header Length=20 (0x14)
IP:Service Type=0 (0x0)
IP:Precedence=Routine
IP:0 =Normal Delay
IP:0 =Normal Throughput
IP:0 =Normal Reliability
IP:Total Length=328 (0x148)
IP:Identification=256 (0x100)
IP:Flags Summary=0 (0x0)
IP:0 =Last fragmentin datagram
IP:0 =May fragment datagram if necessary
IP:Fragment Offset=0 (0x0)bytes
```

```
IP:Time to Live = 128 (0x80)
IP:Protocol = UDP-UserDatagram
IP:Checksum = 0x38A6
IP:Source Address = 0.0.0.0
IP:Destination Address = 255.255.255.255
IP:Data:Number of data bytesremaining = 308 (0x0134)
DHCP:Request (xid = 21274A1D)
DHCP:Op Code (op) = 1 (0x1)
DHCP:Hardware Type (htype) = 1 (0x1) 10Mb Ethernet
DHCP:Hardware Address Length (hlen) = 6 (0x6)
DHCP:Hops (hops) = 0 (0x0)
DHCP:Transaction ID (xid) = 556223005 (0x21274A1D)
DHCP:Seconds (secs) = 0 (0x0)
DHCP:Flags (flags) = 1 (0x1)
DHCP:1 = Broadcast
DHCP:Client IP Address (ciaddr) = 0.0.0.0
DHCP:Your IP Address (yiaddr) = 0.0.0.0
DHCP:Server IP Address (siaddr) = 0.0.0.0
DHCP:Relay IP Address (giaddr) = 0.0.0.0
DHCP:Client Ethernet Address (chaddr) = 08002B2ED85E
DHCP:Server Host Name (sname) = <Blank>
DHCP:Boot File Name (file) = <Blank>
DHCP:Magic Cookie = [OK]
DHCP:Option Field (options)
DHCP:DHCP Message Type = DHCP ACK
DHCP:Renewal Time Value (T1) = 8 Days, 0:00:00
DHCP:Rebinding Time Value (T2) = 14 Days, 0:00:00
DHCP:IP Address LeaseTime = 16 Days,0:00:00
DHCP:Server Identifier = 157.54.48.151
DHCP:Subnet Mask = 255.255.240.0
DHCP:Router = 157.54.48.1
DHCP:NetBIOS Name Service = 157.54.16.154
DHCP:NetBIOS Node Type = (Length:1) 04
DHCP:End of this optionfield
```

客户端在收到服务器返回的 DHCP ACK 后,以广播方式发送免费 ARP 报文(该报文中,源 IP 地址和目标 IP 地址都是本机 IP 地址——ACK 报文分配的 IP;源 MAC 地址是本机 MAC 地址,目的 MAC 地址是广播 MAC 地址)。如果在规定时间内没有收到回应,客户端才使用此地址;否则,客户端发送 DHCP DECLINE 报文给 DHCP 服务器,并重新申请 IP 地址。

三、DNS 服务器的配置与管理

DNS(domain name system,域名系统)是现代计算机网络中应用最为广泛的一种名称解析服务,无论是在 Internet 还是 Intranet 都在广泛使用。DNS 一般需要建立在相应的操作系统平台上,为基于 TCP/IP 的客户端提供名称解析服务。DNS 服务器是 DNS 域名系统的重要组成部分,DNS 服务器的配置和维护是网络管理员的主要任务之一。

1. DNS 的原理

DNS 是一种组织成域层次结构的计算机和网络服务命名系统,它用于 TCP/IP 网络,主要是用来通过用户亲切而友好的名称代替枯燥而难记的 IP 地址以定位相应的计算机和相应服务。因此,要想让亲切而友好的名称能被网络所认识,则需要在名称和 IP 地址之间有一位“翻译官”,它能将相关的域名翻译成网络能接收的相应 IP 地址。DNS 就是这样的一位“翻译官”,它的工作原理可用图 5-3-6 来表示。

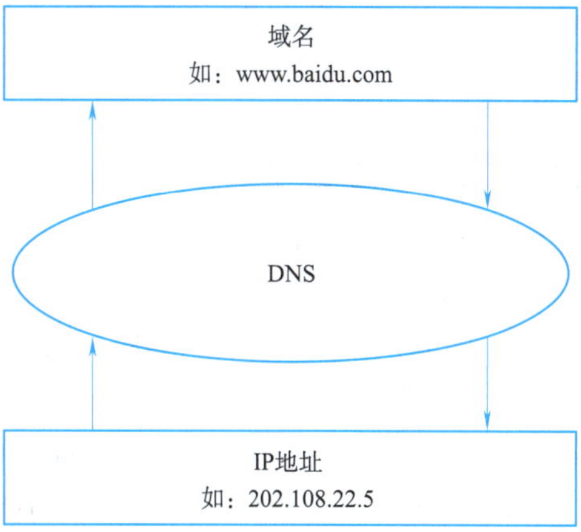

图 5-3-6　DNS 的工作原理

域名解析有正向解析和反向解析之说。正向解析就是将域名转换成对应的 IP 地址的过程,它应用于在浏览器地址栏中输入网站域名时的情形;而反向解析是将 IP 地址转换成对应域名的过程,但在访问网站时无须进行反向解析,即使在浏览器地址栏中输入的是网站服务器 IP 地址。因为互联网主机的定位本身就是通过 IP 地址进行的,只是在同一 IP 地址下映射多个域名时需要。IP 反向解析主要应用于邮件服务器中来阻拦垃圾邮件。多数垃圾邮件发送者使用动态分配或者没有注册域名的 IP 地址来发送垃圾邮件,以逃避追踪。使用了域名反向解析后,就可以大大降低垃圾邮件的数量。

在 Internet 上,一个域名要由两台域名服务器提供“权威性”的域名解析。这里的“权威性”,指的是被服务的域名的所有记录是由这两台服务器唯一决定的。虽然 Internet 上的其他域名服务器上都可能保存有该域名的记录,但那些记录是从这两台“权威性”的域名服务器上复制过去的,是非权威性的。这两台域名服务器和一些合法的域名一起被登记在域名注册管理机构的数据库中。如果是国际域名,域名注册管理机构就是 InterNIC(国际互联网络信息中心);如果是国内域名,域名注册管理机构就是 CNNIC(中国互联网信息中心)。这两台“权威性”的服务器,一主一辅,保存着相同的记录,主要是为了提高可靠性。域名注册管理机构的数据库的记录最终体现在“根”域名服务器上。目前在 Internet 上的顶级“根”域名服务器共有 13 台,它们被完善地维护着。如果它们全都不工作,Internet 就崩溃了(网络仍通,但域名及电子邮件完全不能工作)。根服务器中保存的、记录的、最本质的信息,就是一个域名由哪两台域名服务器提供解析服务。

2. DNS 服务器配置与管理实例

在需配置 DNS 服务器的主机上配置 DNS 服务器,用客户端 PC ping 配置好的 DNS 服务器以检测配置的正确性。实验拓扑图如图 5-3-7 所示,各主机 IP 地址等信息配置见表 5-3-1。

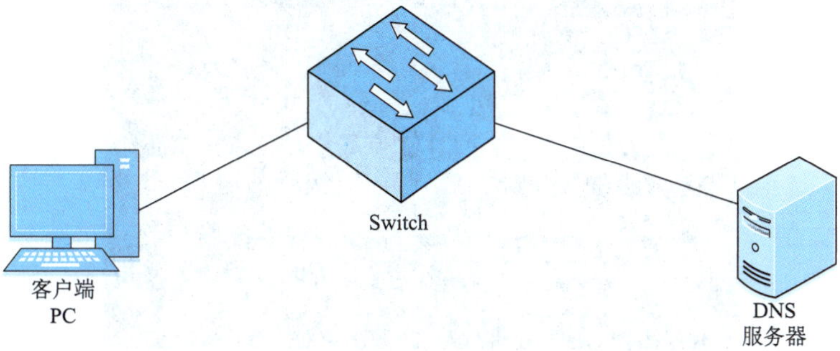

图 5-3-7　DNS 服务器配置实验拓扑图

表 5-3-1　各主机 IP 地址等信息配置表

主　　机	IP 地 址	DNS 地址	子网掩码
PC0(客户端测试机)	192.168.1.2	192.168.1.8	255.255.255.0
Server0(DNS 服务器)	192.168.1.8	192.168.1.8	255.255.255.0

DNS 服务器实验的配置步骤和测试如下:

(1)在 PT 模拟器下的配置步骤和测试

画出图 5-3-7 所示的网络拓扑后,依次进行如下配置。

①DNS 服务器的配置。选择"DNS 服务器"→ Config→DNS,开启 DNS Server 功能,在 DNS Cache 中加入主机域名 www.network.com 和相应的 IP 地址,如图 5-3-8 所示。

DNS 服务器的 IP 地址、子网掩码和 DNS 服务器地址设置如图 5-3-9 所示。

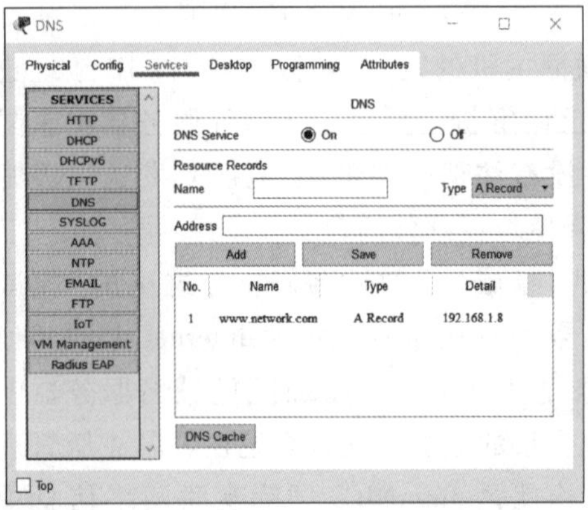

图 5-3-8　DNS 配置界面图

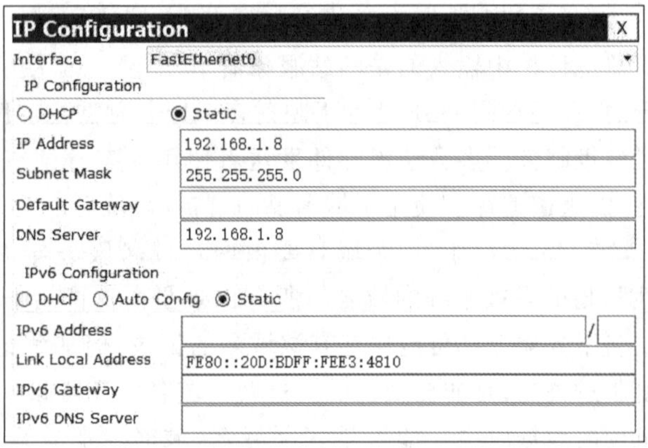

图 5-3-9　DNS 服务器的 IP 地址、子网掩码和 DNS 服务器地址设置

②测试配置的 DNS 服务器。测试配置的 DNS 服务器可通过 ping 命令来进行。利用 ping 命令测试配置的 DNS 服务器,将用于测试的 PC 的 DNS 服务器地址设置以上所配置的 DNS 服务器的 IP 地址。通过 ping 该服务器管理的域名 www.network.com,结合返回的显示结果,判断 DNS 服务器是否能够将该域名解析为正确的 192.168.1.8。如果 DNS 服务器配置正确,同时主机 192.168.1.8 可以正确地收发报文,则其测试结果如图 5-3-10 所示。

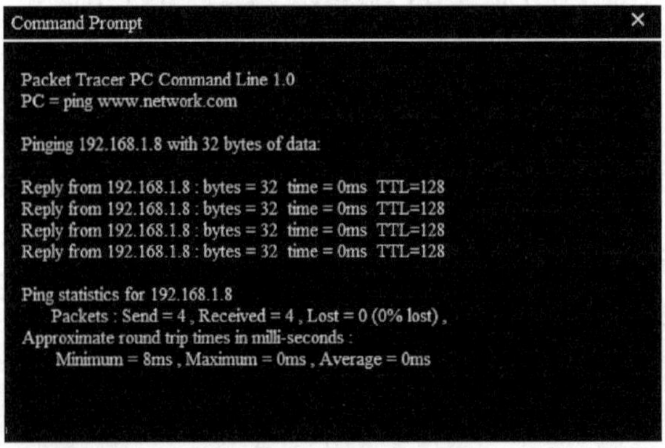

图 5-3-10　测试结果显示

(2)在安装有 Windows Server 2008 操作系统的主机上配置 DNS 服务器的步骤和测试

①选择一台已经安装好 Windows Server 2008 操作系统的服务器,确认其已经安装了 TCP/IP,并设置了 IP 地址。

②在服务器上添加 DNS 服务角色。

依次单击“开始”→“管理工具”→“服务器管理器”→“添加角色”→“DNS 服务器”→“下一步”→“安装”按钮,完成安装。

③启动 DNS 控制台。依次单击“开始”→“管理工具”→DNS 菜单项,启动“DNS 管理器”窗口,在 DNS 上右击选择“连接到 DNS 服务器”命令,如图 5-3-11 所示。通过 DNS 管理器可实现对多个 DNS 服务器的管理,每个 DNS 服务器都可以管理多个区域,每个区域都可以管理若干个子域,子域可再管理其下面的子域或主机。

④创建正向区域。在 DNS 控制台窗口右击“正向查找区域”选项→选择“新建区域”命令,打开“新建区域向导”对话框,单击“下一步”按钮,打开如图 5-3-12 所示的“区域类型”对话框。

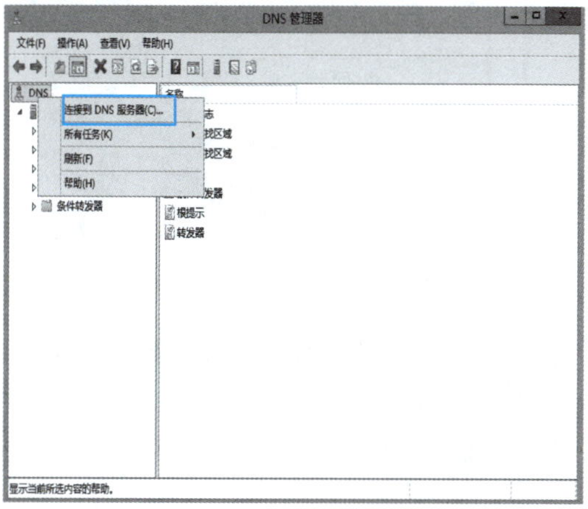

图 5-3-11 在 DNS 上右击选择“连接到 DNS 服务器”命令

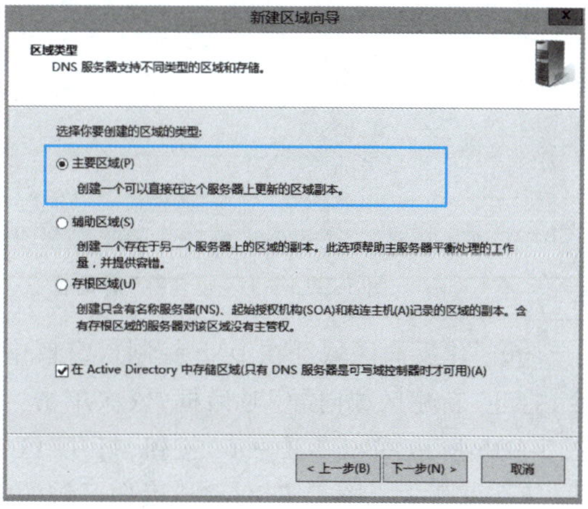

图 5-3-12 “区域类型”对话框

Windows Server 2012 的 DNS 服务器支持三种区域类型。

a. 主要区域:该区域存放区域内所有主机数据的正本,其区域文件采用标准 DNS 规格的一般文本文件。当 DNS 服务器内创建一个主要区域与区域文件后,这个 DNS 服务器就是该区域的主要名称服务器。

b. 辅助区域:该区域存入区域内所有主机数据的副本,这份数据从其“主要区域”利用区域传递的方式复制过来,区域文件采用 DNS 规格的一般文本文件,只读不修改。创建辅助区域的 DNS 服务器为辅助名称服务器。

c. 存根区域:创建只含有名称服务器、起始授权机构和粘连主机记录的区域的副本。

本域名作为主域名服务器,选中“主要区域”单选按钮,单击“下一步”按钮,打开图 5-3-13 所示的“区域名称”对话框,输入区域名称 network. com 后,单击“下一步”按钮,打开“区域文件”对话框,按默认值设置即可。

单击“下一步”按钮,打开“动态更新”对话框,然后单击“下一步”按钮,打开“正在完成新建区域向导”对话框。请核对对话框中的提示,如果不接受提示值,则单击“上一步”按钮,返回前面的对话框进行修改,否则单击“完成”按钮,完成“正向区域”的创建。

⑤为正向区域添加主机。在 DNS 管理器控制台中双击刚建好的“正向搜索区域”下的 network. com。然后在右侧框内空白处右击,选择“新建主机(A 或 AAAA)”命令。在打开的“新建主机”对话框的“名称”文本框中输入 www,在“IP 地址”文本框中输入“192. 168. 1. 8”,单击“添加主机”按钮,如图 5-3-14 所示。

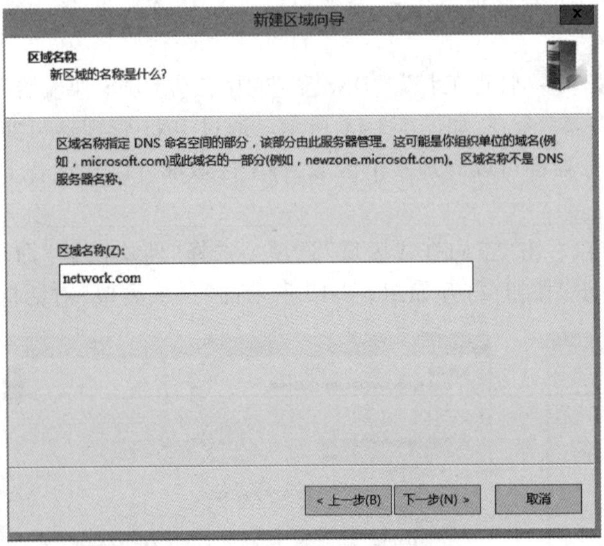

图 5-3-13 “区域名称”对话框

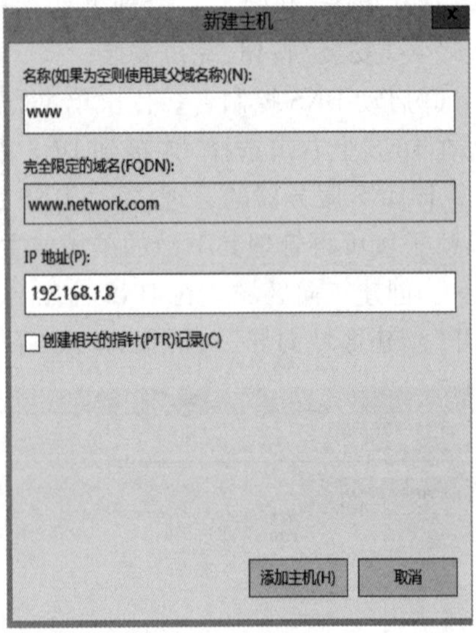

图 5-3-14 “新建主机”对话框

⑥创建反向区域。在 DNS 控制台窗口中右击“反向查找区域”选项→选择“新建区域”命令,打开“新建区域向导”对话框,依次单击“下一步”按钮,选择“IPv4 反向查找区域(4)”。如图 5-3-15 所示,单击“下一步”按钮,打开“区域文件”对话框,按默认值设置。接着按照向导单击“下一步”→“完成”按钮,完成反向区域的创建。

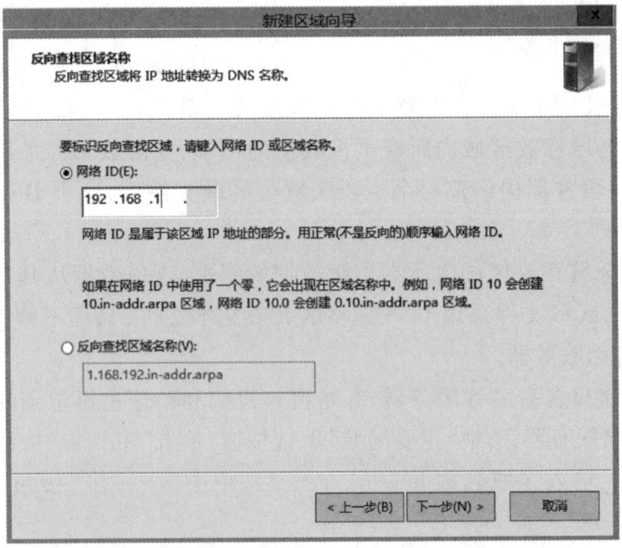

图 5-3-15 “反向查找区域名称”对话框

⑦增加指针记录。在设置反向搜索区域后，还必须增加指针记录，即建立 IP 地址与 DNS 名称之间的搜索关系，只有这样才能提供用户反向查询功能。

在 DNS 管理器控制台中右击前面设置的反向搜索区域→选择“新建指针”命令。在打开的“新建资源记录”对话框中分别输入主机 ID 和主机名（或者从“浏览”对话框中选择已经建好的正向查询区域，如图 5-3-16 所示），然后单击“确定”按钮，完成增加指针记录的操作。这时，在 DNS 管理器控制台中将出现新增加的指针记录，如图 5-3-17 所示。

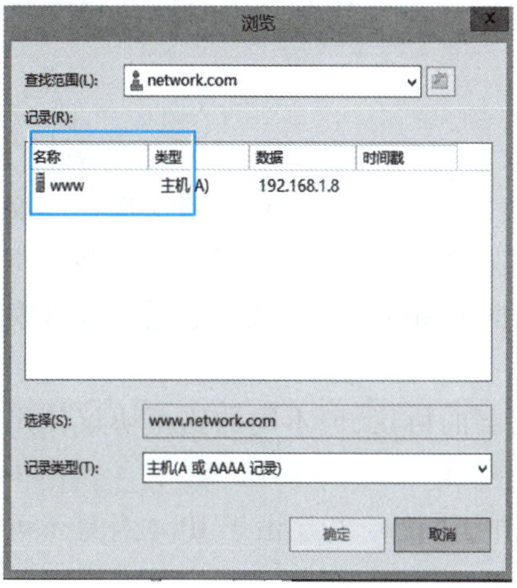

图 5-3-16　“浏览”对话框

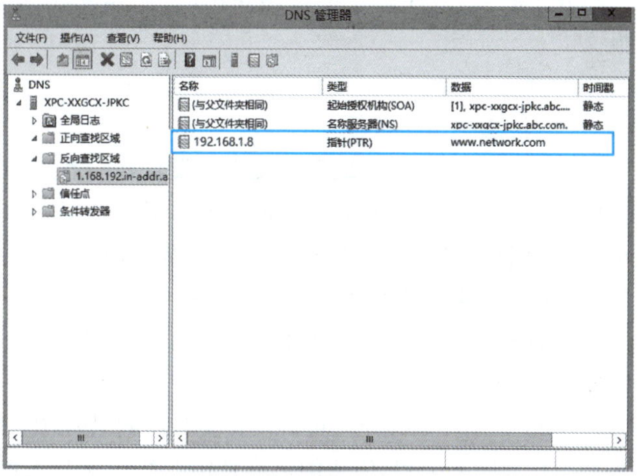

图 5-3-17　新增加指针记录界面

注意：创建“正向查找区域”后，先建立“反向查找区域”，再建立正向查找区域中的“主机（A）”记录，并且在创建主机记录时建立指针记录，即选择“创建相关的指针（PTR）记录”选项，如图 5-3-18 所示。这样，在反向查找区域中，与主机记录对应的指针记录就可以不用建立而自动产生了。

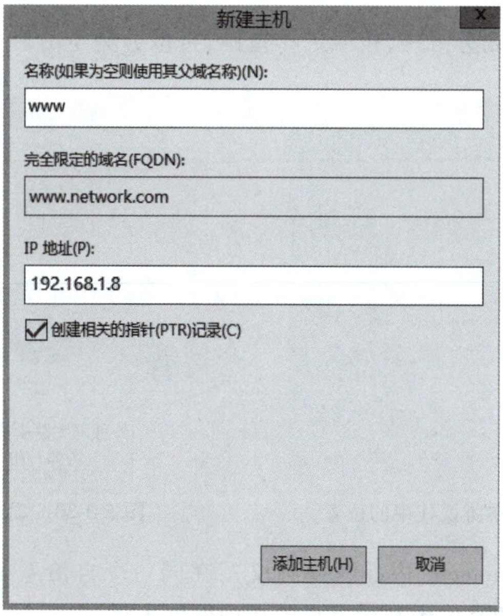

图 5-3-18　创建相关的指针（PTR）记录

四、动态路由协议 RIP

RIP(routing information protocol,路由信息协议)是基于距离矢量算法的路由协议,利用跳数作为计量标准。在带宽、配置和管理方面要求较低,主要适合于规模较小的网络。动态路由是与静态路由相对的一个概念,指路由器能够根据路由器之间交换的特定路由信息自动地建立自己的路由表,并且能够根据链路和结点的变化适时地进行自动调整。当网络中结点或结点间的链路发生故障,或存在其他可用路由时,动态路由可以自行选择最佳的可用路由并继续转发报文。

1. 动态路由协议

(1)动态路由协议概述

路由表可以是由系统管理员手工设置好的静态路由表,也可以是配置动态路由选择协议根据网络系统的运行情况而自动调整的。根据所配置的路由选择协议提供的功能,动态路由协议可以自动学习和记忆网络运行情况,在需要时自动计算数据传输的最佳路径。它适应大规模和复杂的网络环境下的应用。

所有的动态路由协议在 TCP/IP 协议栈中都属于应用层的协议,但不同的路由协议使用的底层协议不同,如图 5-3-19 所示。

OSPF 工作在网络层,将协议报文直接封装在 IP 报文中,协议号 89。由于 IP 本身是不可靠传输协议,所以 OSPF 传输的可靠性需要协议本身来保证。

BGP 工作在应用层,使用 TCP 作为传输协议,端口号是 179。

RIP 工作在应用层,使用 UDP 作为传输协议,端口号是 520。

配置了动态路由选择协议后,动态路由协议通过交换路由信息,生成并维护转发引擎所需的路由表。当网络拓扑结构改变时,动态路由协议可以自动更新路由表,并负责决定数据传输最佳路径。

(2)动态路由协议分类

动态路由协议有几种划分方法,按照工作范围,可以分为 IGP 和 EGP。图 5-3-20 所示为动态路由协议的分类。

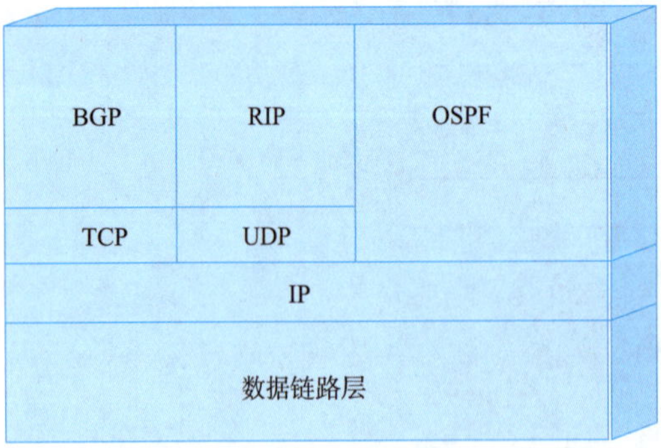

图 5-3-19 动态路由协议在协议栈中的位置

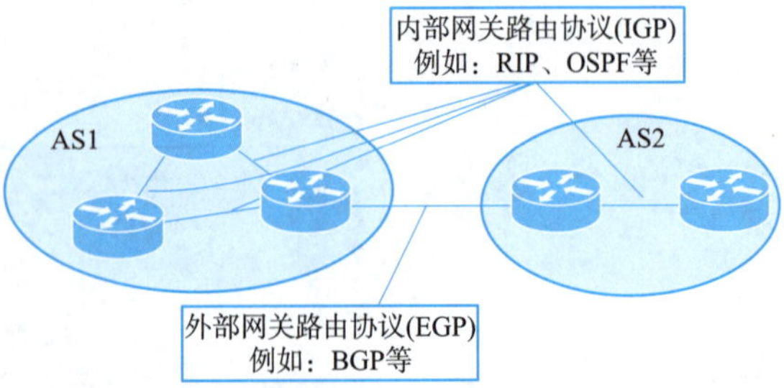

图 5-3-20 动态路由协议的分类

IGP(interior gateway protocol,内部网关协议):在同一个自治系统内交换路由信息,RIP 和 IS-IS 都属于 IGP,主要目的是发现和计算自治域内的路由信息。

EGP(exterior gateway protocols,外部网关协议):用于连接不同的自治系统,在不同的自治系统之间交换路由信息，主要使用路由策略和路由过滤等控制路由信息在自治域间的传播，应用的一个实例是 BGP。

自治系统（AS）是一组共享相似的路由策略并在单一管理域中运行的路由器的集合。一个 AS 可以是一些运行单个 IGP（内部网关协议）协议的路由器集合，也可以是一些运行不同路由选择协议，但都属于同一个组织机构的路由器集合。不管是哪种情况，外部世界都将整个 AS 看作一个实体。一个自治系统往往对应一个组织实体（比如一个公司或大学）内部的网络与路由器的集合。

每个自治系统都有一个唯一的自治系统编号，这个编号是由因特网授权的管理机构 IANA 分配的，它的基本思想就是希望通过不同的编号来区分不同的自治系统。这样，当网络管理员不希望自己的数据通过某个自治系统时，这种编号方式就十分有用了。例如，该网络管理员的网络完全可以访问某个自治系统，由于它可能是由竞争对手在管理，或者缺乏足够的安全机制，因此，可能要回避它。通过采用路由协议和自治系统编号，路由器就可以确定彼此间的路径和路由信息的交换方法。

自治系统的编号范围是 1 ~ 65 535，其中 1 ~ 64 511 是注册的因特网编号，64 512 ~ 65 535 是专用网络编号。

按照路由的寻径算法和交换路由信息的方式，路由协议可以分为距离矢量路由协议和链路状态路由协议。距离矢量路由协议包括 RIP 和 BGP，链路状态路由协议包括 OSPF、IS-IS。

距离矢量路由协议基于 D-V 算法（又称 Bellman-Ford 算法），使用 D-V 算法的路由器通常以一定的时间间隔向相邻的路由器发送它们完整的路由表。接收到路由表的邻居路由器将收到的路由表和自己的路由表进行比较，新的路由或到已知网络，但开销（Metric）更小的路由都被加入路由表中。然后相邻路由器再继续向外广播它自己的路由表（包括更新后的路由）。距离矢量路由器关心的是到目的网段的距离（metric 值）和矢量（方向，从哪个接口转发数据）。在发送数据前，路由协议计算到目的网段的距离；在收到邻居路由器通告的路由时，将收到的网段信息和收到此网段信息的接口关联起来，以后有数据要转发到这个网段就使用这个关联的接口。

距离矢量路由协议的优点：配置简单，占用较少的内存和 CPU 处理时间。缺点：扩展性较差，比如 RIP 最大跳数不能超过 16 跳。

2. RIP

（1）RIP 概述

路由器的关键作用是用于网络的互联，每个路由器与两个以上的实际网络相连，负责在这些网络之间转发数据报。在讨论 IP 进行选路和对报文进行转发时，总是假设路由器包含了正确的路由，而且路由器可以利用 ICMP 重定向机制来要求与之相连的主机更改路由。但在实际情况下，IP 进行选路之前必须先通过某种方法获取正确的路由表。在小型的、变化缓慢的互联网络中，管理者可以用手工方式来建立和更改路由表；而在大型的、迅速变化的环境下，人工更新的办法慢得不能接受。这就需要自动更新路由表的方法，即所谓的动态路由协议，RIP 是其中最简单的一种。

RIP（route information protocol，路由信息协议）是基于 D-V 算法的内部动态路由协议。D-V 是 distance-vector 的缩写，因此 D-V 算法又称距离矢量算法。这种算法在 ARPANET 早期就用于计算机网络的路由的计算。

先大致解释一下什么是内部网关协议。由于历史的原因，当前的 Internet 由一系列的自治系统组成，各自治系统通过一个核心路由器连到主干网上，每个自治系统都有自己的路由技术，对不同的自治系统路由技术是不相同的。用于自治系统间接口上的、单独的协议称为外部网关协议，简称 EGP(exterior gateway protocol)；用于自治系统内部的路由协议称为内部网关协议，简称 IGP(interior gateway protocol)。内部网关协议与外部网关协议不同，外部网关协议只有一个，而内部网关协议则是一族。各内部网关协议的区别在于距离制式(distance metric，即距离度量标准)，和路由刷新算法不同。RIP 是最广泛使用的 IGP 之一，著名的路径刷新程序 Routed 便是根据 RIP 实现的。RIP 被设计用于使用同种技术的中型网络，因此适应于大多数的校园网和使用速率变化不是很大的连续线缆的地区性网络。对于更复杂的环境，一般不使用 RIP。

在实现时，RIP 作为一个系统长驻进程(deamon)而存在于路由器中，它负责从网络系统的其他路由器接收路由信息，从而对本地 IP 层路由表做动态的维护，保证 IP 层发送报文时选择正确的路由，同时广播本路由器的路由信息，通知相邻路由器作相应的修改。RIP 处于 UDP 的上层，如图 5-3-21 所示。

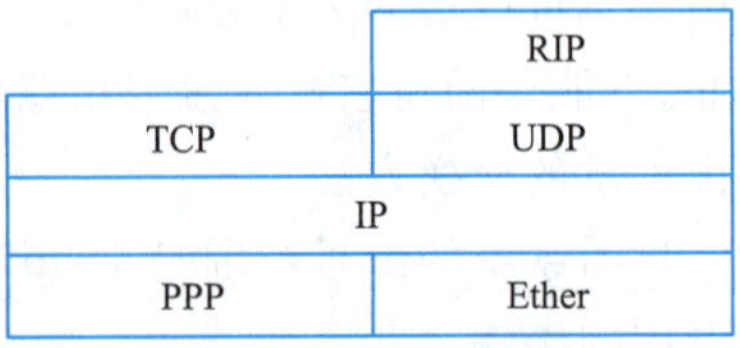

图 5-3-21　网关协议结构

RIP 所接收的路由信息都封装在 UDP 的数据报中。RIP 在 520 号端口上接收来自远程路由器的路由修改信息，并对本地的路由表做相应的修改，同时通知其他路由器。通过这种方式，达到全局路由的有效。

(2) RIP 的特点

①收敛慢。

②路由选取到无限。

③不能处理 VLSM(版本 1)。

④不能检测路由环路。

⑤度量值只是跳跃计数。

⑥网络直径小(15 个跳跃)。

随着 OSPF 与 IS-IS 的出现，许多人都认为 RIP 已经过时了。事实上，尽管新的 IGP 路由协议的确比 RIP 优越得多，但 RIP 也确有它自己的一些优点。首先，在一个小型网络中，RIP 对于使用带宽以及网络的配置和管理方面的要求是很少的，与新的 IGP 相比，RIP 非常容易实现。此外，现在 RIP 还在大量使用，这是 OSPF 与 IS-IS 所不能比的。而且，看起来这种状况还将持续一些年。既然 RIP 在许多领域和一定时期内仍具有使用价值，那么就有理由增加 RIP 的有效性，这是毫无疑问的，因为对已有技术进行改造所获收益比起彻底更新要现实得多。

(3) RIP 的实现

RIP 根据 D-V 算法的特点，将协议的参加者分为主动机和被动机两种。主动机主动向外广播路由刷新报文，被动机被动地接收路由刷新报文。一般情况下，主机作为被动机，路由器则既是主动机又是被动机，即在向外广播路由刷新报文的同时，接收来自其他主动机的 D-V 报文，并进行路由刷新。

RIP 规定，路由器每 30 s 向外广播一个 D-V 报文，报文信息来自本地路由表。RIP 的 D-V

报文中，其距离以驿站计。与信宿网络直接相连的路由器规定为一个驿站，相隔一个路由器则为两个驿站，依此类推。一条路由的距离为该路由（从信源机到信宿机）上的路由器数。为防止寻径环长期存在，RIP 规定，长度为 16 的路由为无限长路由，即不存在的路由。所以，一条有效的路由长度不得超过 15。正是这一规定限制了 RIP 的使用范围，使 RIP 局限于中小型的网络网点中。

为了保证路由的及时有效性，RIP 采用触发刷新技术和水平分割法。当本地路由表发生修改时，触发广播路由刷新报文，以迅速达到最新路由的广播和全局路由的有效。水平分割法是指当路由器从某个网络接口发送 RIP 路由刷新报文时，其中不包含从该接口获取的路由信息。这是由于从某网络接口获取的路由信息对于该接口来说是无用信息，同时也解决了两路由器间的慢收敛问题。

对于局域网的路由，RIP 规定了路由的超时处理。主要是考虑到这样一个情况，如果完全根据 D-V 算法，一条路由被刷新是因为出现一条路由开销更小的路由，否则路由会在路由表中一直保存下去，即使该路由崩溃。这势必造成一定的错误路由信息。为此，RIP 规定，所有机器对其寻径表中的每一条路由都设置一个时钟，每增加一条新路由，相应设置一个新时钟。在收到的 D-V 报文中假如有关于此路由的表目，则将时钟清零，重新计时。假如在 120 s 内一直未收到该路由的刷新信息，则认为该路由崩溃，将其距离设为 16，广播该路由信息。如果再过 60 s 后仍未收到该路由的刷新信息，则将它从路由表中删除。如果某路由在距离被设为 16 后，在被删除前路由被刷新，亦将时钟清零，重新计时，同时广播被刷新的路由信息。至于路由被删除后是否有新的路由来代替被删除的路由，取决于去往原路由所指信宿有无其他路由。假如有，相应路由器会广播之。机器一旦收到其他路由的信息，自然会利用 D-V 算法建立一条新路由；否则，去往原信宿的路由不再存在。

（4）RIP 的工作过程

某路由器刚启动 RIP 时，以广播的形式向相邻路由器发送请求报文，相邻路由器的 RIP 收到请求报文后，响应请求，回发包含本地路由表信息的响应报文。RIP 收到响应报文后，修改本地路由表的信息，同时以触发修改的形式向相邻路由器广播本地路由修改信息。相邻路由器收到触发修改报文后，又向其各自的相邻路由器发送触发修改报文。在一连串的触发修改广播后，各路由器的路由都得到修改并保持最新信息。同时，RIP 每 30 s 向相邻路由器广播本地路由表，各相邻路由器的 RIP 在收到路由报文后，对本地路由进行的维护，在众多路由中选择一条最佳路由，并向各自的相邻网广播路由修改信息，使路由达到全局的有效。同时，RIP 采取一种超时机制对过时的路由进行超时处理，以保证路由的实时性和有效性。RIP 作为内部路由器协议，正是通过这种报文交换的方式，提供路由器了解本自治系统内部各网络路由信息的机制。

五、静态路由的配置与管理

1. 静态路由基础知识

由前面的内容可知，路由器的主要功能就是用来转发 IP 数据包以使数据包到达正确的目的主机。可以想象，数据包到达路由器就像一辆汽车开到十字路口，路由表就类似路标，列出可能到达的目的地，以及应该选择哪条路到达目的地。

路由器必须要有相应的 IP 路由才能发送或路由数据包。IP 路由指在 IP 网络中，选择一条或数条从源地址到目的地址的最佳路径的方式或过程，有时也指该条路径本身。IP 路由配置，就是在路由器上进行某些操作,使其能够完成在网络中选择路径的工作。

配置路由有三种方式,分别是静态路由配置、动态路由配置和默认路由配置。

简单地讲,静态路由就是用配置命令加到路由器中的路由。具体来说,就是把包括目的子网号、子网掩码、输出接口或者下一跳路由器的信息作为新的一项加入 IP 路由表。添加之后,路由器就可以为目的地址与该条静态路由相匹配的数据包进行路由。

通过配置静态路由,网络工程师可以人为地指定对某一网络访问时所要经过的路径。在通常情况下,不会为网络中的所有路由器配置静态路由,然而在一些特定情况下静态路由是很有用的,例如:

①网络规模小,而且很少变化,或者没有冗余链路。

②企业网有很多小的分支机构,并且只有一条路径到达网络的其他部分。

③企业想要将数据包发送到互联网主机上,而不是企业网的主机上。

路由器按指定路由协议在网上广播和接收路由信息,通过路由器之间不断交换的路由信息动态地更新和确定路由表项,这种获取目标路径的方式称为动态路由。表 5-3-2 比较了动态路由和静态路由的特性。

表 5-3-2 动态路由和静态路由的特性

特性	动态路由	静态路由
配置的复杂性	通常不受网络规模限制	随着网络规模增加而更加复杂
管理员所需知识	需要掌握高级的知识和技能	不需要额外的专业知识
拓扑结构变化	自动根据拓扑结构变化进行调整	需要管理员参与
可扩展性	简单拓扑和复杂拓扑均适合	适合简单的网络拓扑
安全性	不够安全	更加安全
占用资源	占用 CPU、内存和链路带宽	不需要额外的资源
可预测性	根据当前网络拓扑结构确定路径	总是通过一条路径到达目的网络

为了进一步简化路由表,或者在不明确目标网络地址的情况下,可以配置默认路由。在某路由器上配置默认路由,是通知到达该路由器上的数据包,下一个目标该去哪里。默认路由也是一种特殊的静态路由,因为它必须靠手动才能配置。

在 Cisco 路由器上可以配置静态路由、动态路由和默认路由三种,并且可以综合使用。默认的配置路由的顺序为静态路由配置、动态路由配置和默认路由配置。

2. 静态路由配置常用命令

配置静态路由的相关命令如下:

(1)设置静态路由

```
ip route <目的子网地址> <子网掩码> <相邻路由器相邻接口地址或者本地物理接口号>
```

例如命令 Router2(config)#ip route 192. 168. 2. 0 255. 255. 255. 0 192. 168. 0. 18,即给路由器配置一条静态路由。

(2)设置默认路由

```
ip route 0.0.0.0 0.0.0.0 <相邻路由器相邻接口地址或者本地物理接口号>[distance metric]
```

默认情况下,distance metric 的值为 0。该值越大,表示这条路由的优先级越低。

(3)显示 IP 路由表

```
show in route
```

3. 案例背景

A 公司的计算机广域网拓扑结构如图 5-3-22 所示。为了保证公司网络稳定运行，特制定如下路由规则：

①PC3 默认数据从 Router1 的 Eth1/2 传输到 Router3 的 Eth1/2，该条通信线路出现故障时，数据从 Router1 的 Se0/0/0 传输到 Router2 的 Se0/0/0。

②PC2 默认数据从 Router3 的 Se0/0/0 传输到 Router2 的 Se0/0/1，当这条通信线路出现故障时，数据从 Router3 的 Eth1/2 传输到 Router1 的 Eth1/2。

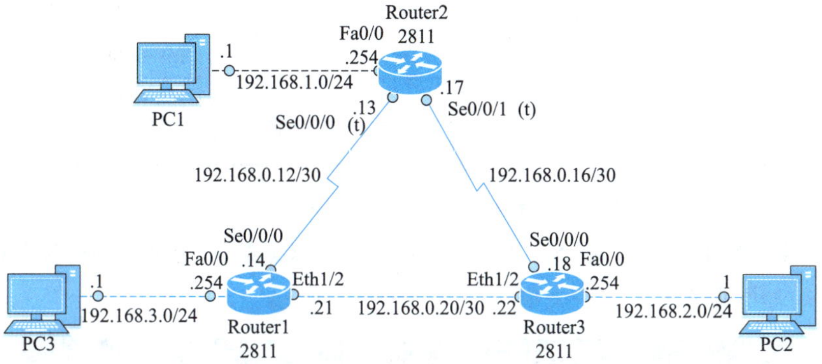

图 5-3-22　计算机广域网拓扑结构

4. 静态路由配置任务计划与设计

设计 IP 网络 192.168.0.0/24 地址用于路由器之间连接的接口，192.168.1.0/24、192.168.2.0/24 和 192.168.3.0/24 用于路由器连接计算机的局域网。如图 5-3-23 所示，用子网划分工具，把 192.168.0.0/24 网段划分为 64 个子网，从其中选择 3 个子网的地址，分别是子网 192.168.0.12/30、子网 192.168.0.16/30 和子网 192.168.0.20/30 用于路由器之间连接接口的配置。计算机的 IP 地址设计已标识在图 5-3-23 中，方便网络工程师配置 IP 地址、验证网络功能配置是否正确和排除网络故障。

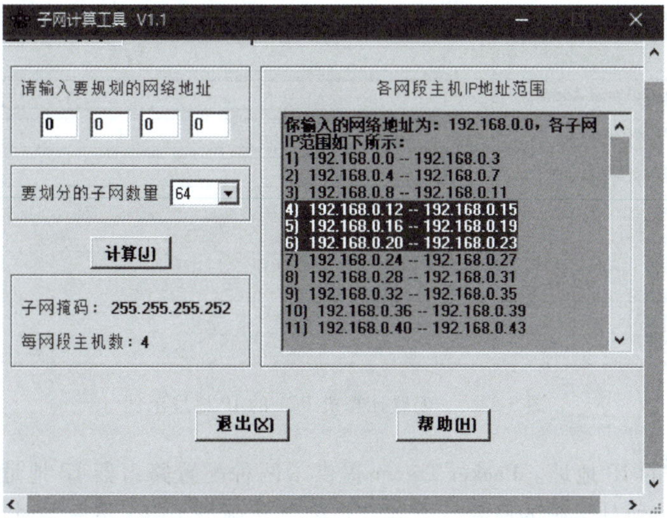

图 5-3-23　子网划分设计

根据 A 公司尚未应用需求,拟采用默认路由和静态路由相结合的路由配置方式。

每个路由表设计见表 5-3-3。这里特别注意,每条路由的网关一定是相邻路由器某个相邻接口对应的 IP 地址。

表 5-3-3　路由表设计

路 由 器	目标网络地址	子网掩码	网　　关	度 量 值
Router1	0. 0. 0. 0	0. 0. 0. 0	192. 168. 0. 13	50
	0. 0. 0. 0	0. 0. 0. 0	192. 168. 0. 22	0
Router2	192. 168. 2. 0	255. 255. 255. 0	192. 168. 0. 18	0
	192. 168. 3. 0	255. 255. 255. 0	192. 168. 0. 14	0
Router3	0. 0. 0. 0	0. 0. 0. 0	192. 168. 0. 17	0
	0. 0. 0. 0	0. 0. 0. 0	192. 168. 0. 21	50

5. 静态路由配置任务实施与验证

①配置计算机的 IP 地址。图 5-3-24 是配置计算机 PC1 的 IP 地址示例,参考该图,分别配置其他计算机的 IP 地址。

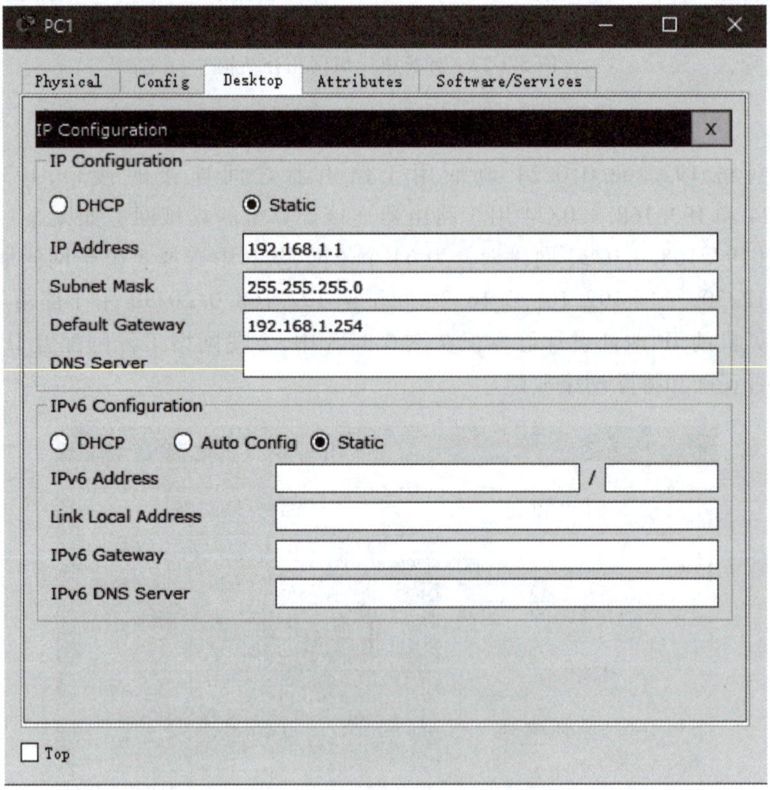

图 5-3-24　配置计算机 PC1 的 IP 地址示例

②配置路由器的 IP 地址。Packet Tracer 提供了两种配置路由器 IP 地址的方式,一种是图形界面的方式,另一种是传统的命令行方式。在配置实际的 Cisco 路由器时,只有命令行方式,这里的图形界面方式是为了方便读者而提供的功能。

以配置 Router2 为例，采用图形界面方式配置 IP 地址时，先单击左边 FastEthernet0/0 按钮，然后在右边输入 IP 地址和子网掩码，如图 5-3-25 所示。同时，该图底部显示了等价的 IOS 命令。

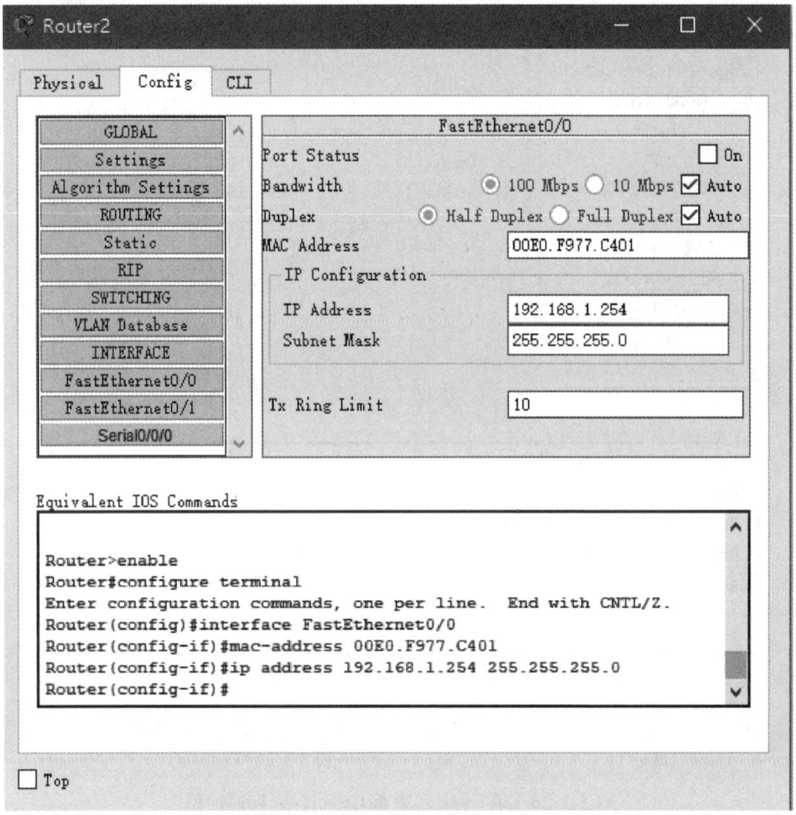

图 5-3-25 输入 IP 地址和子网掩码

配置 Router2 的 Serial0/0/0 的 IP 地址。由于该接口接的是 DCE 线缆，因此还需要配置时钟，这里只需要单击时钟下拉按钮，然后在下拉列表框中选择一个时钟值（如 64000）即可。参照图 5-3-26，还需要配置 Serial0/0/1 的 IP 地址。

下面是用传统的命令行方式分别配置路由器 Router1 和 Router3 的接口地址。建议读者多用这种配置方式，因为这种方式符合实际应用情况。

配置 Router1 的 IP 地址：

```
Router1#conf t
Router1(config)#int f0/0
Router1(config-if)#ip add 192.168.3.254 255.255.255.0
Router1(config-if)#no shut
Router1(config-if)#int s0/0/0
Router1(config-if)#ip add 192.168.0.14 255.255.255.252
Router1(config-if)#no shut
Router1(config-if)#int e1/2
Router1(config-if)#ip add 192.168.0.21 255.255.255.252
Router1(config-if)#no shut
Router1(config-if)#
```

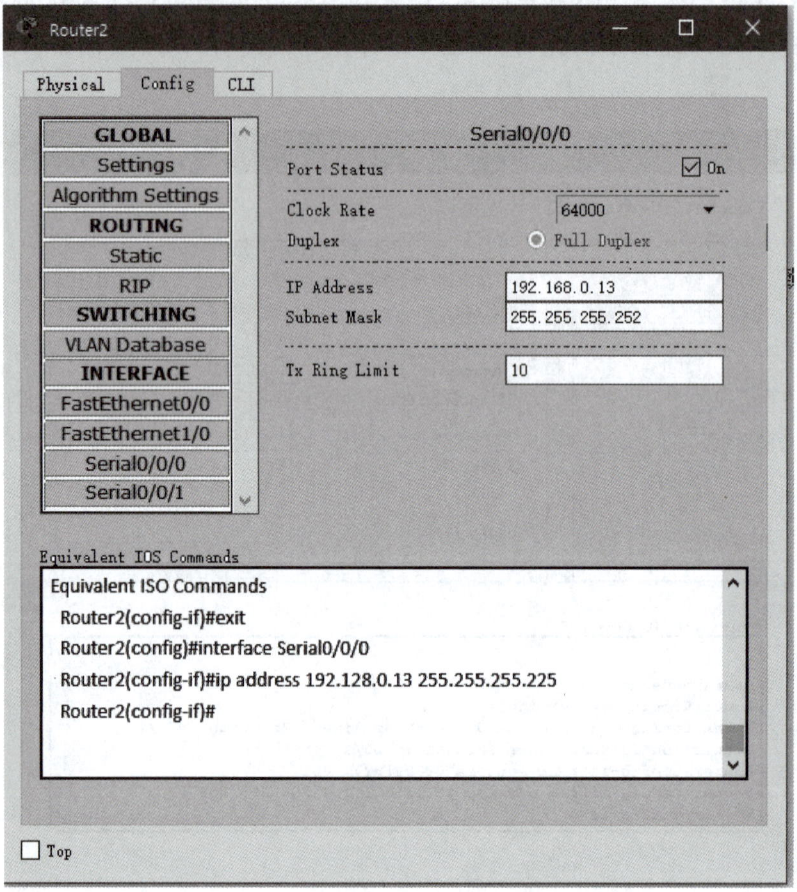

图 5-3-26　在下拉列表框中选择一个时钟值

配置 Router3 的 IP 地址：

```
Router3#conf t
Router3(config)#int f0/0
Router3(config-if)#ip add 192.168.2.254 255.255.255.0
Router3(config-if)#no shut
Router3(config-if)#int e1/2
Router3(config-if)#ip add 192.168.0.22 255.255.255.252
Router3(config-if)#no shut

Router3(config-if)#int s0/0/0
Router3(config-if)#ip add 192.168.0.18 255.255.255.252
Router3(config-if)#no shut
Router3#
```

③测试接口 IP 地址配置的正确性。图 5-3-27 显示出计算机 PC3 能够 ping 通自己的网关，表明路由器 Router1 接口配置正确。

6. 配置默认路由

按照路由规则，需要在路由器 Router1 和 Router3 上配置默认路由。

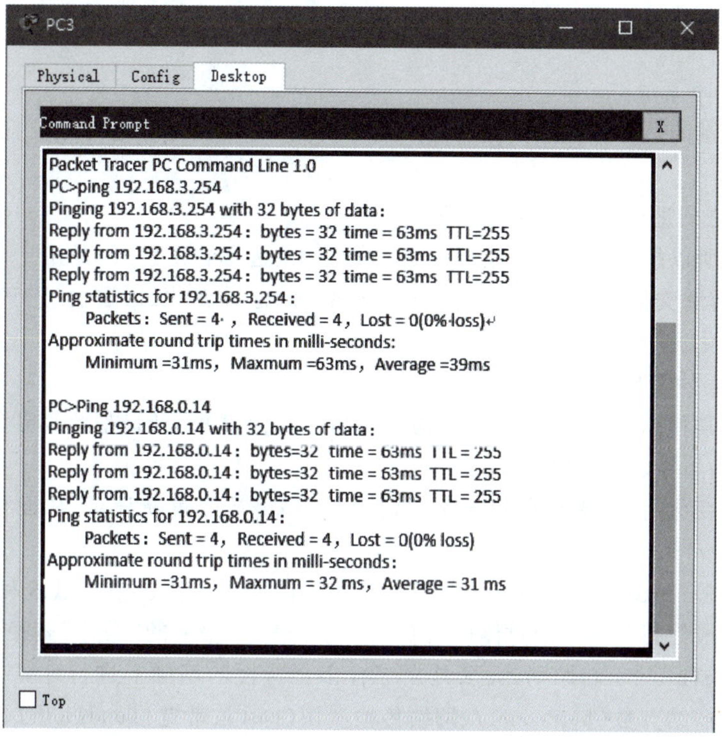

图 5-3-27 测试计算机 PC3

配置 Router1 的默认路由：

```
Routcr1#conf t
Router1(config)#ip route 0.0.0.0 0.0.0.0 192.168.0.22
Router1(config)#ip route 0.0.0.0 0.0.0.0 192.168.0.13 50
!设置 distance metric 的值为 50,使这条路由做备份路由
Router1(config)#
```

配置 Router3 的默认路由：

```
Router3#conf t
Router3(config)#ip route 0.0.0.0 0.0.0.0 192.168.0.17
Router3(config)#ip route 0.0.0.0 0.0.0.0 192.168.0.21 50
Router3(config)#
```

7. 配置静态路由

根据表 5-3-3,应在路由器 Router2 上配置静态路由。具体配置命令如下：

```
Router2#conf t
Router2(config)#ip route 192.168.2.0 255.255.255.0 192.168.0.18
Router2(config)#ip route 192.168.3.0 255.255.255.0 192.168.0.14
Router2(config)#
```

8. 验证路由

当 Router1 的 Eth1/2 到 Router3 的 Eth1/2 线路工作正常时,用 tracert 命令查看数据包所走的路径。计算机 PC3 发出的数据包在默认情况下走 Router1 的 Eth1/2 到 Router3 的 Eth1/2 的路径,说明图 5-3-22 所示的计算机网络是互通的。

六、动态路由的配置与管理

1. 动态路由的原理

动态路由机制的运作依赖路由器的两个基本功能:路由器之间适时地变换路由信息;对路由表的维护。

(1)路由器之间适时地交换路由信息

动态路由之所以能根据网络的情况自动计算路由、选择转发路径,是由于当网络发生变化时,路由器之间彼此交换的路由信息会告知对方网络的这种变化,通过信息扩散使所有路由器都能得知网络变化。

(2)对路由表的维护

路由器根据某种路由算法(不同的动态路由协议路由算法不同)把收集到的路由信息加工成路由表,供路由器在转发 IP 报文时查阅。

在网络发生变化时,收集到最新的路由信息后,路由算法重新计算,从而可以得到最新的路由表。

需要说明的是,路由器之间的路由信息交换在不同的路由协议中的过程和原则是不同的。交换路由信息的最终目的在于通过路由表找到一条转发 IP 报文的"最佳"路径。每一种路由算法都有其衡量"最佳"的一套原则,大多是在综合多个特性的基础上进行计算,这些特性有:路径所包含的路由器结点数(hop count)、网络传输费用(cost)、带宽(bandwidth)、延迟(delay)、负载(load)、可靠性(reliability)和最大传输单元 MTU(maximum transmission unit)。

2. 常见的动态路由协议

常见的动态路由协议有:RIP、OSPF、IS-IS、BGP 等。每种动态路由协议的工作方式、选路原则等都有所不同。

(1)RIP

RIP(routing information protocol,路由信息协议)是内部网关协议(IGP)中最先得到广泛使用的协议。RIP 是一种分布式的、基于距离矢量的路由选择协议,是因特网的标准协议,其最大优点就是实现简单,开销较小。

(2)OSPF

OSPF(open shortest path first,开放式最短路径优先)是一个内部网关协议(interior gateway protocol,IGP),用于在单一自治系统(autonomous system,AS)内决策路由。

(3)IS-IS

IS-IS(intermediate system to intermediate system,中间系统到中间系统)路由协议最初是 ISO(International Organization for Standardization,国际标准化组织)为 CLNP(connection less network protocol,无连接网络协议)设计的一种动态路由协议。

(4)BGP

BGP(border gateway protocol,边界网关协议)是运行于 TCP 上的一种自治系统的路由协议。BGP 是唯一一个用来处理像因特网大小的网络的协议,也是唯一能够妥善处理好不相关路由域间的多路连接的协议。

3. 动态路由的配置

①设置计算机的 IP 地址。网络拓扑图如图 5-3-28 所示。

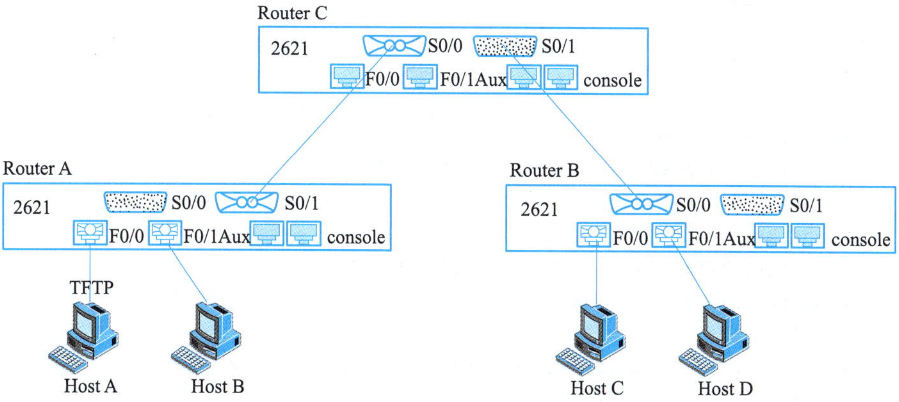

图 5-3-28 设置计算机的 IP 地址网络拓扑图

```
[root#PCA root]# ifconfig eth0 10.65.1.1 netmask 255.255.0.0
[root#PCB root]# ifconfig eth0 10.66.1.1 netmask 255.255.0.0
[root#PCC root]# ifconfig eth0 10.69.1.1 netmask 255.255.0.0
[root#PCD root]# ifconfig eth0 10.70.1.1 netmask 255.255.0.0
[root#PCA root]# route add default gw 10.65.1.2
[root#PCB root]# route add default gw 10.66.1.2
[root#PCC root]# route add default gw 10.69.1.2
[root#PCD root]# route add default gw 10.70.1.2
```

②设置路由器的 IP 地址。

```
RouterA(config)int f0/0
RouterA(config-if)#ip address 10.65.1.2 255.255.0.0
RouterA(config-if)#no shutdown
RouterA(config-if)#int f0/1
RouterA(config-if)#ip address 10.66.1.2 255.255.0.0
RouterA(config-if)#no shutdown
RouterA(config-if)#int s0/1
RouterA(config-if)#ip address 10.68.1.2 255.255.0.0
RouterA(config-if)#no shutdown
RouterA(config-if)#clock rate 64000
RouterA(config-if)#exit
RouterA(config)#ip routing
RouterA(config)#router rip
RouterA(config-router)#network all
RouterA(config-router)#end
RouterA#
RouterC(config)int s0/0
RouterC(config-if)#ip address 10.68.1.1 255.255.0.0
RouterC(config-if)#no shutdown
RouterC(config-if)#int s0/1
RouterC(config-if)#ip address 10.78.1.1 255.255.0.0
RouterC(config-if)#no shutdown
RouterC(config-if)#clock rate 64000
RouterC(config-if)#exit
RouterC(config)#ip routing
```

```
RouterC(config)#router rip
RouterC(config-router)#network all
RouterC(config-router)#end
RouterC#
RouterB(config)int f0/0
RouterB(config-if)#ip address 10.69.1.2 255.255.0.0
RouterB(config-if)#no shutdown
RouterB(config-if)#int f0/1
RouterB(config-if)#ip address 10.70.1.2 255.255.0.0
RouterB(config-if)#no shutdown
RouterB(config-if)#int s0/0
RouterB(config-if)#ip address 10.78.1.2 255.255.0.0
RouterB(config-if)#no shutdown
RouterB(config-if)#exit
RouterB(config)#ip routing
RouterB(config)#router rip
RouterB(config-router)#network all
RouterB(config-router)#end
RouterB#
RouterA#sh ip route
RouterC#sh ip route
RouterB#sh ip route
```

任务小结

本任务介绍了路由基础、RIP 原理及应用和 OSPF 协议原理及应用。读者应掌握路由协议及其配置的方法,实现局域网络间的互通互联。

※思考与练习

简答题

1. 简述 DHCP 服务器的工作原理。
2. 简述 DHCP 服务器 IP 地址自动分配的原理。
3. 简述 DNS 服务器的 IP 地址、子网掩码和 DNS 服务器地址设置过程。
4. 为了预防线路故障,应怎样设计备份路由?
5. 如何在一个设备的路由表中添加多条默认路由?

工 程 篇

引言

2024 年是我国万兆宽带全面普及元年，正式迈入以 50 G PON 技术为核心的万兆网络时代。

政府工作报告明确要求，深化“全光网中国”战略实施，打造全域智能算力网络，实现远程手术、工业元宇宙等新型场景毫秒级响应，构建数字社会新基座。

2024 年 3 月，工业和信息化部联合国家发展改革委发布《“双万兆”网络协同发展行动计划》，启动“万兆城市领航工程”，明确提出：

- 2024 年底前实现所有地级市万兆光网覆盖率超 90%；
- 千兆宽带覆盖用户突破 4 亿家庭；
- 培育 80 个“万兆应用创新示范基地”；
- 全年新增万兆宽带用户超 500 万户；

在“新基建”战略持续推动下，万兆宽带建设取得突破性进展：

一、万兆网络实现全域覆盖

截至 2024 年 6 月底，基础电信企业已完成 718 个城市 50 G PON 网络部署，万兆宽带覆盖用户规模达 4.8 亿户。全国光纤端口总量突破 13 亿个，其中万兆端口占比达 62%。

二、普惠型千兆深度渗透

全国 30 个省份实现千兆宽带城乡同价，基础套餐资费降至 109 元/月(较 2019 年下降 76%)。截至 2024 年 6 月底：

- 34 个省级行政区实现万兆业务商用；
- 49 家省级运营商推出 2 000 Mbit/s 及以上套餐；
- 千兆用户规模达 6 200 万户，占固定宽带用户的 79%；
- 全国 95%乡镇实现 500 Mbit/s 及以上宽带接入。

三、万兆应用生态成熟

运营商构建“光联万物”创新体系：

- 中国电信：推出“FTTR 全光智慧家庭 3.0”，集成 8K 全息教育、AI 健康管家等12 项智能服务，构建毫秒级智能家居控制体系；
- 中国移动：在 38 个城市建设“元宇宙数字孪生城市”，通过万兆网络实现全域数字孪生体实时映射，支撑工业数字孪生、全息政务等创新应用；
- 中国联通：打造“算网光立方”服务体系，基于 SRv6 智能云网技术，为智能制造提供端到端≤1 ms 时延保障，已在 12 个国家级工业互联网平台规模应用。

学习目标

- 掌握企业网络搭建方法。
- 掌握数据通信网络维护及故障处理方法。

知识体系

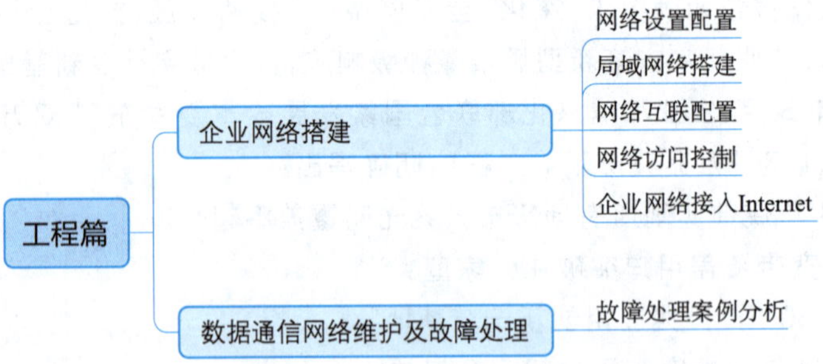

项目六

企业网络搭建

任务一　网络设备配置

任务描述

将 PC 通过串口线与 ZXR10 3928 交换机和 ZXR10 1800 路由器相连，完成网络设备的基础配置工作。

任务目标

- 领会：交换机和路由器的基本配置操作。
- 应用：网络设备的基础配置工作。

任务实施

将 PC 通过串口线与 ZXR10 3928 交换机和 ZXR10 1800 路由器相连，完成网络设备的基础配置工作，如图 6-1-1、图 6-1-2 所示。

①登录并配置 ZXR10 3928 交换机、ZXR10 1800 路由器；

②查看交换机的版本、基本配置、系统资源等信息，以及路由器基本信息；

③设置和恢复 ZXR10 3928 交换机、ZXR10 1800 路由器密码；

④配置 Telnet；

⑤进行版本升级。

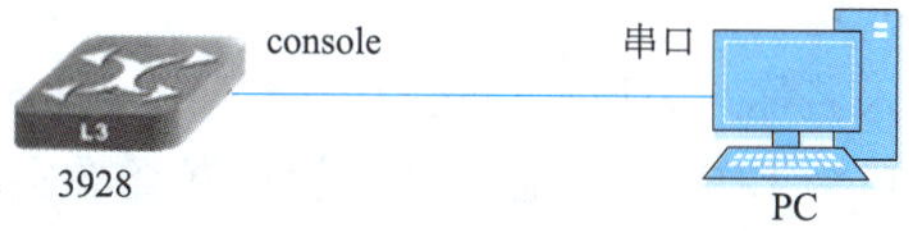

图 6-1-1　交换机的基本配置

图 6-1-2　路由器的基本配置

要实现对路由器的基本操作，首先需要登录设备，然后进行命令查看、密码的更改和恢复、Telnet 配置及版本升级等操作。登录之后，对路由器进行基本配置。路由器的配置命令和交换机一致。

一、交换机基础配置

1. 登录设备

ZXR10 交换机可以通过多种方式进行配置。包括：

(1)带外方式

Console 口：直接和 PC 的串口相连，进行管理和配置。(密码恢复必须在这种方式下进行。)

(2)带内方式

Telnet 远程登录：通过网络，Telnet 远程登录到路由器，进行配置。

修改配置文件：将路由器的配置文件，通过 TFTP 的方式，下载到终端上，进行编辑和修改，之后再上传到路由器上。

网管软件：通过网管软件对路由器进行管理和配置。

ZXR10 3928 的调试配置一般通过 Console 口连接的方式进行，Console 口连接配置采用超级终端方式。下面以 Windows 操作系统提供的超级终端工具配置为例进行说明。

将 PC 与 ZXR10 3928 进行正确连线之后，选择"开始"→"程序"→"附件"→"通信"→"超级终端"(或者在开始运行中输入 Hypertrm)，即可进入超级终端界面，如图 6-1-3 所示。

图 6-1-3　超级终端界面

在出现图 6-1-4 时，按要求输入有关的位置信息：国家/地区代码、地区电话号码编号和用来拨外线的电话号码(一般只需输入城市号码即可)。

弹出"连接描述"对话框时，为新建的连接输入名称并为该连接选择图标，如图 6-1-5 所示。

根据配置线所连接的串行口，选择连接串行口为 COM1(可通过设备管理器查看实际使用的串口)，如图 6-1-6 所示。

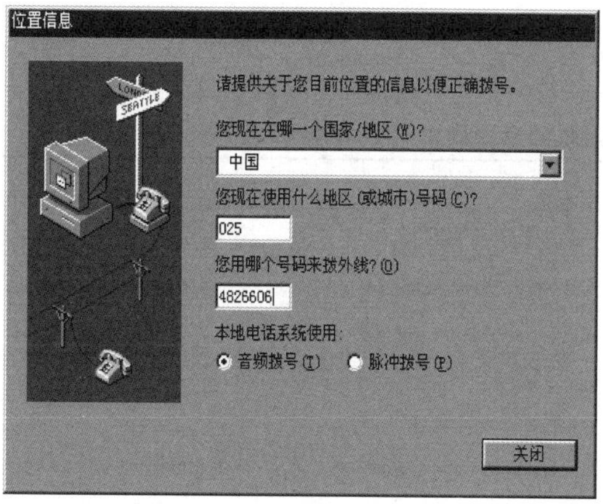

图 6-1-4 设置超级终端参数

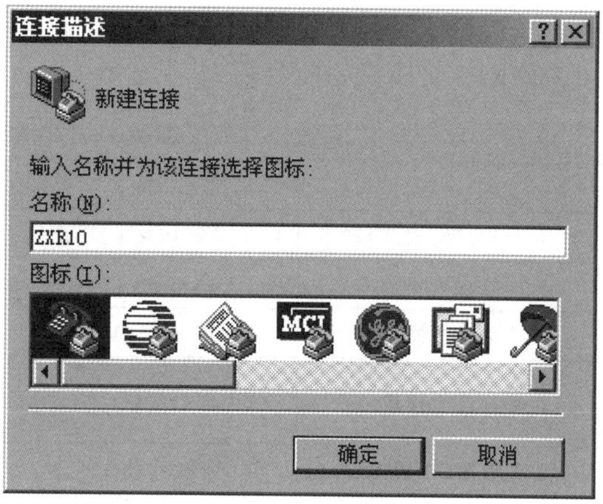

图 6-1-5 设置超级终端名称

设置所选串行口的端口属性,端口属性的设置主要包括以下内容:每秒位数“9 600”,数据位“8”,奇偶校验“无”,停止位“1”,数据流控制“无”,如图 6-1-7 所示。

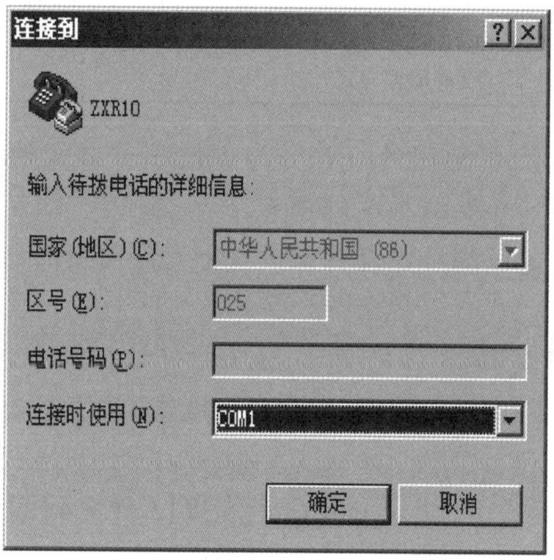

图 6-1-6 超级终端端口设置

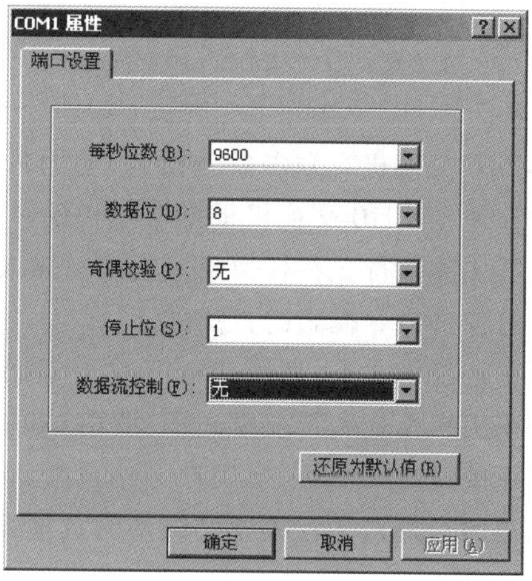

图 6-1-7 连接参数

检查前面设定的各项参数正确无误后,ZXR10 3928 就可以加电启动,进行系统的初始化,进入配置模式进行操作。可以看到如下内容:

```
Welcome !
ZTE Corporation.
All rights reserved.
ZXR10 >
```

此时已经进入交换机用户模式。在提示符“ > ”后面输入 enable,并输入密码(初始密码为“zxr10”),则进入特权配置模式(提示符“ZXR10#”),此时可对交换机进行各种配置。

Telnet 登录方法:在使用 Telnet 远程访问时,必须先通过串口配置好 IP 地址、子网掩码等参数;为了防止非法用户使用 Telnet 访问路由器,还必须在路由器上设置 Telnet 访问的用户名和密码,只有使用正确的用户名和密码才能登录到路由器。

在全局配置模式下可以配置用户名和密码,格式是输入命令 username < username > password < password > 。

2. 配置交换机

ZXR10 交换机的命令模式,见表 6-1-1。

表 6-1-1　ZXR10 交换机的命令模式

模　　式	提 示 符	进入命令	功　　能
用户模式	ZXR10 >	登录系统后直接进入	查看简单信息
特权模式	ZXR10#	enable(用户模式)	配置系统参数
全局配置模式	ZXR10(config)#	configure terminal(特权模式)	配置全局业务参数
端口配置模式	ZXR10(config-if)#	interface{ <interface-name> |byname <by-name>}(全局配置模式)	配置端口参数
VLAN 数据库配置模式	ZXR10(vlan-db)#	vlan database(特权模式)	批量创建或删除 VLAN
VLAN 配置模式	ZXR10(config-vlan)#	vlan{ <vlan-id> | <vlan-name>}(全局配置模式)	配置 VLAN 参数
VLAN 接口配置模式	ZXR10(config-if)#	interface{vlan <vlan-id> | <vlan-if>}(全局配置模式)	配置 VLAN 接口 IP 参数
路由 RIP 配置模式	ZXR10(config-router)#	router rip(全局配置模式)	配置 RIP 参数
路由 OSPF 配置模式	ZXR10(config-router)#	router ospf <process-id> [vrf <vrf-name>](全局配置模式)	配置 OSPF 协议参数

ZXR10 交换机有众多命令模式,上面只是列出了常用的一些。为方便用户对交换机进行配置和管理,ZXR10 交换机根据功能和权限将命令分配到不同的模式下,一条命令只有在特定的模式下才能执行。在任何命令模式下输入问号(?)都可以查看该模式下允许使用的命令。

退出各种命令模式的方法如下:

①在特权模式下,使用 disable 命令返回用户模式。

②在用户模式和特权模式下,使用 exit 命令退出交换机;在其他命令模式下,使用 exit 命令返回上一模式。

③在用户模式和特权模式以外的其他命令模式下,使用 end 命令或按【Ctrl+Z】组合键返回到特权模式。

ZXR10 交换机命令行支持帮助信息。在任意命令模式下,只要在系统提示符后面输入一个问号(?),就会显示该命令模式下可用命令的列表。利用在线帮助功能,还可以得到任何命令的关键字和参数列表。举例如下:

```
switch>enable
ZXR10>?
exec commands:
enable   Turn on privileged commands
exit     Exit from the EXEC
login    Login as a particular user
logout   Exit from the EXEC
ping     Send echo messages
quit     Quit from the EXEC
show     Show running system information
telnet   Open a telnet connection
trace    Trace route to destination
who      List users who is logining on
```

在字符或字符串后面输入问号,可显示以该字符或字符串开头的命令或关键字列表。注意在字符(字符串)与问号之间没有空格。举例如下:

```
ZXR10#co?
configure copy
ZXR10#co
```

在字符串后面按【Tab】键,如果以该字符串开头的命令或关键字是唯一的,则将其补齐,并在后面加上一个空格。注意在字符串与【Tab】键之间没有空格。举例如下:

```
XR10#con <Tab>
ZXR10#configure
```

在命令、关键字、参数后输入问号(?),可以列出下一个要输入的关键字或参数,并给出简要解释。注意问号之前需要输入空格。举例如下:

```
ZXR10#configure ?
terminal  Enter configuration mode
ZXR10#configure
```

如果输入不正确的命令、关键字或参数,回车后用户界面会用"^"符号提示错误。"^"号出现在所输入的不正确的命令、关键字或参数的第一个字符的下方。举例如下:

```
ZXR10#con ter
       ^
% invalid input detected at '^' marker.
ZXR10#
```

ZXR10 系列交换机允许把命令和关键字缩写成能够唯一标识该命令或关键字的字符或字符串,例如,可以把 show 命令缩写成 sh 或 sho。

Enable 密码恢复:

①启动交换机,在显示 Press any key to stop auto-boot... 时按任意键中断路由器的引导过程:

```
ZXR10 System Boot Version:2.2
Creation date:Aug  3 2005,16:20:45
Copyright(c) 2002-2005 by ZTE Corporation
Press any key to stop auto-boot...
2
[ZXR10 Boot]:
```

②按 c 进入配置:

```
[ZXR10 Boot]:c
     '.' = clear field;  '-' = go to previous field;  ^D = quit
Boot Location [0:Net,1:Flash] :
Client IP[0:bootp]:192.168.0.1
Netmask:255.255.255.0
Server IP[0:bootp]:192.168.0.2
Gateway IP:
FTP User:target
FTP Password:
FTP Password Confirm:
Boot Path:zxr10.zar
Enable Password:                      /* 此处输入新密码* /
Enable Password Confirm:              /* 再输入一次* /
[GAR Boot]:@                          /* 输入@ 重启设备* /
```

3. 交换机版本升级

交换机运行状况信息以及配置信息都保存在交换机的存储器里。通常我们接触到的主要存储设备是 Flash,ZXR10 交换机的软件版本文件和配置文件都存储在 Flash 中。软件版本升级、配置保存都需要对 Flash 进行操作。

Flash 中默认包含三个目录,分别是 IMG、CFG、DATA。

① IMG:该目录用于存放软件版本文件。软件版本文件以 . zar 为扩展名,是专用的压缩文件。版本升级就是更改该目录下的软件版本文件。

② CFG:该目录用于存放配置文件,配置文件的名称为 startrun. dat。当使用命令修改路由器的配置时,这些信息存放在内存中,为防止配置信息在路由器掉电重启时丢失,需要用 write 命令将内存中的信息写入 Flash,保存在 startrun. dat 文件中。当需要清除路由器中的原有配置,重新配置数据时,可以使用 delete 命令将 startrun. dat 文件删除,然后重新启动路由器。

③ DATA:该目录用于存放记录告警信息的 log. dat 文件。

交换机的某些功能原有版本不支持或者某些特殊原因导致设备无法正常运行时,就需要进行软件版本升级。如果版本升级操作不当,可能会导致升级失败,系统无法启动。因此,在进行软件版本升级之前,维护人员必须熟悉 ZXR10 交换机的原理及操作,认真学习升级步骤。

下面介绍当 ZXR10 交换机无法正常启动时软件版本升级的具体步骤:

①随机附带的配置线将 ZXR10 交换机路由器的配置口(主控板的 Console 口)与后台主机串口相连,用直通以太网线将路由器的管理以太口(主控板的 10/100 Mbit/s 以太网口)与后台主机网口相连,确保连接正确。

②将用于升级的后台主机与路由器的管理以太口的 IP 地址设置在同一网段。

③启动后台 FTP 服务器。

④启动 ZXR10 交换机,在超级终端下根据提示按任意键进入 Boot 状态。

在 Boot 状态下输入 c,回车后进入参数修改状态。将启动方式改为从后台 FTP 启动,将 FTP 服务器地址改为相应的后台主机地址,将客户端地址及网关地址均改为路由器管理以太口地址,设置相应子网掩码及 FTP 用户名和密码。参数修改完毕后,出现[ZXR10 Boot]:提示。

```
[ZXR10 Boot]:c
'.' = clear field;   '-' = go to previous field;   ^D = quit
Boot Location[0:Net,1:Flash] :0          (0 为从后台 FTP 启动,1 表示从 Flash 启动)
Client IP[0:bootp]:168.4.168.168         (对应为管理以太口地址)
Netmask:255.255.0.0
Server IP[0:bootp]:168.4.168.89          (对应为后台 FTP 服务器地址)
Gateway IP:168.4.168.168                 (对应为管理以太口地址)
FTP User:target                          (对应为 FTP 用户名 target)
FTP Password:                            (对应为 target 用户密码)
FTP Password Confirm:
Boot Path:zxr10.zar                      (使用默认)
Enable Password:                         (使用默认)
Enable Password Confirm:                 (使用默认)
[ZXR10 Boot]:
```

⑤输入@,回车后系统自动从后台 FTP 服务器启动版本。

```
[ZXR10 Boot]:@
Loading...   get file zxr10.zar[15922273] successfully!
file size 15922273.
(省略)
    ****************************************************************
    Welcome to ZXR10 General Access Router of ZTE Corporation
    ****************************************************************
    ZXR10 >
```

⑥如果正常启动,用 show version 命令查看新的版本是否已在内存中运行,若仍为旧版本,说明从后台服务器启动失败,须从步骤①开始重新进行操作。

⑦用 delete 命令将 Flash 中 IMG 目录下旧的版本文件 zxr10.zar 删除。如果 Flash 的空间足够,也可以不用删除旧版本,将其改名即可。

⑧将后台 FTP 服务器中的新版本文件复制到 Flash 的 IMG 目录中。版本文件名为 zxr10.zar。

```
ZXR10#copy ftp:mng //168.4.168.89/zxr10.zar@ target:target flash:/img/zxr10.zar
Starting copying file
..........................................................
..........................................................
file copying successful.
ZXR10#
```

如果从主控板的管理以太口复制版本文件,copy 命令中 ftp:后面必须加上关键字 mng。

⑨查看 Flash 中是否有新的版本文件。如果不存在,说明复制失败,需执行步骤⑧重新复制版本文件。

⑩重新启动 ZXR10 交换机,按照步骤④中的办法,将启动方式改为从 Flash 启动,这时 Boot path 自动变为“/flash/img/zxr10.zar”。

启动方式也可以在全局配置模式下用 nvram imgfile-location local 命令改为从 Flash 启动。

⑪在[ZXR10 Boot]:下输入“@”,回车后系统将从 Flash 中启动新版本。

⑫正常启动后,查看运行的版本,确认升级是否成功。

二、路由器基础配置

登录路由器:本任务使用 Console 口登录。用配置线把 PC 的串口和路由器的 Console 口连接起来。打开 PC 的超级终端,参照交换机基础配置内容设置好软件参数即可登录。详细方法请查阅交换机的登录方法。

对路由器进行配置:修改路由器名称,设置 enable 密码,配置接口,查看路由器配置,对路由器进行版本升级。方法和交换机一致,不再赘述。

任务小结

本任务介绍了网络设备交换机和路由器的基本配置操作,通过学习熟悉路由器和交换机的功能,掌握交换机路由器配置的流程和基本配置命令,能够独立完成网络设备的基础配置工作。

※思考与练习

简答题

1. ZXR10 交换机可以通过多种方式进行配置,请分别进行描述。
2. 将 PC 与 ZXR10 3928 进行正确连线之后,如何进入超级终端界面?
3. ZXR10 交换机如何查看该模式下允许使用的命令?

任务二　局域网络搭建

微视频
局域网络搭建

任务描述

本任务利用交换技术来实现局域网的搭建和优化、VLAN 配置的流程和相关命令操作、构建交换网络,分析 STP 配置的流程和命令操作,避免网络环路;分析链路聚合的配置流程和命令操作,增加网络带宽和提高网络可靠性。

任务目标

- 识记:VLAN 配置的流程和相关命令操作、构建交换网络。
- 领会:分析 STP 配置的流程和命令操作,避免网络环路。
- 应用:静态路由、VLAN 间路由和动态路由的配置操作。

任务实施

一、VLAN 的配置

VLAN 的配置如图 6-2-1 所示,Switch A(即图 6-2-1 中 SW1)的端口 fei_1/1、fei_1/2 和 Switch B(即图 6-2-1 中 SW2)的端口 fei_1/1、fei_1/2 属于 VLAN 10;Switch A 的端口 fei_1/4、fei_1/5 和 Switch B 的端口 fei_1/4、fei_1/5 属于 VLAN 20,均为 Access 端口。两台交换机通过端口 gei_1/24 互联,需要实现 Switch A 和 Switch B 之间相同 VLAN 互通。

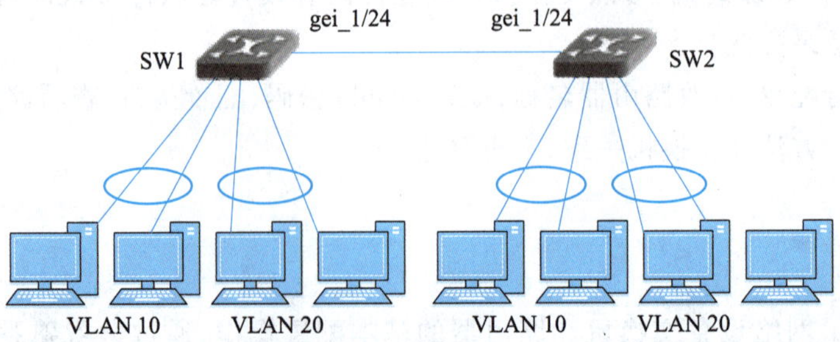

图 6-2-1　VLAN 的配置

1. 配置分析

需要在交换机上设置 VLAN，使同一个 VLAN 的所有主机能够互通。

①在两个交换机上分别创建 VLAN 10 和 VLAN 20；

②把端口加入 VLAN，这一步是把和主机相连的 Access 端口加入 VLAN 中；

③把交换机之间互联的端口设置成 Trunk 端口，并中继 VLAN 10 和 VLAN 20；

④验证任务是否成功。

2. 配置流程

VLAN 的配置流程如图 6-2-2 所示。

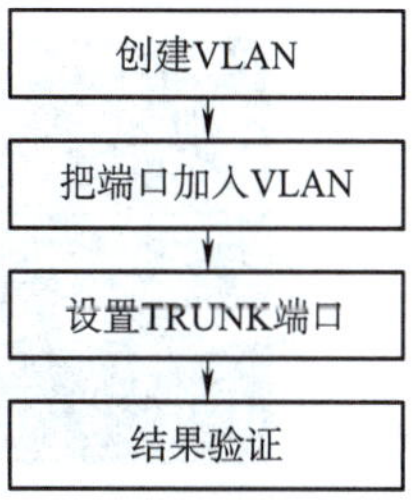

图 6-2-2　VLAN 的配置流程

3. 关键配置

以交换机 A 为例：

①创建 VLAN：

```
ZXR10_A(config)#vlan 10
ZXR10_A(config)#vlan 20
```

②VLAN 中添加 Access 端口（两种方法）：

```
ZXR10_A(config)#vlan 10
ZXR10_A(config-vlan)#switchport pvid fei_1/1-2
ZXR10_A(config-vlan)#exit
```

另外一种方法，也可以把端口加入 VLAN：

```
ZXR10_A(config-if)interface fei_1/10
ZXR10_A(config-if)#switchport access vlan 3
ZXR10_A(config-if)#exit
```

③设置 Trunk 端口：

```
ZXR10_A(config)#interface gei_1/24
ZXR10_A(config-if)#switchport mode trunk
```

④允许 Trunk 端口传递 VLAN 10 和 VLAN 20 的数据：

```
ZXR10_A(config-if)#switchport trunk vlan 10
ZXR10_A(config-if)#switchport trunk vlan 20
```

⑤交换机 B 的配置参考交换机 A。

4. 结果验证

①查看所有 VLAN 的配置信息：

```
Switch A (config) # show vlan VLAN Name Status Said MTU IfIndex PvidPorts UntagPorts
TagPorts
----------------------------------------------------------------------------------
1   VLAN0001 active  100001 1500 2     fei_1/3,fei_1/6-24
10  VLAN0010 active  100010 1500 0     fei_1/1-2            fei_1/24
20  VLAN0020 active  100020 1500 0     fei_1/4-5            fei_1/24
```

②查看端口为 Trunk 模式的所有 VLAN 信息：

```
ZXR10 (config) # show vlan trunk VLAN Name Status Said MTU IfIndex PvidPorts
UntagPorts TagPorts
----------------------------------------------------------------------------------
1   VLAN0001 active  100001 1500 2        fei_1/3,fei_1/6-24
10  VLAN0010 active  100010 1500 0        fei_1/24
20  VLAN0010 active  100010 1500 0        fei_1/24
```

③同一个 VLAN 中的 PC 互 ping，如图 6-2-3 所示，在 VLAN 10 的主机上 ping 另一台主机，可以 ping 通。

二、STP 的配置

如图 6-2-4 所示，通过在交换机上运行 STP，来观察端口的变化状态。

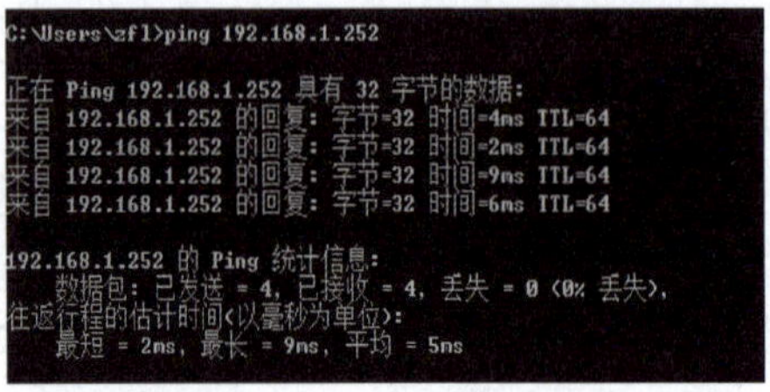

```
C:\Users\zfl>ping 192.168.1.252

正在 Ping 192.168.1.252 具有 32 字节的数据:
来自 192.168.1.252 的回复: 字节=32 时间=4ms TTL=64
来自 192.168.1.252 的回复: 字节=32 时间=2ms TTL=64
来自 192.168.1.252 的回复: 字节=32 时间=9ms TTL=64
来自 192.168.1.252 的回复: 字节=32 时间=6ms TTL=64

192.168.1.252 的 Ping 统计信息:
    数据包: 已发送 = 4, 已接收 = 4, 丢失 = 0 (0% 丢失),
往返行程的估计时间(以毫秒为单位):
    最短 = 2ms, 最长 = 9ms, 平均 = 5ms
```

图 6-2-3　通过 ping 命令验证

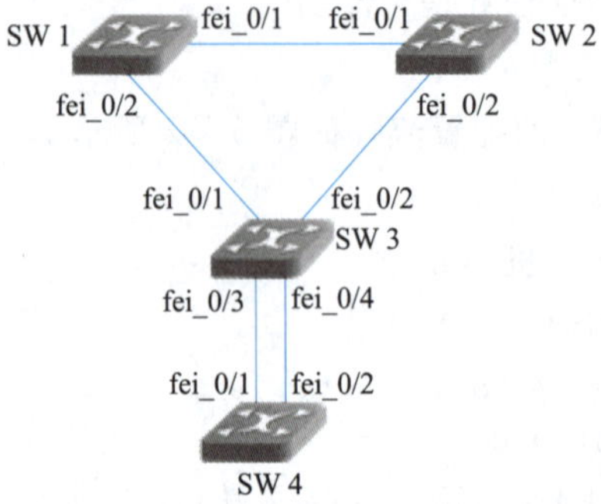

图 6-2-4　STP 的配置

1. 配置分析

需要对四个交换机启用 STP，以阻止网络形成环路。

①在四台交换机上分别启用 STP；

②把 STP 模式设置成 SSTP；

③更改交换机的优先级。

2. 配置流程

STP 的配置流程如图 6-2-5 所示。

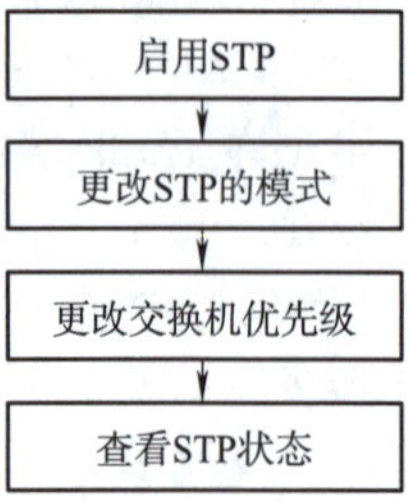

图 6-2-5　STP 的配置流程

3. 关键配置

以交换机 A 为例：

①使能 STP：

```
3928-1(config)#spanning-tree enable
```

②更改 STP 模式：

```
3928-1(config)#spanning-tree mode sstp
```

③更改交换机优先级：

```
3928-1(config)#spanning-tree mst instance 0 priority 8192
```

4. 任务验证

用以下命令，查看 STP 信息。

```
ZXR10#show spanning-tree instance 0
Spanning tree enabled protocol ieee
Root ID          Priority     32769
Address          0001.96A7.432B
Cost             19
Port             1(FastEthernet0/1)
Hello Time       2 sec   Max Age 20 sec      Forward Delay 15 sec
Bridge ID        Priority     32769          (priority 32768 sys-id-ext 1)
Address          00E0.F96B.373B
```

```
Hello Time      2 sec   Max Age 20 sec        Forward Delay 15 sec   Aging Time   20
Interface       Role Sts Cost                 Prio.Nbr Type
-------------------------------------------------------------------------------
Fa0/1           Root FWD 19                   128.1     P2p
Fa0/2           Altn BLK 19                   128.2     P2p
```

三、链路聚合配置

链路聚合配置如图 6-2-6 所示，交换机 A(Switch A)和交换机 B(Switch B)通过四个相连，要求设置一个静态 Trunk 链路聚合，链路组承载 VLAN 10 和 VLAN 20。

1. 配置分析

需要在两个交换机上分别设置静态链路聚合，并且允许 VLAN 通过。

①在交换机 A 和交换机 B 上创建聚合组。

②把端口加入聚合组，并且把模式设置成静态 Trunk。

③设置链路组的 802.1Q 属性。

2. 配置流程

链路聚合配置流程如图 6-2-7 所示。

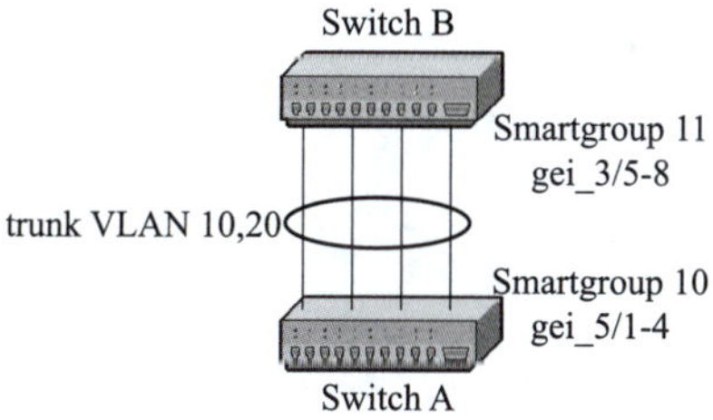

图 6-2-6　链路聚合配置

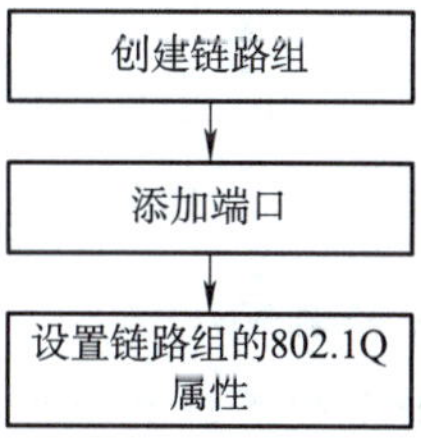

图 6-2-7　链路聚合配置流程

3. 关键配置

以交换机 A 为例：

①创建链路组：

```
ZXR10_A(config)#interface smartgroup10          //默认模式为静态
```

②添加成员：

```
ZXR10_A(config)#interface gei_5/1
ZXR10_A(config-if)#smartgroup 10 mode on
```

③配置 SmartGroup 并透传相关 VLAN：

```
ZXR10_A(config)#interface smartgroup10
ZXR10_A(config-if)#switchport mode trunk
ZXR10_A(config-if)#switchport trunk vlan 10
ZXR10_A(config-if)#switchport trunk vlan 20
```

链路聚合必须按照以上的顺序来配置，否则会导致聚合失败。

4. 结果验证

显示成员端口的聚合状态。

```
ZXR10(config)#show lacp 2 internal
```

```
Smartgroup:2
Actor      Agg       LACPDUs       Port      Oper  Port  RX        Mux
Port       State     Interval      Priority  Key   State Machine   Machine
------------------------------------------------------------------------------------
fei_3/17 selected  30         32768    0x202  0x3d  current
collecting-distributing
fei_3/18 selected  30         32768    0x202  0x3d  current
collecting-distributing
```

State 为 Selected，Port State 为 0x3d 时，表示端口聚合成功。如果聚合不成功，则 Agg State 显示 Unselected。

任务小结

利用交换技术来实现局域网的搭建和优化，熟悉 VLAN 配置的流程和相关命令操作至关重要，是构建交换网络的前提；配置 STP 时要避免网络环路；配置链路聚合可以增加网络带宽和提高网络可靠性。

※思考与练习

简答题

1. 简述 VLAN 的配置流程。
2. 配置 STP 时如何更改交换机的优先级？
3. 链路聚合配置怎样创建链路组？

任务三　网络互联配置

微视频

网络互相配置

任务描述

本任务通过路由协议配置来实现网络间互联，讨论静态路由的配置方法、单臂路由方式和三层交换机实现 VLAN 间路由配置的流程和方法、动态路由协议 SIP 和 OSPF 协议配置的流程和配置操作。

任务目标

- 识记：静态路由和 VLAN 间路由的配置命令。
- 领会：VLAN 间路由配置的流程和方法。
- 应用：RIP、OSPF 协议的配置操作。

任务实施

一、静态路由的配置

如图 6-3-1 所示，通过静态路由配置，使用户 A 访问用户 B。

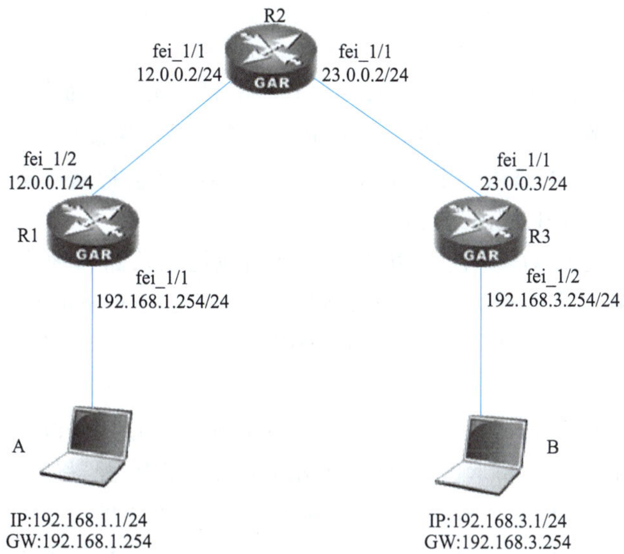

图 6-3-1　静态路由配置

1. 配置分析

首先主机 A 有数据发往主机 B，主机 A 根据自己的 IP 地址与子网掩码计算出自己所在的网络地址，比较主机 B 地址，发现 B 与自己不在同一网段。所以，主机 A 将数据发送给默认网关，R1 的 fei_1/1 接口。

路由器 R1 在接口 fei_1/1 上接收到一个以太网数据帧，检查其目的 MAC 地址是否为本接口的 MAC 地址，如果是自己的 MAC 地址，则 R1 知道自己需要将数据转发出去，所以通过检查后将数据链路层封装去掉，解封装成 IP 数据包，送高层处理。

路由器 R1 检查 IP 数据包中的目的 IP 地址，根据目的 IP 地址，在路由表中查找匹配的、最深的条目，即用目的 IP 地址与路由表中每一个路由条目掩码相比较并得出匹配掩码位最深的条目，决定从接口 fei_1/2 转发此数据包，转发前要做相应的、三层的处理与新的数据链路层的封装。

数据包被转发至 R2 后会经历与 R1 相同的过程，在 R2 的路由表中查找目的网段的条目，决定从接口 fei_1/2 转发。

同理，当数据包被转发至 R3 后会经历与 R1、R2 相同的处理过程，在 R3 的路由表中查找目的网段的条目，发现目的网段为其直联网段，最终数据包被转发至目的主机 B。

2. 配置流程

静态路由配置流程如图 6-3-2 所示。

3. 关键配置

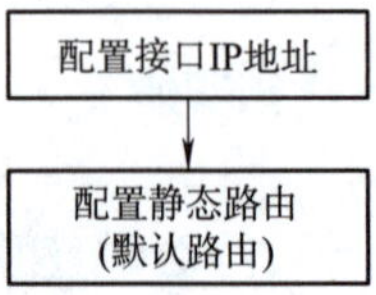

图 6-3-2 静态路由配置流程

R1 上静态路由的配置如下:

```
ZXR10_R1(config)#ip route 192.168.3.0 255.255.255.0 12.0.0.2
```

R2 上静态路由的配置如下:

```
ZXR10_R2(config)#ip route 192.168.3.0 255.255.255.0 23.0.0.3
ZXR10_R2(config)#ip route 192.168.1.0 255.255.255.0 12.0.0.1
```

R2 上可用默认路由配置如下:

```
ZXR10_R3(config)#ip route 0.0.0.0 0.0.0.0 23.0.0.2
```

静态路由是在全局配置模式下配置的,一次只能配置一条。在命令 ip route 之后是目的网络及其子网掩码,以及到达目的网络的下一跳 IP 地址或者是发送接口。

如果在一个运行 RIP 的路由器上配置了默认路由,RIP 将会把默认路由 0.0.0.0/0 通告给它的邻居,甚至不需要在 RIP 域内进行路由再分配。

对于 OSPF 协议,运行 OSPF 的路由器不会自动地把默认路由通告给它的邻居,为了使 OSPF 能够发送默认路由到 OSPF 域内,必须使用命令 default-information originate。在 OSPF 域中如果要再分配默认路由,这种通告通常是由 OSPF 域中的 ASBR(自治系统边界路由器)来实现的。

静态路由配置命令 ip route 中的参数 <distance-metric> 可以用来改变某条静态路由的管理距离值。假设从 R1 到 192.168.3.0/24 网段有两条不同的路由,配置如下:

```
ZXR10_R1(config)#ip route 192.168.3.0 255.255.255.0 12.0.0.2
ZXR10_R1(config)#ip route 192.168.3.0 255.255.255.0 21.0.0.2 21 tag 21
```

上面两条命令配置了到达同一网络的两条不同的静态路由,第一条命令没有配置管理距离值,因此使用默认值 1;第二条命令配置管理距离值 21。由于第一条路由的管理距离值小于第二条,所以路由表中将只会出现第一条路由信息,即路由器将只通过下一跳 12.0.0.2 到达目的网络 192.168.3.0/24。只有当第一条路由失效,从路由表中消失,第二条路由才会在路由表中出现。

4. 结果验证

使用 show ip route 命令(见表 6-3-1)可以显示路由器的全局路由表,查看路由表中是否有配置的静态路由。这条命令非常有用,在路由协议的结果验证中也经常需要用到。

表 6-3-1 show ip route 命令

命令格式	命令模式	命令功能
show ip route [<ip-address> [<net-mask>] | <protocol>]	所有模式	显示全局路由表

可以查看 R3 的路由表:

```
ZXR10#show ip route
```

从路由表中可以看到,下一跳为 23.0.0.2 的默认路由被作为最后的路由加入路由表中。在路由协议配置中使用默认路由时,则根据路由协议的不同而有所不同。在主机 A 上 ping 主机 B 的时候,就会提示成功。

二、VLAN 间路由配置

VLAN 间路由配置有两种实现方式:一是单臂路由方式;二是三层交换机方式。

(1)单臂路由方式实现 VLAN 间路由配置

如图 6-3-3 所示,交换机的端口 fei_1/1 属于 VLAN 20,为 Access 端口;端口 fei_1/2 属于 VLAN 30,为 Access 端口;端口 fei_1/3 与路由器互联,为 Trunk 端口。路由器的端口 fei_0/1 与交换机互联,需要以单臂路由的方式实现 VLAN 间路由。

(2)三层交换机方式实现 VLAN 间路由配置

如图 6-3-4 所示,三层交换机的端口 fei_1/1 属于 VLAN 20,为 Access 端口;端口 fei_1/2 属于 VLAN 30,为 Access 端口,需要以三层交换机的方式实现 VLAN 间路由。

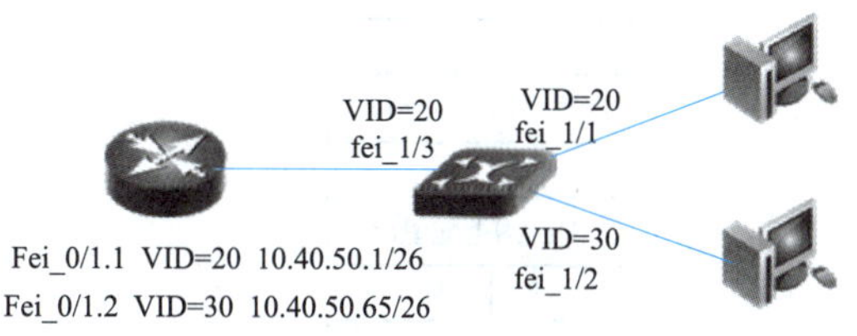

图 6-3-3 单臂路由方式实现 VLAN 间路由配置

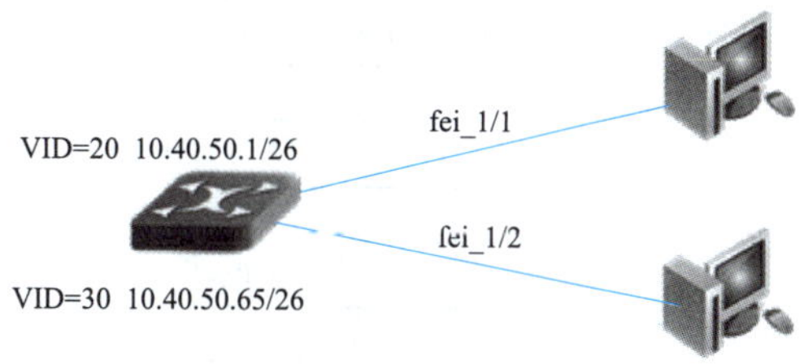

图 6-3-4 三层交换机实现 VLAN 间路由配置

1. 配置分析

①单臂路由方式中,需要在三层交换机上设置 VLAN,只使用二层功能;在路由器上使用 VLAN 子接口实现 VLAN 之间的通信。

a. 在交换机上分别创建 VLAN 20 和 VLAN 30。

b. 把端口加入 VLAN。这一步是把和主机相连的 Access 端口加入 VLAN 中。

c. 把交换机上与路由器互联的端口设置成 Trunk 端口,并中继 VLAN 20 和 VLAN 30。

d. 在路由器端口上创建子接口,封装 VLAN ID,并在子接口上配置 IP。

e. 验证任务是否成功。

②三层交换机方式中,三层交换机使用路由功能,在 VLAN 上配置 IP 地址,实现 VLAN 之间通信。

a. 在交换机上分别创建 VLAN 20 和 VLAN 30。

b. 把端口加入 VLAN。这一步是把和主机相连的 Access 端口加入 VLAN 中。

c. 在 VLAN 接口上配置 IP。

d. 验证任务是否成功。

2. 配置流程

(1)单臂路由方式的 VLAN 间路由配置流程(见图 6-3-5)

(2)三层交换机实现 VLAN 间路由配置流程(见图 6-3-6)

3. 主要配置

(1)单臂路由方式的 VLAN 间路由配置

①在交换机上创建 VLAN:

```
ZXR10(config)#vlan 20
ZXR10(config)#vlan 30
```

②把端口加入 VLAN:

```
ZXR10(config)#interface fei_1/1
ZXR10(config-if)# switchport access vlan 20
```

```
ZXR10(config)#interface fei_1/2
ZXR10(config-if)# switchport access vlan 30
```

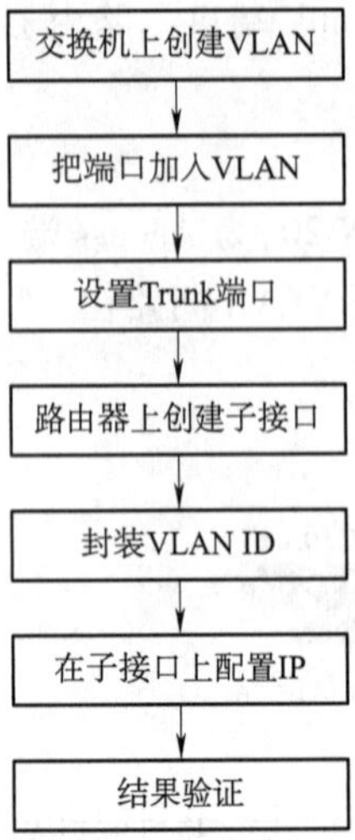

图 6-3-5　单臂路由方式的 VLAN 间路由配置流程

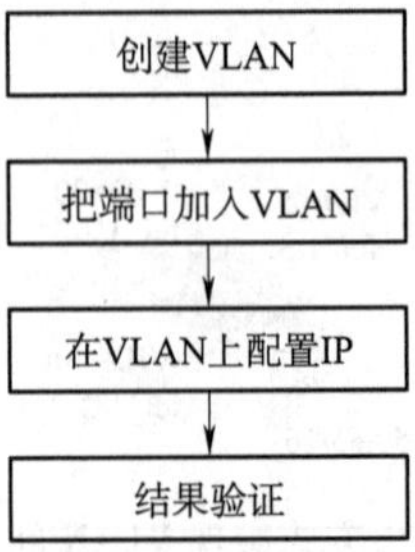

图 6-3-6　三层交换机方式的 VLAN 间路由配置流程

③设置 Trunk 端口:

```
ZXR10(config)#interface fei_1/3
ZXR10(config-if)# switchport mode trunk
ZXR10(config-if)# switchport trunk vlan 20
ZXR10(config-if)# switchport trunk vlan 30
```

④路由器上创建子接口,封装 VLAN ID,并在子接口上配置 IP:

```
ZXR10(config)#interface fei_0/1.1
ZXR10(config-subif)#encapsulation dot1q 20
ZXR10(config-subif)#ip address 10.40.50.1 255.255.255.192
ZXR10(config)#interface fei_0/1.2
ZXR10(config-subif)#encapsulation dot1q 30
ZXR10(config-subif)#ip address 10.40.50.65 255.255.255.192
```

(2)三层交换机方式的 VLAN 间路由配置

①创建 VLAN:

```
ZXR10(config)#vlan 20
ZXR10(config)#vlan 30
```

②把端口加入 VLAN:

```
ZXR10(config)#interface fei_1/1
ZXR10(config-if)# switchport access vlan 20
ZXR10(config)#interface fei_1/2
ZXR10(config-if)# switchport access vlan 30
```

③在 VLAN 上配置 IP:

```
ZXR10(config)#interface vlan 20
ZXR10(config-if)#ip address 10.40.50.1 255.255.255.192
ZXR10(config)#interface vlan 30
ZXR10(config-if)#ip address 10.40.50.65 255.255.255.192
```

4. 结果验证

在上述两种情况下,分别给 PC1 配上 IP 地址 10. 40. 50. 2/26,网关为 10. 40. 50. 1;PC2 配上 IP 地址 10. 40. 50. 66/26,网关为 10. 40. 50. 65,PC 可以互通。

三、RIP 的配置

如图 6-3-7 所示,R1、R2 和 R3 运行 RIP V2 协议,并分别启用明文和 MD5 加密,密码为 ZTE,完成 PC1 和 PC3 的互通任务。

1. 配置分析

确认需要运行 RIP 的组网规模,建议总数不要超过 16 台;确认 RIP 使用的版本号,建议使用 V2;确认路由器上需要运行 RIP 的接口,确认需要引入的外部路由;注意是否有协议验证部分的配置,对接双方的验证字符串必须一致。

2. 配置流程

RIP 配置流程,如图 6-3-8 所示。

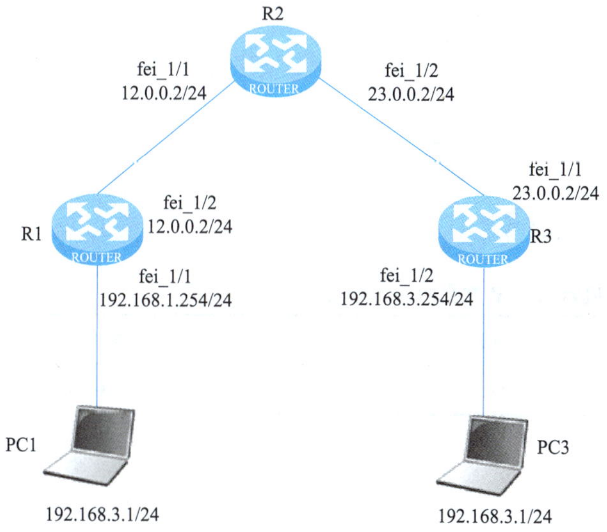

图 6-3-7 RIP 配置

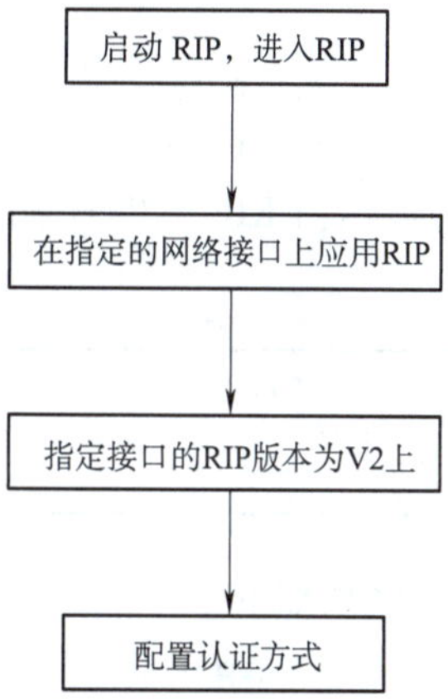

图 6-3-8 RIP 配置流程

3. 关键配置

R2 的配置(仅以 R2 为例,R1 和 R3 配置类似):

```
R2(config)# router rip
R2(config-router-rip)# network 12.0.0.0 0.0.0.255    //注意使用反掩码
R2(config-router-rip)# network 23.0.0.0 0.0.0.255
R2(config)# interface fei_1/1
R2(config-if)# ip address 12.0.0.2 255.255.255.0
R2(config-if)# ip rip authentication mode text    //采用明文认证
R2(config-if)# ip rip authentication key zte
R2(config)# interface fei_1/2
R2(config-if)# ip address 23.0.0.2 255.255.255.0
R2(config-if)# ip rip authentication mode md5    //采用 MD5 认证
R2(config-if)# ip rip authentication key-chain 1 zte
```

4. 结果验证

(1)显示 RIP 运行的基本信息(见表 6-3-2)

表 6-3-2 显示 RIP 运行的基本信息

命令格式	命令模式	命令功能
show ip rip	所有模式	显示 RIP 运行的基本信息

显示结果如下:

```
R2#show ip rip
router rip
auto-summary                  //默认打开路由聚合功能
default-metric 1
distance 120                  //默认管理距离为 120
validate-update-source        //进行源合法性检查
version 2                     //当前运行的版本为 V2
flash-update-threshold 5
maximum-paths 1               //默认不支持等价路由
output-delay 5 100
timers basic 30 180 180 240
network
12.0.0.0 0.0.0.255
23.0.0.0 0.0.0.255
```

(2)显示由 RIP 产生的路由条目(见表 6-3-3)

表 6-3-3 显示由 RIP 产生的路由条目

命令格式	命令模式	命令功能
show ip rip database	所有模式	显示由 RIP 产生的路由条目

显示结果如下:

```
R1#show ip rip database
Pref Routes
h :is possibly down, in holddown time
f :out holddown time before flush
* > 12.0.0.0/24
* > 23.0.0.0/24
* > 192.168.1.0/24
* > 192.168.3.0/24
```

(3)查看 RIP 接口的现行配置和状态(见表 6-3-4)

表 6-3-4 查看 RIP 接口的现行配置和状态

命令格式	命令模式	命令功能
show ip rip interface <interface-name>	所有模式	查看 RIP 接口的现行配置和状态

显示接口 fei_1/1 的 RIP 信息:

```
R2#show ip rip interface fei_1/1
ip address:
```

```
12.0.0.1
receive version 1 2
send version 2
split horizon is effective          //默认启用水平分割
```

(4)显示用户配置的 RIP 网络命令(见表 6-3-5)

表 6-3-5　显示用户配置的 RIP 网络命令

命令格式	命令模式	命令功能
show ip rip networks	所有模式	显示用户配置的 RIP 网络命令

(5)Debug 命令对 RIP 进行调试,跟踪相关信息(见表 6-3-6)

表 6-3-6　Debug 命令对 RIP 的调试

命令格式	命令模式	命令功能
debug ip rip	特权模式	跟踪 RIP 的基本收发包过程
debug ip rip database	特权模式	跟踪 RIP 路由表的变化过程

四、OSPF 协议的配置

如图 6-3-9 所示,完成 OSPF 协议的区域配置任务。

1. 配置分析

基本配置:设置路由器的 ID 号、启动 OSPF、宣告相应网段。这是配置 OSPF 最基本的三个步骤,其中启动 OSPF 和宣告相应网段是其中必需的两个步骤,而 Router ID 的设置,则不是必须完成的,可以由系统自动配置,最好是手工配置。

2. 配置流程

OSPF 协议配置流程如图 6-3-10 所示。

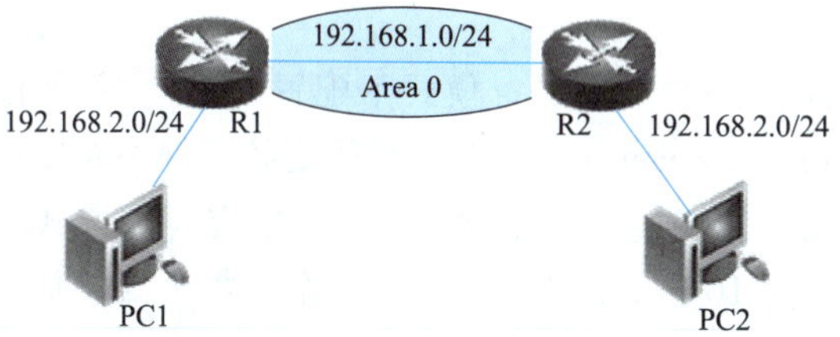

图 6-3-9　OSPF 协议的配置

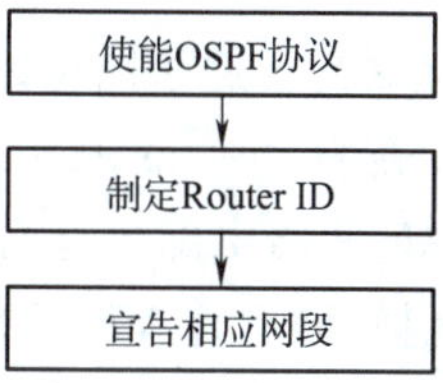

图 6-3-10　OSPF 协议配置流程

3. 关键配置

```
ZXR10_R1(config)#interface  loopback1
ZXR10_R1(config-if)#ip address 10.1.1.1 255.255.255.255
ZXR10_R1(config)#interface  fei_1/1
ZXR10_R1(config-if)#ip address 192.168.1.1 255.255.255.0
ZXR10_R1(config)#interface  fei_0/1
ZXR10_R1(config-if)#ip address 192.168.2.1 255.255.255.0
ZXR10_R1(config)#router ospf 10               //进入 ospf 路由配置模式,进程号为 10
ZXR10_R1(config-router)#router-id 10.1.1.1 //将 loopback1 配置为 ospf 的 router-id
```

```
ZXR10_R1(config-router)#network  192.168.1.0 0.0.0.255 area 0
                                        //将 192.168.1.0/24 网段加入 ospf 骨干域 area 0
ZXR10_R1(config-router)# redistribute  connected      //重分布直联路由
```

R2 和 R1 配置类似,R2 上 loopback 1 地址设为 10.1.2.1/32。

4. 结果验证

```
ZXR10_R1#show ip ospf neighbor              //查看 ospf 邻居关系的建立情况
OSPF Router with ID(10.1.1.1)(Process ID 100)
Neighbor 10.1.2.1
In the area 0.0.0.0
via interface fei_1/1 192.168.1.2
Neighbor is DR
State FULL,priority 1,Cost 1
Queue count :Retransmit 0,DD 0,LS Req 0
Dead time :00:00:37
In Full State for 00:00:35                  //Full 状态表示建立成功
```

如果一台路由器没有手工配置 Router ID,则系统会从当前接口的 IP 地址中自动选一个。选择的原则如下:如果路由器配置了 loopback 接口,则优选 loopback 接口;如果没有 loopback 接口,则从已经 UP 状态的物理接口中选择接口 IP 地址最小的一个。由于自动选择的 Router ID 会随着 IP 地址的变化而改变,这样会干扰协议的正常运行,所以强烈建议手工指定 Router ID。

```
ZXR10_R1#show ip route
IPv4 Routing Table:
Dest          Mask              Gw              Interface   Owner     pri metric
192.168.1.0   255.255.255.0     192.168.1.1     fei_1/1     direct    00
192.168.1.1   255.255.255.255   192.168.1.1     fei_1/1     address   00
192.168.2.0   255.255.255.0     192.168.2.1     fei_0/1     direct    00
192.168.2.1   255.255.255.255   192.168.2.1     fei_0/1     address   00
192.168.3.0   255.255.255.0     192.168.1.2     fei_1/1     ospf      110 20
```

任务小结

网络间互联需要通过路由来实现,静态路由是在全局配置模式下配置的,一次只能配置一条。静态路由配置命令 ip route 中的参数 <distance-metric> 可以用来改变某条静态路由的管理距离值。VLAN 间路由配置有两种方式实现,一是单臂路由方式,二是三层交换机方式。运行 RIP 的组网规模,联网计算机总数一般不要超过 16 台。配置 OSPF 的三个基本步骤包括设置路由器的 ID 号、启动 OSPF、宣告相应的网段。路由器 ID 的设置可以由系统自动配置。

※思考与练习

简答题

1. 一个路由器运行 RIP,默认路由是什么?RIP 将会怎样进行路由分配?
2. 简述三层交换机实现 VLAN 间路由配置的流程。
3. 配置 RIP 是如何查看 RIP 接口现行配置和状态?
4. 一台路由器没有手工配置 router ID,系统自动选择 IP 地址的原则是什么?

任务四　网络访问控制

微视频

网络访问控制

任务描述

本任务介绍了访问控制列表的配置方法，讲解了如何部署和使用标准 ACL 和扩展 ACL。对于访问控制列表，掌握基本配置和应用相对比较容易，初学者需要通过大量的实例，提高访问控制列表的应用能力。

任务目标

- 识记：标准 ACL 和扩展 ACL 配置方法。
- 领会：标准 ACL 和扩展 ACL 配置流程。
- 应用：标准 ACL 和扩展 ACL 配置和验证。

任务实施

子任务一：标准 ACL 配置如图 6-4-1 所示，要求只允许两边的网络（172. 16. 3. 0，172. 16. 4. 0）互通。

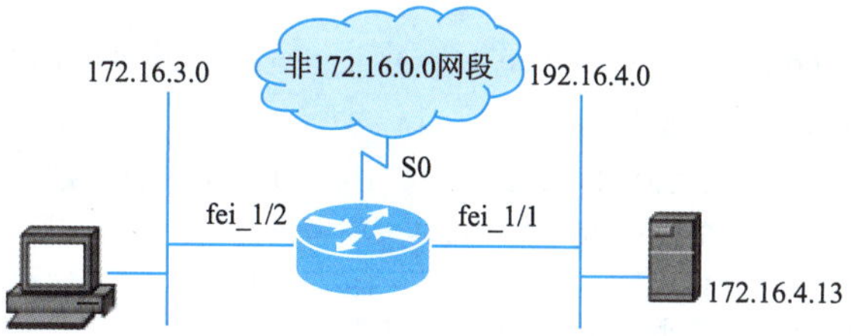

图 6-4-1　标准 ACL 配置

子任务二：扩展 ACL 配置如图 6-4-2 所示，要求拒绝从子网 172. 16. 4. 0 到子网 172. 16. 3. 0 通过 Fel_1/2 口出去的 FTP 访问，允许其他所有流量。

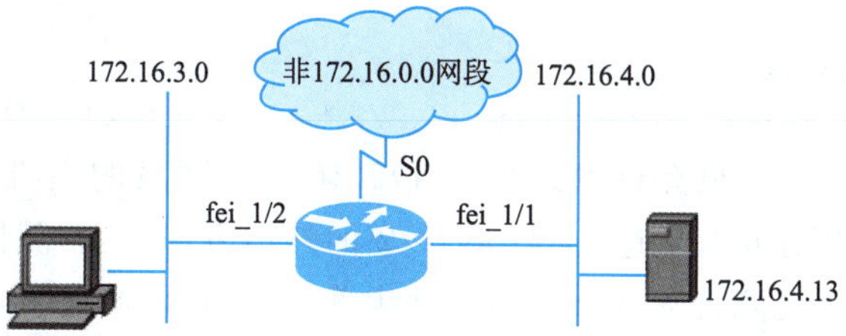

图 6-4-2　扩展 ACL 配置

一、配置分析

1. 配置步骤

对于标准 ACL 配置和扩展 ACL 配置，都应该依照以下两个步骤进行：

①定义访问控制列表。按照要求,确定子任务一使用标准 ACL,子任务二使用扩展 ACL。

②将访问控制列表应用到对应的接口。

2. 配置要点

如果网络中有多个路由器,在配置访问控制列表时,首先,需要考虑在哪一台路由器上配置;其次,应用到接口时,需要选择将此访问控制列表应用到哪个物理端口,选择好了端口就能够决定应用该 ACL 的端口方向。

对于标准 ACL,由于它只能过滤源 IP,为了不影响源主机的通信,一般将标准 ACL 放在离目的端比较近的地方。

对于扩展 ACL,可以精确定位某一类的数据流,为了不让无用的流量占据网络带宽,一般将扩展 ACL 放在离源端比较近的地方。

二、配置流程

ACL 配置流程如图 6-4-3 所示。

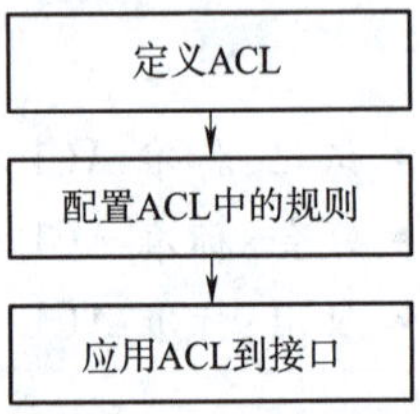

图 6-4-3 ACL 配置流程

三、关键配置

1. 定义标准 ACL 访问控制列表

```
ZXR10(config)#Access-list 1 permit 172.16.0.0 0.0.255.255
//配置标准 ACL 语句,允许来自
//指定网络 172.16.0.0/16 的
//数据包
(implicit deny all-not visible in the list)          //此为隐含语句,含义为拒绝全部数据包
```

2. 定义扩展 ACL 访问控制列表

```
ZXR10(config)#Access-list 101 deny tcp 172.16.4.0 0.0.0.255 172.16.3.0 0.0.0.255 eq 21
//配置扩展 ACL 语句,含义为禁止从源到目的建立 FTP 连接
ZXR10(config)#Access-list 101 deny tcp 172.16.4.0 0.0.0.255 172.16.3.0 0.0.0.255 eq 20
//配置扩展 ACL 语句,含义为禁止从源到目的建立 FTP 连接
ZXR10(config)#Access-list 101 permit ip any any
//配置扩展 ACL 语句,含义为允许所有数据包
```

这里之所以要写两条扩展 ACL 语句,是因为 FTP 使用了两个端口号 20 和 21,20 端口号为数据转发端口,21 端口号为控制端口。

3. 应用 ACL 访问列表

```
ZXR10(config)#interface fei_1/1
ZXR10(config-if)#ip Access-group 1 out        //将 ACL 应用到接口上外出的方向
```

标准 ACL 配置中,ACL1 只允许源地址为 172.16.0.0 网段的主机通过,只配置一条标准 ACL1,并且将 ACL1 应用在接口 fei_1/1 与 fei_1/2 的外出方向,是否就能实现要求呢?答案是肯定的。原因是,ACL 末尾隐含为 deny 全部,意味着 ACL 中必须有明确的允许数据包通过的语句,否则将没有数据包能够通过。只明确允许 172.16.0.0 的数据通过,处于 172.16.3.0 与处于 172.16.4.0 两个网段内的主机便因此不能访问非 172.16.0.0 网络的主机。

四、结果验证

为了便于 ACL 的维护与诊断,ZXR10 网络设备提供了相关查看命令。

显示所有或指定表号的 ACL 的内容：

```
show acl [ <acl-number> | <acl-name> ]
```

查看某物理端口是否应用了 ACL：

```
show access-list used [ <acl-name> ]
```

任务小结

根据项目的具体要求，需要灵活选择标准 ACL 或扩展 ACL。标准 ACL 只能过滤源 IP，为了不影响源主机的通信，一般将标准 ACL 放在离目的端比较近的地方；扩展 ACL 可以精确地定位某一类的数据流。为了不让无用的流量占据网络带宽，一般将扩展 ACL 放在离源端比较近的地方。为了更好地使用 ACL 进行维护与诊断，需要熟悉 ZXR10 网络设备提供的相关命令。

※思考与练习

简答题

1. ACL 配置时标准 ACL 和扩展 ACL 有何区别？

2. 标准 ACL 配置中，ACL1 只允许源地址为 172.16.0.0 网段的主机通过，配置一条标准 ACL1，并且将 ACL1 应用在接口 fei_1/1 与 fei_1/2 的外出方向，是否能实现要求？

任务五　企业网络接入 Internet

微视频 企业网络接入Internet

任务描述

通过 NAT 配置和 DHCP 配置实训，熟悉 NAT 配置和 DHCP 配置流程和命令操作。

任务目标

- 领会：使用网络地址转换技术达到外网访问内网服务器和内网访问 Internet。
- 应用：使用动态主机配置协议实现地址分配服务。

任务实施

一、NAT 配置

如图 6-5-1 所示，该组网中，用户都是私网地址，必须通过 NAT 转换成公网地址才能访问公网。

1. 配置分析

本任务中，私网用户使用的内部网络的地址是 10.20.0.0/24 网段和 10.10.0.0/24 网段，这些网段的地址属于私有地址，可以在一个企业（局域网）内部使用，但是不能访问外网。需要通过 NAT 将这些私有地址转换为公有地址，才能实现用户对公网的访问。

已经指定地址池为：200.0.0.1～200.0.0.5，公网地址的数量就只有 5 个，而当前私网用户的数量最多可能达到 508 个，不能实现一对一的地址转换，因此，需要进行动态一对多的 NAT 配置。

2. 配置流程

NAT 配置流程如图 6-5-2 所示。

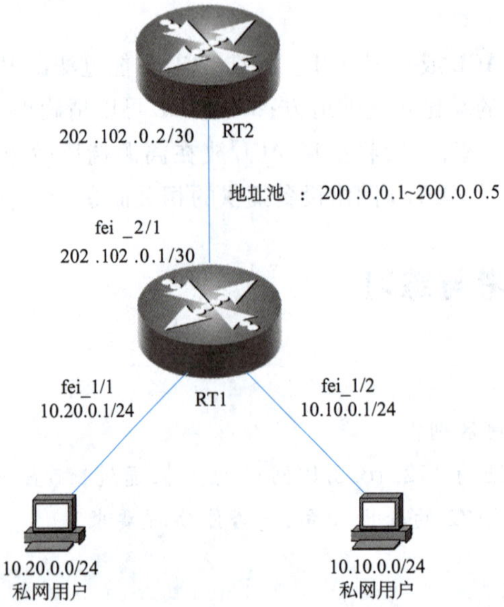

图 6-5-1　NAT 单出口组网

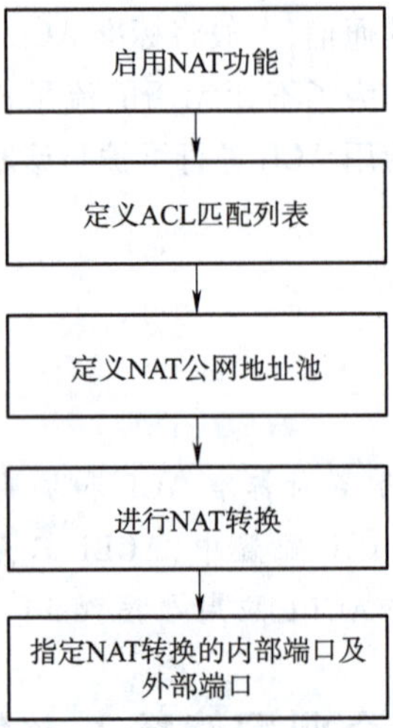

图 6-5-2　NAT 配置流程

NAT 的配置主要有以下几个步骤：

①启用 NAT 功能。

②定义 ACL 匹配列表。

③定义 NAT 公网地址池。

④进行 NAT 转换。

⑤指定 NAT 转换的内部端口及外部端口。

⑥还可根据需要扩展设置 NAT 老化时间、用户最大会话数。

3. 关键配置

RT1 路由器的配置：

```
ip nat start                                         //在全局配置模式下配置启动 NAT 功能
acl standard number 1                                //配置标准 ACL，列表号为 1，匹配从源
                                                     //地址网段 10.0.0.0/24、10.1.0.0/24
                                                     //发出的数据包
permit 10.10.0.0 0.0.0.255
permit 10.20.0.0 0.0.0.255
ip nat pool ZTE 200.0.0.1 200.0.0.5 prefix-length 24 //配置名为 ZTE 的地址池，将合法外部
                                                     //地址段 200.0.0.1 至 200.0.0.5
                                                     //加入地址池
ip nat inside source list 1 pool ZTE overload        //配置 NAT 转换语句，将内网的符合 ACL 1
                                                     //的数据包的源地址转换为地址池 ZTE
                                                     //中的地址
```

```
ip nat translation maximal default 300          //设置用户最大会话数,或者叫内部地
                                                //址允许转换的最大条目数为 300
interface fei_2/1                               //进入接口配置模式
ip address 202.102.0.1 255.255.255.252          //配置接口 IP 地址
ip nat outside                                  //指定此接口为 NAT 的外部接口
ip route 0.0.0.0 0.0.0.0 202.102.0.2            //设置通往 202.102.0.2 的静态路由
```

此处静态路由的配置对 NAT 配置能否成功起至关重要的作用。

4. 结果验证

(1) NAT 维护命令

① show ip nat statistics 命令(见表 6-5-1)。

表 6-5-1　显示 NAT 转换的统计数据

命令格式	命令模式	命令功能
show ip nat statistics	除用户模式外所有模式	显示 NAT 转换的统计数据

该命令用于查看 NAT 转换的统计数据,显示的内容包括当前活动的 NAT 转换条目的数目(包括静态和动态规则生成条目)、最大动态 NAT 转换条目数、当前/最大内部地址数、内部和外部端口的统计信息、NAT 转换成功和失败的数目、被老化掉的 NAT 转换条目数、被清除的 NAT 转换条目数等。

② show ip nat translations 命令(见表 6-5-2)。

表 6-5-2　显示 NAT 活动的转换条目信息

命令格式	命令模式	命令功能
show ip nat translations {* | {global <global-ip> | local <local-ip>}}	除用户模式外所有模式	显示 NAT 活动的转换条目信息

该命令用于查看当前转换条目,显示内容包括 NAT 转换的内部和外部地址,对于动态可重用 NAT 转换还包括端口转换的信息。

③ show ip nat count 命令(见表 6-5-3)。

表 6-5-3　降序显示 NAT 转换的基于地址的统计数据

命令格式	命令模式	命令功能
show ip nat count {by-max <count> | by-used <count> | global <global-ip> | local <local-ip>}	除用户模式外所有模式	降序显示 NAT 转换的基于地址的统计数据

该命令用于查看 NAT 转换的基于地址的统计数据,显示的内容包括内部地址、当前使用数、最大使用数、最大使用数限制。

④ clear ip nat translations 命令(见表 6-5-4)。

表 6-5-4　清除 NAT 转换条目

命令格式	命令模式	命令功能
clear ip nat translation {* | [<global-ip> <global-port> <local-ip> <local-port>] | list <list-number> [<interface-name>] | {global <global-ip> | local <local-ip>}}	特权模式	清除 NAT 转换条目

该命令结合不同的参数,可以用来清除指定范围的 NAT 转换条目。

使用 clear ip nat translations 命令可以清除当前所有用户的会话数,该命令要谨慎使用,因

为使用这个命令,所有用户的连接会全部中断。

(2)日常维护诊断

系统当前最大可用的动态转换条目数可以通过 IP POOL 中的 GLOBAL IP 数量大致计算,一般一个 IP 地址对应大约 6 万个转换条目,为了确保网上银行、支付宝等识别源 IP 的业务稳定运行,地址池中的地址个数设置为 14 ~ 30 个之间是合理的,这样能确保用户转换会话数非常大的时候,每个公网地址都有足够的资源可以应付。

开局时,一般要求对于每个用户限制转换条目数,这个设置是为了保护设备,在用户流量异常时,可以起到保护设备 CPU 的功能。

对于一般上网用户,100 ~ 200 个转换条目是足够的,对于一些大客户用户或者校园网用户可以适当放宽,建议在 300 ~ 600 之间根据实际情况调节。如果用户数量较少(<2 000),那么可以设置大一些,如 500 ~ 600;如果用户数量超过 2 000,建议设置为 200 ~ 400。

使用 clear ip nat translation 命令查看当前动态的 NAT 转换条目,如果接近或者等于最大的可用条目数,NAT 资源不足,那么用户上网可能会受到影响。

(3)NAT 资源不足的几种情况

①网络规模扩张,用户数量增大导致的 NAT 资源不足。这种情况通常可以从 clear ip nat statistics 中看出本地用户数量已经大于以前的数量,而地址池的数量还是以前的数量。建议措施:

a. 扩充地址池。

b. 结合网络情况,调低一些应用的老化时间。

c. 设备扩容。

②本地用户数量正常,用户流量异常导致 NAT 资源不足。

通常发现用户数量有限,而 NAT 条目暴涨,可能是用户流量异常导致故障造成。使用 show ip nat count by-used/by-max 查看用户的当前、历史 NAT 条目是否异常。如果某个用户的条目明显大于其他,肯定是该用户流量有问题(可能是用户中毒、使用 BT 下载等工具、用户私自设置代理导致实际用户数量明显大于现有用户数量等原因)。建议措施:

a. 用户杀毒,同时用户端口设置 ACL 禁掉一些病毒端口,包括 ICMP 包等。

b. 使用 ip nat translation maximal 命令对每个用户的最大会话数进行限制。这样设置后,对使用量最高的这些用户会有影响,但是保证了其他大部分用户的正常业务。具体数值可根据用户种类和网络资源实际情况限制,可以参考平时使用 show ip nat count 命令查看的内容。

c. 调整老化时间。

d. 整改非法代理。

e. 扩充地址池。

紧急情况下,对于个别严重异常的用户影响到其他用户上网的情况,可以使用 CLEAR IP NAT LOCAL 命令清除用户的 NAT 转换条目。对于个别的软件出现异常(比如 QQ),可能是老化时间设置不正确造成,需要尽可能调查清楚该应用的协议端口号,有选择地调整该端口号的老化时间,不要笼统地调整所有 TCP 或者 UDP 的老化时间,否则可能影响其他业务,造成 NAT 资源枯竭的故障或者用户上网异常等现象。

5. DHCP 配置

如图 6-5-3 所示，按下列要求完成配置。

①路由器 RT1 上为 DHCP Server，需完成 DHCP Server 的配置。

②在 SW1 创建 VLAN 10 和 VLAN 20，部门 A 和部门 B 分别属于 VLAN 10 和 VLAN 20，且它们的默认网关分别为 192. 168. 10. 254/24 和 192. 168. 20. 254/24。

③ SW1 作为 DHCP 的中继，需完成 DHCP Relay 的配置。

④ RT1 的回环接口地址 1. 1. 1. 1 为 DHCP Server 的地址，其掩码为 255. 255. 255. 0。

⑤部门 A 的用户能自动获取到 192. 169. 10. X/24 网段的地址，部门 B 的用户能自动获取到 192. 168. 20. X/24 网段的地址。

二、DHCP 配置

1. 配置分析

①在 RT1 上要配置两个地址池。

②在 SW1 上需要配置 DHCP 服务器地址为 RT1 的回环接口地址 1. 1. 1. 1。

③在 RT1 上添加到用户网段的路由；在 SW1 上添加目的地址为 1. 1. 1. 1 的路由。

2. 配置流程

DHCP 服务器配置流程如图 6-5-4 所示。

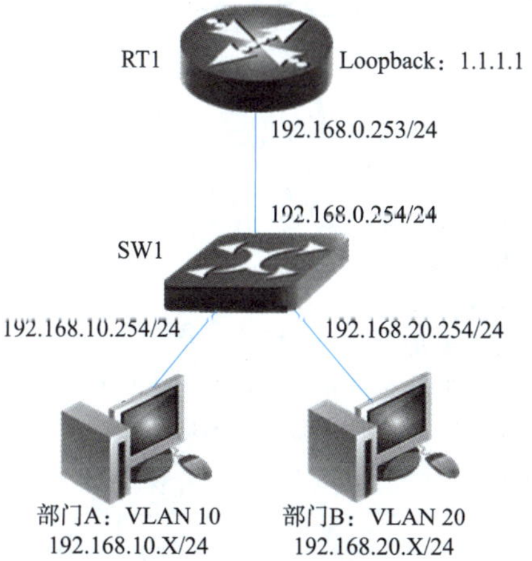

图 6-5-3　DHCP 配置要求

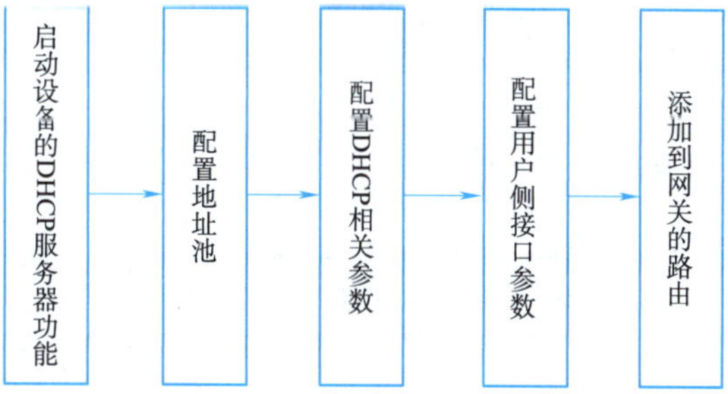

图 6-5-4　DHCP 服务器配置流程

DHCP 服务器的配置主要有以下几个步骤：

①启动 DHCP 服务器功能。

②配置地址池。

③配置 DHCP 相关参数，如 DNS 地址等。

④配置用户侧接口 IP 地址。

⑤在用户侧接口上配置用户默认网关。

⑥在用户侧接口上配置地址池。

⑦添加 Server 到网关的路由。

DHCP 中继的配置流程如图 6-5-5 所示。

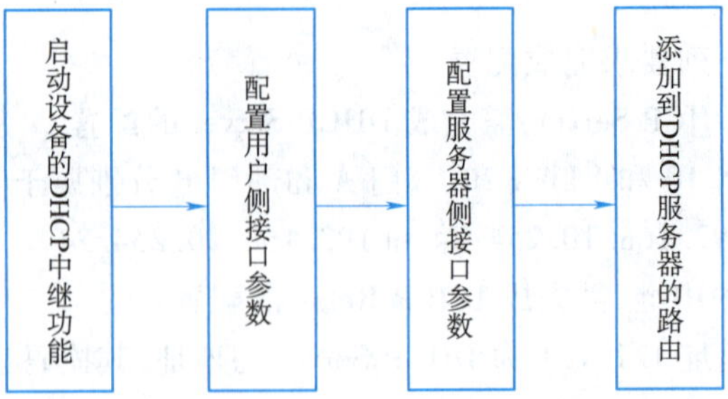

图 6-5-5　DHCP 中继的配置流程

DHCP 中继的配置主要有以下几个步骤：

①启动 DHCP 中继功能。

②配置用户侧接口 IP 地址。

③在用户侧接口配置 DHCP 服务器代理地址。

④在用户侧接口配置 DHCP 服务器地址。

⑤添加到 DHCP Server 的路由。

3. 主要配置

路由器 RT1 的配置：

```
ip dhcp server enable                              //全局模式下启动 DHCP 服务器功能
ip local pool ZTE1 192.168.10.1 192.168.10.253 255.255.255.0
//全局模式下配置 IP 地址池 ZTE1
ip local pool ZTE2  192.168.20.1 192.168.20.253 255.255.255.0
//全局模式下配置 IP 地址池 ZTE2
ip dhcp server dns 8.8.8.8                         //全局模式下配置 DNS
interface fei_1/1                                  //进入用户侧接口
user-interface                                     //接口模式下配置用户侧接口标志
ip address 192.168.0.253 255.255.255.0             //配置用户侧接口 IP 地址
peer default ip pool ZTE1                          //接口模式下配置用户侧接口上地址池 ZTE1
peer default ip pool ZTE2                          //接口模式下配置用户侧接口上地址池 ZTE2
ip route 192.168.10.0  255.255.255.0  192.168.0.254
//全局模式下添加到目的网段 192.168.10.X/24 网段的路由
ip route 192.168.20.0  255.255.255.0  192.168.0.254
//全局模式下添加到目的网段 192.168.20.X/24 网段的路由
```

交换机 SW1 的配置(作为 DHCP 中继)：

```
ip dhcp relay enable                               //全局模式下启动 DHCP 中继功能
interface vlan 2                                   //配置用户侧接口 IP 地址
ip address 192.168.0.254 255.255.255.0             //配置服务器侧接口 IP 地址
interface vlan 10                                  //进入用户侧接口
ip address 192.168.10.254 255.255.255.0            //配置用户侧接口 IP 地址
ip dhcp relay agent 192.168.10.254                 //配置接口的 DHCP 服务器代理地址
ip dhcp relay server 1.1.1.1                       //配置接口的 DHCP 服务器地址
interface vlan 20                                  //进入用户侧接口
ip address 192.168.20.254 255.255.255.0            //配置用户侧接口 IP 地址
//配置接口的 DHCP 服务器代理地址,即为部门 B 用户的网关
ip dhcp relay agent 192.168.20.254
```

```
ip dhcp relay server 1.1.1.1        //配置接口的 DHCP 服务器地址
ip route 1.1.1.0 255.255.255.0 192.168.0.253
```

4. 结果验证

(1)显示 DHCP Server 进程模块的配置信息(见表 6-5-5)

表 6-5-5　显示 DHCP Server 进程模块的配置信息

命令格式	命令模式	命令功能
show ipdhcp server	所有模式	显示 DHCP Server 进程模块的配置信息

显示信息:

```
zxr10#show ip dhcp server
dhcp server configure information
current dhcp server state :enable(running)
available dns for Client.master:1.1.1.1 slave:
lease time of ip address:  3600 seconds
update arp state :disable
```

通过该命令,可以看到 DHCP Server 的基本配置,如给用户提供的 DNS、IP 地址租用时间等。

(2)查看 DHCP Server 进程模块的当前在线用户列表(见表 6-5-6)

表 6-5-6　查看 DHCP Server 进程模块的当前在线用户列表

命令格式	命令模式	命令功能
show ipdhcp server user	所有模式	查看 DHCP Server 进程模块的当前在线用户列表

显示信息:

```
zxr10#show ip dhcp server user
Current online users are 1.
Index MAC addr       IP addr        State    Interface     Expiration
1     0011.25D3.3995 10.10.3.3      BOUND    vlan10        22:22:41 03/28/2006
```

通过该命令,可以看到当前具体的用户 MAC 地址与分配的 IP 对应关系。

(3)显示 DHCP Relay 进程模块的配置信息(见表 6-5-7)

表 6-5-7　显示 DHCP Relay 进程模块的配置信息

命令格式	命令模式	命令功能
show ipdhcp relay	所有模式	显示 DHCP Relay 进程模块的配置信息(见表 6-5-8)

(4)显示配置的本地地址池信息(见表 6-5-8)

表 6-5-8　显示配置的本地地址信息

命令格式	命令模式	命令功能
show ip local pool[<pool-name>]	所有模式	显示配置的本地地址池信息

(5)显示接口相关的 DHCP Server/Relay 的配置信息(见表 6-5-9)

表 6-5-9　显示接口相关的 DHCP Server/Relay 的配置信息

命令格式	命令模式	命令功能
show ip interface <interface-name>	所有模式	显示接口相关的 DHCP Server/Relay 的配置信息

显示信息:

```
xr10#show ip interface vlan10
vlan10  AdminStatus is up, PhyStatus is up, line protocol is up
Internet address is 10.10.2.2/24
Broadcast address is 255.255.255.255
MTU is 1500 bytes
ICMP unreachables are always sent
ICMP redirects replies are always sent
ARP Timeout:00:05:00
DHCP access user-interface
gateway of DHCP server is 10.10.3.2
DHCP relay forward-mode is default(standard)
```

通过 debug ip dhcp 命令可以跟踪 DHCP Server/Relay 进程的收发包情况和处理情况,见表 6-5-10。

表 6-5-10　打开 DHCP 的调试开关

命令格式	命令模式	命令功能
debug ip dhcp	特权模式	打开 DHCP 的调试开关

任务小结

本任务介绍了 NAT 配置和 DHCP 配置的流程和命令操作。通过本任务的学习,应掌握使用网络地址转换(NAT)技术来达到外网访问内网服务器和内网访问 Internet 的要求。掌握使用动态主机配置协议(DHCP)达到为客户端提供地址分配服务的要求。

※思考与练习

简答题

1. NAT 配置的作用是什么?
2. 简述 NAT 配置的流程。
3. DHCP 配置的作用是什么?
4. 简述 DHCP 配置的流程。

项目七

数据通信网络维护及故障处理

任务　故障处理案例分析

任务描述

明确数据通信网络日常维护的目的、作用、主要内容、基本要求和注意事项，讨论故障处理的基本思路、常用方法和常用工具，通过实际工程中的典型故障案例分析物理层、数据链路层、网络层的故障处理方法。

任务目标

- 识记：数据通信网络日常维护的作用、主要内容、基本要求。
- 领会：数据通信网络故障处理的基本思路、常用方法。
- 应用：数据通信网络物理层、数据链路层、网络层的典型故障处理方法。

任务实施

一、物理层故障案例分析

1. 电源接地不好导致路由器通信不畅通

（1）网络描述

某单位组网如下：变电所 A 使用 ZXR10 ZSR 2811E 路由器通过 E1 线路和中心局的 ZXR10 GER 02 路由器互联。ZXR10 ZSR 2811E 路由器电源连接一个 UPS 设备以保证断电仍能继续工作。

（2）故障现象描述

从 ZXR10 ZSR 2811E 向 ZXR10 GER 02 路由器发送 ping 包，丢包率达到 30%～40%。

（3）信息收集

通过观察 ZXR10 ZSR 2811E 的 EI 接口的指示灯情况，发现灯不断闪烁；通过 Console 口登录到 ZXR10 ZSR 2811E,发现路由器提示 E1 接口不断在 Down 和 Up 间转换状态。

(4)可能原因分析

根据故障现象和收集到的信息分析,故障可能由以下原因造成:

①本地路由器硬件故障。

②对端路由器硬件故障。

③传输线路故障。

④软件配置错误。

⑤其他原因。

(5)处理过程

①硬件故障检查,将两端的路由器分别在本地与其他路由器进行背靠背检测,发现路由器工作正常。

②将连接 ZXR10 ZSR 2811E 的 E1 电缆在路由器端测硬件自环,对端使用误码仪测线路质量,测试 2 h 的误码为零,说明传输线路正常。

③仔细检查两端的路由器配置,没有错误。

④回忆起接触 E1 电缆时有麻酥酥的感觉,怀疑可能是电源的原因。由于感觉路由器外壳电压高,首先检查路由器接地电压,经测量,发现路由器侧保护地到公共地排电压差竟高达 110 V。再仔细排查,定位问题为 UPS 设备电源有电压泄漏现象,在 UPS 设备外壳接一电线连接到公共地排后,路由器工作正常。

(6)总结

路由器地线的正常连接是路由器防雷、抗干扰的重要保障。不正确的接地,有可能造成通信不畅通,甚至造成路由器与对端相连设备的损坏。因此,在路由器加电启动前,请进行如下检查:

①路由器周围是否有足够的散热空间。

②所接电源是否与路由器要求电源一致。

③路由器地线是否连接正确。

④路由器与配置终端等其他设备的连接关系是否正确。

2. 网线线序引起电视机顶盒不能上网

(1)网络描述

某电信公司采用 ZXR10 2826S 作为接入交换机为一酒店提供 IPTV 业务,网络拓扑如图 7-1-1 所示。IPTV 业务采用单播模式提供。

(2)故障现象描述

酒店反映部分房间 IPTV 中断,特别是一房间反映使用网线能上网,但电视机顶盒不能上网,无法提供 IPTV 业务。

(3)处理过程

首先采用 PC 确认,利用该网线能上网,同时检查该网线对应 ZXR10 2826S 端口统计,有大量的 CRC(cyclic redundancy check,循环冗余检验)错,将端口改为强制方式,仍有大量 CRC 错;其次更换其他房间能正常上网的机顶盒,利用该网线测试,机顶盒还不能上网,排除了机顶盒设置问题;最后检查网线,发现该房间网线线序做错:该房间侧,白橙、橙、白绿、蓝、白蓝、绿、白棕、棕(标准 568B);ZXR10 2826S 交换机侧,白橙、橙、白棕、蓝、白蓝、绿、白绿、棕,ZXR10 2826S 交换机侧网线线序 3 与 7 接错了，导致不能上 IPTV。将交换机侧网线重做后，IPTV 业务恢复正常，检查端口也没有 CRC 统计。

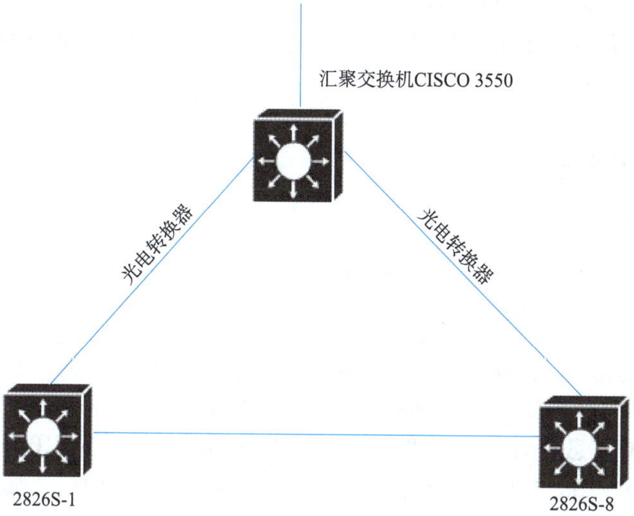

图 7-1-1　某酒店 IPTV 网络拓扑

二、数据链路层故障案例分析

1. ARP 欺骗网关攻击造成业务中断

(1)网络描述

网络拓扑如图 7-1-2 所示。T160G 下挂 3228，网关 192. 168. 7. 1/24 在 T160G 上，3228 的管理地址为 192. 168. 7. 254/24，3228 通过静态路由指到 T160G 的网关上。

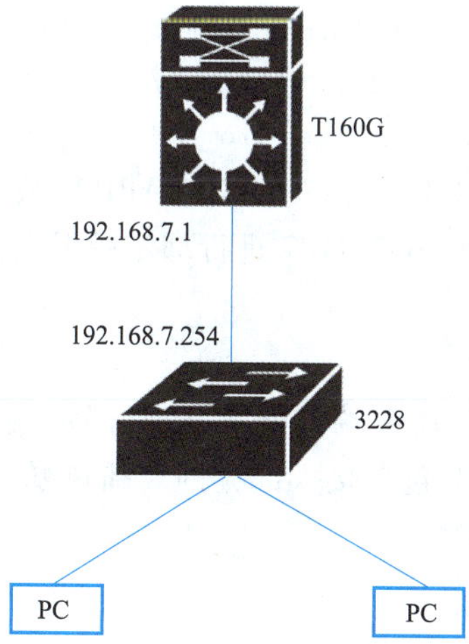

图 7-1-2　ARP 欺骗网关攻击故障网络拓扑

(2)故障现象描述

下挂在 3228 上的 PC 可以正常上网，但是 3228 和 T160G 之间的互联地址不能相互 ping 通。

(3)信息收集

①首先用挂在3228下面的计算机ping到达3228的管理地址,可以ping通;用计算机ping到达T160G的网关,可以正常ping通。

②经用户同意,将3228上面的用户网线一根根拔掉测试,发现有两根网线一旦插上就造成T160G和3228不通。

(4)处理过程

①在3228上查看告警信息如下:

```
ZXR10#show logging all
An alarm 19712 level 6 occurred at 11:42:47 03/20/2008 UTC sent by MCP % ARP%  The hardware
address of IP address 192. 168.7.1 is changed from 0011.5bee.6271 to 00d0.d0c7.f101
An alarm 19712 level 6 occurred at 11:42:52 03/20/2008 UTC sent by MCP % ARP%  The hardware
address of IP address 192.168.7.1 is changed from 00d0.d0c7.f101 to 0011.5bee.6271
An alarm 19712 level 6 occurred at 11:43:01 03/20/2008 UTC sent by MCP % ARP%  The hardware
address of IP address 192.168.7.1 is changed from 0011.5bee.6271 to 00d0.d0c7.f101
```

通过上面的告警信息可知,在3228下面的用户中存在大量的ARP欺骗网关攻击。进入3228,将网关地址192.168.7.1与网关的MAC地址00d0.d0c7.f101进行绑定,再进行测试,发现仍然不能ping通T160G。

②怀疑是3228上存在大量的ARP包造成,采用PVLAN方式将3228的所有端口进行隔离,但是仍然不能ping通T160G。

```
ZXR10(config)#vlan private-map session-id 1 isolate fei_1/1-24 promis gei_2/1
```

③ 登录T160G,查看告警信息如下:

```
ZXR10#show logging all
An alarm 19712 level 6 occurred at 12:57:56 03/20/2008 UTC sent by NPC 2 % ARP%  The hardware
address of IP address 192.168.10.254 is changed from 0019.c602.027b to 0010.5cb2.81df
An alarm 19712 level 6 occurred at 12:57:54 03/20/2008 UTC sent by NPC 2 % ARP%  The hardware
address of IP address 192.168.10.254 is changed from 0010.5cb2.81df to 0019.c602.027b
An alarm 19712 level 6 occurred at 12:57:51 03/20/2008 UTC sent by NPC 2 % ARP%  The hardware
address of IP address 192.168.7.254 is changed from 0019.c602.1107 to 0014.2a9f.0863
```

通过告警信息可知,在T160G上也存在3228的ARP欺骗,在T160G上对3228的管理地址192.168.7.254和MAC地址0019.c602.1107进行绑定后再进行测试,发现3228和T160G之间可以互通,且延迟很小,问题解决。

(5)总结

在接入层尽量使用PVLAN将所有端口隔离开,让隔离端口只和混合端口(上行端口)通信,这样可以一定程度上减小ARP包在接入部分的广播风暴。在网关侧尽量绑定网关地址与MAC地址,防止ARP欺骗网关攻击。

2. MAC地址漂移问题

(1)网络描述

网络拓扑如图7-1-3所示。三台3952两两互联组成环网,为了避免环路,在3952-3上启用STP,在3952-1和3952-2上开启STP透传功能。这三台设备在网络中只起二层功能。

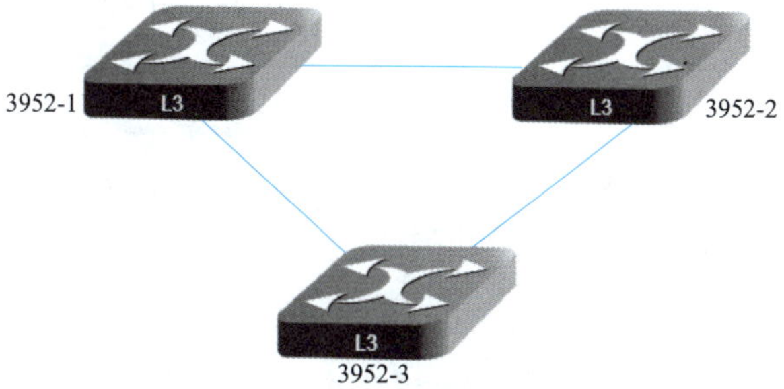

图 7-1-3　MAC 地址漂移故障网络拓扑

(2)故障现象描述

用户反馈在 3952-1 上经常出现 MAC 地址漂移告警,目前虽然没有影响业务,但需要协助处理该问题。

(3)处理过程

①信息收集。MAC 地址漂移告警信息如下:

```
    An alarm 22789 level 6 occurred at 17:40:45 03/06/2008 Hanoi sent % MAC%  <MAC Table> <
MAC 00D0.D0C6.40A0 VLAN 100 > From Port smartgroup1 To Port fei_1/4
    An alarm 22789 level 6 occurred at 17:40:45 03/06/2008 Hanoi sent % MAC%  <MAC Table> <
MAC 00D0.D0C6.40A0 VLAN 100 > From Port fei_1/4 To Port smartgroup1
    An alarm 22789 level 6 occurred at 17:40:45 03/06/2008 Hanoi sent % MAC%  <MAC Table> <
MAC 0D0.D0C6.40A0 VLAN 100 > From Port smartgroup1 To Port fei_1/4
    An alarm22789 level 6 occurred at 17:40:45 03/06/2008 Hanoi sent % MAC%  <MAC Table> <
MAC 00D0.DOC6.40A0 VLAN 100 > From Port fei_1/4 To Port smartgroup1
```

②信息分析。从所采集的告警信息,可以得出结论,MAC 地址漂移是网络环路造成的,查找该 MAC 地址的所有者,发现是 3952-3,出现 MAC 漂移的 VLAN 号为 100。目前,现场已经启用了 STP,并且各端口 STP 状态正常。

既然漂移的 MAC 地址属于 3952-3,则表示 3952-3 在对外发包,查看 3952-3 的配置,发现上面除了管理 VLAN 和 STP 外,没有其他额外配置。那么到底是 3952-3 上的什么协议在发包呢?最后仔细查看配置,发现交换机默认启用了 ZDP 和 ZTP,这两种协议主要用于集群管理,它们的协议报文不受 STP 的控制,即使端口处于 block 状态,仍然可以对外发送 ZDP、ZTP 报文。

③解决方法。关掉所有交换机上的 ZDP 和 ZTP 后,告警消失,故障排除。

(4)总结

ZXR10 系列交换机默认启动了 ZDP 和 ZTP,这两种协议主要用于集群管理,如果现场组网中未使用集群功能,建议将它们关闭。

三、网络层故障案例分析

1. OSPF 邻居无法建立

(1)网络描述

某市城域网使用两台中兴 ZXR10 T128 路由器通过与 GSR12416 设备互联,接入 CN2 网络,如图 7-1-4 所示。T128 与 GSR12416 之间运行 OSPF 协议。

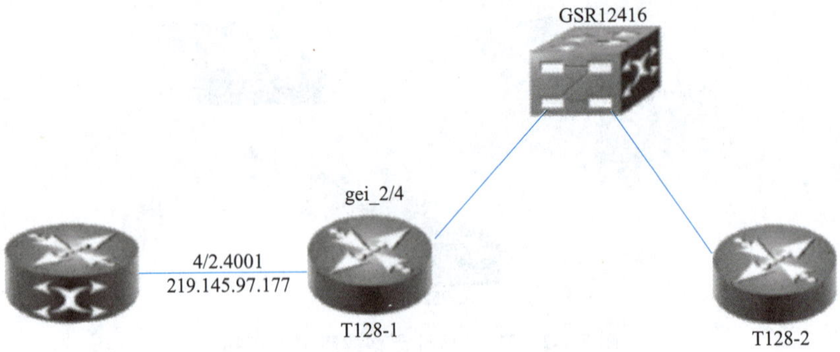

图 7-1-4 OSPF 邻居无法建立网络拓扑

(2)故障现象描述

T128-1 始终无法与 GSR12416 建立起 OSPF 邻居,一直处于 loading 状态,状态如下:

```
XY-ZX-SR-T128-1#show ip ospf nei
Neighbor 202.97.30.35
    In the area 0.0.0.0
    via interface gei_2/4 219.145.97.126
    Neighbor is BDR
    State loading, priority 1, Cost 1
    Queue count :Retransmit 0, DD 0, LS Req 0
    Dead time :00:00:36 Options :0x52
    In Full State for 00:00:00
```

(3)可能原因分析

①MTU 值不匹配。

②IP 地址冲突或子网掩码不匹配。

(4)处理过程

①使用 ip ospf mtu-ignore 命令修改 T128-1 的 MTU 值使之与 GSR12416 一致,然后查看邻居关系,发现未能解决问题,说明不是 MTU 值的问题。

②查看历史告警,确认是否其他原因导致邻居不能建立。查看信息如下:

```
XY-ZX-SR-T128-1#show logging alarm
An alarm 17419 level 6 occurred at 16:47:53 04/21/2024 UTC sent by UPC(RPU) 1 % OSPF% an
OSPF packet has been retransmitted on a no nvirtual
interface retransmit pkt on intf 219.145.97.125
........
```

从告警信息中可知,存在很多 OSPF 重传的告警。

③根据重传和 loading 状态,初步怀疑是地址冲突问题。查看信息如下:

```
XY-ZX-SR-T128-1#show ip ospf request-list
OSPF Router with ID(219.145.96.206)(Process ID 1)
Neighbor 202.97. 30.35, Interface gei_ 2/4 address 219.145.97.125
Type        LS ID           ADV RTR        Seq NO      Age   Chec ksum
 2    19.145.97.177   202. 97.30.45   0x8000011e   182    0x1920
```

从信息中可以看出,是由其他设备上地址与本设备地址冲突引起的,地址为 219.145.97.177。经检查,发现 GSR12416 设备下还有一台 T128-2 使用了地址 219.145.97.177。

删除该地址，邻居马上建立起来。查看邻居信息如下：

```
XY-ZX-SR-T128-1#show ip ospf nei
Neighbor 202.97.30.35
    In the area 0.0.0.0
    via interface gei_2/4 219.145.97.126
    Neighbor is BDR
    State FULL, priority 1, Cost 1
    Queue count :Retransmit 0, DD 0, LS Req 0
    Dead time :00:00:36 Options :0x52
    In Full State for 00:10:16
```

(5) 总结

如果 OSPF 邻居状态为 loading，且有 OSPF 邻居重传告警，很有可能是地址冲突引起的。使用 show ip ospf request-list 命令可以查到是哪个地址冲突。找到相应设备删除冲突地址可以解决问题。并不是一有地址冲突就会中断 OSPF，而往往是 OSPF 邻居因为其他原因中断后，在建立邻居过程中发现地址有冲突才建立不起来。状态为 loading。

2. VRRP 丢包故障处理

(1) 网络描述

网络拓扑如图 7-1-5 所示，网络运行 OSPF 协议，其中两台 GER 启用 VRRP，为 Radius Server 提供虚拟网关，GER-I 为主用网关设备，GER-2 为备用。

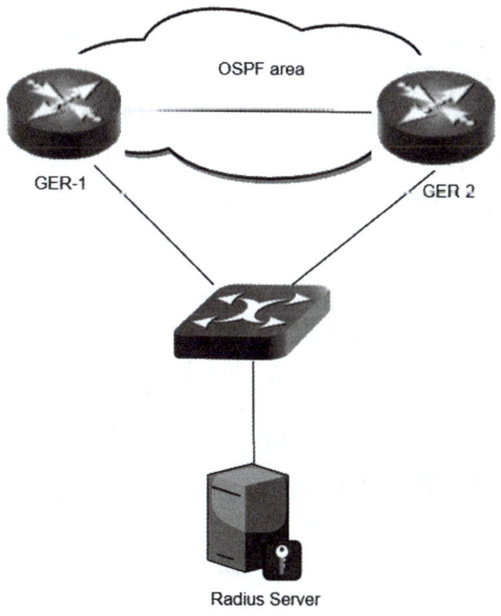

图 7-1-5　VRRP 丢包故障网络拓扑

(2) 故障现象描述

如果 GER-1 重启，Radius Server 到达其他网段的设备会有短暂的丢包。

(3)处理过程

①查看 GRE-1 的配置信息如下:

```
GER-1 #sh run int gei_1/1
Building configuration...
interface gei_1/1
ip address 124.158.127.2 255.255.255.0
description as vrrp router for Radius server
vrrp 2 ip 124.158.127.1
vrrp 2 priority 200
vrrp 2 track 1 decrement 150
track 1 interface gei_1/2 line-protocol
GER-1#sh vrrp 2
gei_1/1 -Group 2
State is Master
Connection interface is vlan102
Virtual IP address is 124.158.127.1
Virtual MAC address is 0000.5e00.0102
Advertisement interval is 1.000 sec
Preemption is enabled
min delay is 0.000 sec
Priority is 200 (config 200)
Authentication is disabled
Track object 1 decrement 150
Master Router is 124.158.127.2 (local),priority is 200
Master Advertisement interval is 1.000 sec
Master Down interval is 3.218 sec
```

②备用 GER-2 配置省略。从上面的信息可以看出,即使在接口下没有配置 VRRP 优先抢占(preempt),实际上系统也是优先抢占的。由于 OSPF 收敛需要一定的时间,根据网络大小不一样,收敛速度也不一样。而 VRRP 只要系统正常运行,端口 UP 立刻就会运行,执行时间小于 OSPF 的收敛时间。

因此,怀疑 GER-1 重启完成后,Radius Server 主用网关已经切换到了 GER-1,而此时 GER-1 的 OSPF 还未能收敛,没有到目的地的路由,导致丢包。

在 GER-1 接口下设置如下命令使 VRRP 抢占延迟 100 s。

```
GER-1 (conf1g) interface gei_1/1
GER-1 (config-if) #vrrp 2 preempt delay 100
```

配置完成后重新启动 GER-1,测试发现没有丢包,问题解决。

(4)总结

该问题是在设备重启后,由于动态路由协议收敛速度不如 VRRP 抢占速度快引起的,所以在实际工程应用中需要注意这些细节性的问题。

3. NAT 故障处理

(1)故障现象描述

中兴 GER 路由器做 NAT 功能,下挂用户通过地址转换后访问外网。很长一段时间下挂用户业务都很正常,突然有一天用户反映上网异常,浏览网页的时候时不时会出现无法打开页面的现象。

(2)可能原因分析

用户通过 NAT 转换后时不时会出现无法打开页面的现象,一般由于下面的原因引起:

①路由器 NAT 功能模块异常,无法正常进行 NAT 转换。

②路由器上用户的 NAT 会话数已经达到系统设定的最大值,造成新的页面不能够建立会话。

③对端路由器上回程路由异常,造成用户内网数据流经过地址转换后,到达对方路由器,而对方路由器无法返回。

(3)处理过程

①查看 GER 配置信息如下:

```
interface gei_3/1                                          //路由器外网出口
  ip address 222.40.1.114 255.255.255.252
  description to-T128
  no negotiation auto
  hybrid-attribute fiber
  ip nat outside
!
interface gei_3/2                                          //接口下挂用户内网
  ip address 222.40.1.110 255.255.255.252
  description to-neiwang
  no negotiation auto
  hybrid-attribute fiber
  ip nat inside

ip nat start
ip nat logging all
ip nat logging file-mode txt
ip nat logging save-del-entry enable
ip nat pool dianxin 121.41.3.2 121.41.3.254 prefix-length 24   //用于地址转换的地址池
ip nat inside source list 1 pool dianxin overload
.....
ip nat translation maximal default 500                     //限制每个用户的最大会话数为500
ip route 0.0.0.0 0.0.0.0 222.40.1.113                      //默认路由器指向外网出口路由器
                                                           //内网数据流源地址经过转换后被送
                                                           //到外网
  ip route 222.40.192.0 255.255.192.0 222.40.1.109         //内网回程路由
  ip route 222.60.128.0 255.255.224.0 222.40.1.109         //内网回程路由
  ip route 222.55.128.0 255.255.128.0 222.40.1.109         //内网回程路由
  ip route 122.78.0.0 255.255.0.0 222.40.1.109             //内网回程路由

acl standard 1                                             //内网需要转换的地址
  permit 222.40.192.0 0.0.63.255
  permit 222.60.128.0 0.0.31.255
  permit 222.55.128.0 0.0.127.255
  permit 122.78.0.0 0.0.255.255
```

②为了故障定位方便,直接在 GER 上的 fei_1/1 上配置了一个接口地址,用于测试。相应的数据改动如下:

```
interface fei_1/1
  ip address 10.10.10.1 255.255.255.0
  negotiation auto
  ip nat inside
acl standard 1
  permit 222.40.192.00.0.63.255
  permit 222.60.128.00.0.31.255
  permit 222.55.128.00.0.127.255
  permit 122.78.0.00.0.255.255
  pecmit 10.10.10.00.0.0.255
```

③把计算机直接接到 fei_1/1 口上,计算机 IP 地址设置为 10.10.10.100,进行上网测试,的确经常出现网页无法打开的现象。

④检查 NAT 转换条目。

```
show ip nat translations local 10.10.10.100
```

通过检查,NAT 转换条目正常,并且 NAT 会话数没有达到系统设置的 500 个,说明不是会话条目的问题。

⑤通过反复浏览同一个网站,反复执行地址转换查询命令,检查 NAT 地址转换情况。发现 10.10.10.100 地址被转换成 121.41.3.1 ~ 121.41.3.126 之间的地址的时候,用户浏览网页正常;而地址被转换成 121.41.3.129 ~ 121.41.3.254 之间的地址的时候,则用户打不开网页。

⑥针对以上的测试情况,可以判定:路由器 NAT 地址转换功能是正常的。内网用户转换成一部分外网地址后可以正常上网,而被转换为另一部分后则无法上网。初步定位问题原因是对端路由器回程路由没有做完整引起的。对端只做了半个 C 网段的回程路由,而另外半个 C 网段的回程路由没有做。一旦用户内网 IP 被转换为没有做回程路由的半个 C 网段地址,则无法打开网页。

⑦为了验证这种推论,立即缩小地址池。只保留前半个 C 网段的地址做地址池,配置修改如下:

```
ip nat pool dianxin 121.41.3.2 121.41.3.126 prefix-length 25
```

⑧修改后反复测试,都没有出现浏览网页时断时续的现象。后期经过和用户沟通,了解到故障的确是由于对端回程路由异常造成的。

(4)总结

只要清楚了 GER 做 NAT 后的数据流程,故障处理起来就比较简单。首先检查设备是否正常,是否达到了系统的极限。如果系统正常,再检查 NAT 转换条目,确认用户数据是否到达路由器,是否在路由器上进行了正确的地址转换。如果以上的检查都是正常的,则一般都是对端设备回程路由问题。

任务小结

本任务首先介绍了数据通信网络日常维护的目的和作用,日常维护的主要内容、基本要求和主要注意事项,然后介绍了故障处理的基本思路、故障处理的常用方法和故障处理常用工具的使用方法,最后通过实际工程中的典型故障案例分析了物理层、数据链路层、网络层的故障处理方法,通过本任务的学习,能够锻炼和提高读者网络日常维护和故障处理的能力。

※思考与练习

简答题

1. 路由器地线的作用是什么?
2. 中兴 GER 路由器做 NAT 功能,处理故障的一般流程是什么?

附录 A 数据通信网络命令

1. net view 命令

作用:显示域列表、计算机列表或指定计算机的共享资源列表。命令格式:

```
net view[ \\computername |/domain[:domainname]]
```

有关参数说明:

①键入不带参数的 net view,显示当前域的计算机列表。

② \\computername,指定要查看其共享资源的计算机。

③ /domain[:domainname],指定要查看其可用计算机的域。

例如:net view\\xhwl-server,查看 xhwl-server 计算机的共享资源列表。

net view domain:XYZ,查看 XYZ 域中的计算机列表。

2. net user 命令

作用:添加或更改用户账号或显示用户账号信息。命令格式:

```
net user[username[password |* ][options]][/domain]
```

有关参数说明:

①键入不带参数的 net user 查看计算机上的用户账号列表。

② username,添加、删除、更改或查看用户账号名。

③ password,为用户账号分配或更改密码。

④提示输入密码。

例如:

如果在没有参数的情况下使用,则 net user 将显示计算机上用户的列表,如输入:"net user",回车即可显示该系统的所有用户;如输入:"net user John",回车则可显示用户 John 的信息;如输入:"net user John 123456/add",回车则强制将用户 John(John 为已有用户)的密码更改为 123456;如输入:"net user John/delete",回车则可删除用户 John;如输入:"net user John 123/add",回车即可新建一个名为"John"、密码为"123"的新用户,add 参数表示新建用户。值得注意的是,用户名最多可有 20 个字符,密码最多可有 127 个字符。操作如图 A-1 所示。

图 A-1 添加用户 test

建立一个登录时间受限制的用户,用以下方法可实现对计算机使用时间的控制。比如,需要建立一个 text 1 的用户账号,密码为“123”,登录权限从星期一到星期五的早上八点到晚上十点和双休日的晚上七点到晚上九点。

例如:

①12 小时制可输入如下命令:“net user text1 123/add/times:monday-friday,8 AM-10 PM;saturday-Sunday,7 PM-9 PM”,回车确定即可。

②24 小时制可输入如下命令:“net user text 1 123/add/times:M-F,8:00-22:00;Sa-Su,19:00-21:00”,回车确定即可。

需要注意的是,Time 的增加值限制为 1 小时。对于 Day 值,可以用全称或缩写(即 M、T、W、Th、F、Sa、Su)。可以使用 12 小时制或 24 小时制时间表示法。对于 12 小时制表示法,使用 AM、PM 或 A. M. 、P. M. ,All 值表示用户始终可以登录;空值(空白)意味着用户永远不能登录。用逗号分隔日期和时间,用分号分隔日期和时间单元(例如,M,4AM-5PM;T,1PM-3PM)。指定时间时,不要使用空格。

3. net use 命令

作用:连接计算机或断开计算机与共享资源的连接,或显示计算机的连接信息。命令格式:

```
net use[devicename |* ][ \\computername \sharename[ \volume]][password |* ]][/user:[domainname]username][[/delete] |[ /persistent:{yes |no}]]
```

例如:net use f:\\GHQ\TEMP,将\\GHQ\TEMP 目录建立为 F 盘。

net use f:\\GHQ\TEMP/delete,断开连接。

①输入不带参数的 net use 列出网络连接。

② devicename,指定要连接到的资源名称或要断开的设备名称。

③ \\computername\sharename,服务器及共享资源的名称。

④ password,访问共享资源的密码。

⑤ *,提示输入密码。

⑥ /user,指定进行连接的另外一个用户。

⑦ domainname,指定另一个域。

⑧ username,指定登录的用户名。

⑨ /delete,取消指定网络连接。

⑩ /persistent,控制永久网络连接的使用。

4. net start

作用:启动服务,或显示已启动服务的列表。命令格式:

```
net start service
```

能够开启的服务如下:

① alerter(警报);

② client service for Netware(Netware 客户端服务);

③ clipbook server(剪贴簿服务器);

④ computer browser(计算机浏览器);

⑤ directory replicator(目录复制器);

⑥ ftp publishing service(ftp)(ftp 发行服务);

⑦ lpdsvc()(TCP/IP 打印服务器服务);

⑧ net logon(网络登录);

⑨ network dde(网络 dde);

⑩ network dde dsdm(网络 dde dsdm);

⑪ network monitor agent(网络监控代理);

⑫ ole(对象链接与嵌入);

⑬ remote access connection manager(远程访问连接管理器);

⑭ remote access isnsap service(远程访问 isnsap 服务);

⑮ remote access server(远程访问服务器);

⑯ remote procedure call(rpc) locator(远程过程调用定位器);

⑰ remote procedure call(rpc) service(远程过程调用服务);

⑱ schedule(调度);

⑲ server(服务器);

⑳ simple TCP/IP services(简单 TCP/IP 服务);

㉑ snmp(简单网络管理协议);

㉒ spooler(后台打印程序);

㉓ TCP/IP NETBIOS helper(TCP/IP NETBIOS 辅助工具);

㉔ ups(不间断电源);

㉕ workstation(工作站);

㉖ messenger(信使);

㉗ dhcp client(DHCP 客户端服务)。

5. net pause

作用:暂停正在运行的服务。命令格式:

```
net pause service
```

6. net continue

作用:重新激活挂起的服务。命令格式:

```
net continue service
```

7. net stop

作用:停止 Windows NT/2000/2003 网络服务。命令格式:

```
net stop service
```

8. net send

作用:向网络的其他用户、计算机或通信名发送消息。命令格式:

```
net send{name |*  |/domain[:name]  |/users} message
```

有关参数说明:

① name,要接收发送消息的用户名、计算机名或通信名。

② *,将消息发送到组中所有名称。

③ /domain[:name],将消息发送到计算机域中的所有名称。

④ /users,将消息发送到与服务器连接的所有用户。

⑤ message,作为消息发送的文本。

例如:net send/users server will shutdown in 10 minutes。给所有连接到服务器的用户发送消息。

要发送和接收消息必须开启 messenger 服务。利用 net start messenger 可以开启 messenger，也可以在“控制面板”“管理工具”“服务”里面开启。

9. net time

作用：使本计算机的时间与另一台计算机或域的时间同步。命令格式：

```
net time[ \\computername |/domain[ :name]][ /set]
```

有关参数说明：

① \computername，要检查或同步的服务器名。

② domain[:name]，指定要与其时间同步的域。

③ set，使本计算机的时间与指定计算机或域的时间同步。

10. net statistics

作用：显示本地工作站或服务器服务的统计记录。命令格式：

```
Net statistics[ workstation |server]
```

有关参数说明：

①输入不带参数的 net statistics，列出其统计信息可用的运行服务。

② workstation，显示本地工作站服务的统计信息。

③ server，显示本地服务器服务的统计信息。

例如：net statistics server more，显示服务器服务的统计信息.

11. net share

作用：创建、删除或显示共享资源。命令格式：

```
net share sharename = drive:path[ /users:number |/Unlimited][ /re-mark:"text"]
```

有关参数说明：

①输入不带参数的 net share 显示本地计算机上所有共享资源的信息。

② sharename，是共享资源的网络名称。

③ drive：path，指定共享目录的绝对路径。

④ /users：number，设置可同时访问共享资源的最大用户数。

⑤ /unlimited，不限制同时访问共享资源的用户数。

⑥ /remark：“text”，添加关于资源的注释，注释文字用引号引起。

例如：net share yesky = c：\temp/remark："my first share"，以 yesky 为共享名共享 C：\temp。

net share yesky/delete，停止共享 yesky 目录.

12. net session

作用：列出或断开本地计算机和与之连接的客户端的会话。命令格式：

```
net session[ \\computername][ /delete]
```

有关参数说明：

①输入不带参数的 net session 显示所有与本地计算机的会话的信息。

② \\computername，标识要列出或断开会话的计算机。

③ /delete，结束与\computername 计算机的会话，并关闭本次会话期间计算机的所有打开文件。如果省略\computername 参数，将取消与本地计算机的所有会话。

例如：net session \\GHQ，显示计算机名为 GHQ 的客户端会话信息列表.

13. net localgroup

作用：添加、显示或更改本地组。命令格式：

```
net localgroup groupname{/add[ /comment:"text"] |/delete}[ /domain]
```

有关参数说明：

①输入不带参数的 net localgroup 显示服务器名称和计算机的本地组名称。

② groupname，要添加、扩充或删除的本地组名称。

③ /comment："text"，为新建或现有组添加注释。

④ /domain，在当前域的主域控制器中执行操作，否则仅在本地计算机上执行操作。

⑤ name[...]，列出要添加到本地组或从本地组中删除的一个或多个用户名或组名。

⑥ /add，将全局组名或用户名添加到本地组中。

⑦ /delete，从本地组中删除组名或用户名。

例如：net localgroup ggg/add，将名为 ggg 的本地组添加到本地用户账号数据库

net localgroup ggg，显示 ggg 本地组中的用户

14. net group

作用：在 Windows NT/2000/Server 2003 域中添加、显示或更改全局组。命令格式：

```
net group groupname{/add[ /comment:"text"] |/delete}[ /domain]
```

有关参数说明：

①输入不带参数的 net group 显示服务器名称及服务器的组名称。

② groupname，要添加、扩展或删除的组。

③ /comment："text"，为新建组或现有组添加注释。

④ /domain，在当前域的主域控制器中执行该操作，否则在本地计算机上执行操作。

⑤ username[...]，列表显示要添加到组或从组中删除的一个或多个用户。

⑥ /add，添加组或在组中添加用户名。

⑦ /delete，删除组或从组中删除用户名。

例如：net group ggg GHQ1 GHQ2 /add，将现有用户账号 GHQ1 和 GHQ2 添加到本地计算机的 ggg 组

15. net computer

作用：从域数据库中添加或删除计算机。命令格式：

```
net computer \\computername{/add |/del}
```

有关参数说明：

① \\computername，指定要添加到域或从域中删除的计算机。

② /add，将指定计算机添加到域。

③ /del，将指定计算机从域中删除。

例如：net computer\\js/add，将计算机 js 添加到登录域。

案例：项目实训

工作任务：将 net view、ping 和 ipconfig 命令组合起来使用，测试局域网的连通性，判定远程计算机 Microsoft 网络服务的文件和打印机有无共享的实例。

①首先使用 ping 命令测试 TCP/IP 的连接性，然后用 ipconfig 命令显示，以确保网卡不处于“媒体已断开”状态。

②打开 DOS 命令提示符，然后使用 IP 地址对所需主机进行 ping 命令测试。如果 ping 命令失败，出现“Request timed out”消息，则验证主机 IP 地址是否正确，主机是否运行，以及该计算机和主机之间的所有网关(路由器)是否运行。

③要使用 ping 命令测试主机名称解析功能，则使用主机名称 ping 所需的主机。如果 ping

命令失败，出现“Unable to resolve target system name”消息，则验证主机名称是否正确，以及主机名称能否被DNS服务器解析。

④要使用net view命令测试TCP/IP连接，则打开命令提示符，然后输入“net view\\计算机名称”。net view命令将通过建立临时连接，列出使用Windows操作系统的计算机上的文件和打印共享。如果在指定的计算机上没有文件或打印共享，net view命令将显示“There are no entries in the list”消息。

如果net view命令失败，出现“System error 53 has occurred”消息，则验证计算机名称是否正确，使用Windows操作系统的计算机是否运行，以及该计算机和使用Windows操作系统的计算机之间的所有网关（路由器）是否运行。

如果net view命令失败，出现“System error 5 has occurred. Access is denied”消息，则验证登录所用的账户是否具有查看远程计算机上共享的权限。

要进一步解决连通性问题，则执行以下操作：

①使用ping命令ping计算机名称。如果ping命令失败，出现“Unable to resolve target system name”消息，则计算机名称无法解析为IP地址。

②使用net view命令和运行Windows操作系统的计算机的IP地址：net view\\IP地址。如果net view命令成功，那么计算机名称解析成错误的IP地址；如果net view命令失败，出现“System error 53 has occurred”消息，则说明远程计算机可能没有运行Microsoft网络服务的文件和打印机共享。

附录 B
英文缩略语

英文缩略语见表 B-1。

表 B-1　英文缩略语

英文缩写	英文全称	中文全称
DTE	date terminal equipment	数据终端设备
PSTN	public switched telephone network	公用电话交换网
NRZ	non-return-to-zero	不归零制
RZ	return-to-zero	归零制
ASK	amplitude-shift keying	幅移键控
FSK	frequency-shift keying	频移键控
PSK	phase-shift keying	相移键控法
ADC	analog to digital converter	模-数转换器
DAC	digital to analog converter	数-模转换器
PCM	pulse code modulation	脉冲编码调制
FDM	frequency division multiplexing	频分多路复用
TDM	time division multiplexing	时分多路复用
STDM	statistical time division multiplexing	统计时分多路复用
WDM	wavelength division multiplexing	波分多路复用
ARQ	automatic repeat request	自动重发请求
FEC	forward error correction	前向纠错
HEC	hybrid error correction	混合纠错
IRQ	information repeat request	信息反馈
AUI	attachment unit interface	连接单元接口
BNC	bayonet nut connector	刺刀螺母连接器,一种基本网络卡接口
CCITT	International Consultative Committee on Telecommunications and Telegraph	国际电报电话咨询委员会
ATM	asynchronous transfer mode	异步传输方式
POS	packet over SONET/SDH	基于 SONET/SDH 的包交换
OSPF	open shortest path first	开放最短路径优先

续表

英文缩写	英文全称	中文全称
BGP	border gateway protocol	边界网关协议
NIC	network interface card	网络接口卡
MAC	multiple access channel	多址接入信道
ISA	industry standard architecture	工业标准体系结构
PCI	peripheral component interconnect	外设组件互联标准
USB	universal serial bus	通用串行总线
OSI	open system interconnection	开放系统互连
PCMCIA	Personal Computer Memory Card International Association	个人计算机存储卡国际协会
ADSL	asymmetrical digital subscriber loop	非对称数字用户线环路
xDSL	x digital subscriber line	数字用户线路
IANA	Internet assigned numbers authority	因特网编号分配机构
MTU	maximum transmission unit	最大传输单元
PMTU	path maximum transmission unit	路径最大传输单元
TTL	time to live	生存时间
QoS	quality of service	服务质量
NDP 或 ND	neighbor discovery protocol	邻居发现协议
CLI	command-line interface	命令行界面
URL	uniform resource locator	统一资源定位符
RIP	routing information protocol	路由信息协议
EIGRP	enhanced interior gateway routing protocol	增强内部网关路由协议
VLAN	virtual local area network	虚拟局域网
EAPOL	extensible authentication protocol over LAN	基于局域网的扩展认证协议
IETF	Internet engineering task force	因特网工程任务组
STP	spanning tree protocol	生成树协议
FDDI	fiber distributed data interface	光纤分布式数据接口
GA	global address	全局地址
LLA	link local address	链路本地地址
SLA	site local address	站点本地地址
APIPA	automatic private IP addressing	自动私有 IP 地址
DHCP	dynamic host configuration protocol	动态主机配置协议
DNS	domain name system	域名系统
IGP	interior gateway protocol	内部网关协议
EGP	exterior gateway protocol	外部网关协议
IS-IS	intermediate system-to-intermediate system	中间系统到中间系统
CRC	cyclic redundancy check	循环冗余校验

参 考 文 献

[1] 范新龙,张华,郭芊彤.数据通信设备运行与维护[M].成都:西南交通大学出版社,2017.

[2] 杨心强.数据通信与计算机网络[M].5版.北京:电子工业出版社,2018.

[3] 周继彦.数据通信网络组建与管理项目式教程[M].北京:机械工业出版社,2016.